学数学会上瘾

李有华 著 姚 华 绘

为什么学数学总是学不进去，或是总也学不好？其实是你一直还没踏入数学学习的门槛。数学不是一个单独的学科，众多学科都与其相关联。在生活中，数学也无处不在。当你真正了解了数学的本质，学会用数学思维去思考一切后，你就会发现，原来数学就这么简单，而且，学数学真的会上瘾。请跟随本书，开启一段从史前时期到人工智能时代的跨越千年的数学之旅。

图书在版编目（CIP）数据

学数学会上瘾/李有华著；姚华绘. —北京：机械工业出版社，2023.5
（2024.8重印）
ISBN 978-7-111-72914-3

Ⅰ. ①学…　Ⅱ. ①李…　②姚…　Ⅲ. ①数学-青少年读物　Ⅳ. ①O1-49

中国国家版本馆CIP数据核字（2023）第056894号

机械工业出版社（北京市百万庄大街22号　邮政编码100037）
策划编辑：郑志宁　　　　责任编辑：郑志宁
责任校对：牟丽英　周伟伟　　责任印制：常天培
北京宝隆世纪印刷有限公司印刷
2024年8月第1版第3次印刷
148mm×210mm・10.875印张・267千字
标准书号：ISBN 978-7-111-72914-3
定价：78.00元

电话服务　　　　　　　　网络服务
客服电话：010-88361066　　机　工　官　网：www. cmpbook. com
　　　　　010-88379833　　机　工　官　博：weibo. com/cmp1952
　　　　　010-68326294　　金　　书　　网：www. golden-book. com
封底无防伪标均为盗版　　　机工教育服务网：www. cmpedu. com

序

作为UCLA数学系的终身教授，我是大老李数学科普节目的忠实粉丝。虽然我们素未谋面，但我经常向我的学生、朋友和同事们推荐这档节目。得知大老李准备将这些内容整理成书时，我非常高兴向各位读者分享我的感受。

像许多人一样，我从小就对数学科普故事充满了兴趣，如国王棋盘上麦粒的故事、柯尼斯堡七桥问题、高斯将圆等分为十七份的趣事等。随着年龄的增长，我又开始对更深入的数学问题产生了兴趣，例如高斯如何将圆等分为十七份，他为什么不能把圆等分为七份，以及哪些数可以用来等分圆。作为专业人士，我现在知道这些问题所需的数学知识对于大多数科普作家来说是难以企及的。因此很长一段时间以来，我只能接触到外表有趣但缺乏深度的数学科普故事，例如关于哥德尔-巴赫猜想和费马大定理的介绍。直到几年前，我偶然间听到了大老李的节目，才意识到这就是我在青少年时期一直希望听到的数学科普节目。

在节目中，大老李经常从一个易于理解的简单问题出发，逐渐展开对所涉及的数学领域历史发展的回顾，直至近些年最新研究成果的介绍。这些节目的内容足够深入，以至于我甚至有时是从大老李的数学科普节目里了解到我隔壁办公室的同事陶哲轩（Terry Tao）的最新成果。这让我感慨万千，大老李这位业余数学爱好者竟能有如此高的专业素养，并且能够将复杂的数学科普知识讲解得深入浅出。

我相信这本书不仅能陪伴孩子们成长，也能引领他们探索数学领域的奥妙。书中有趣而简单的数学问题和故事能够激发孩子们的好奇心，清晰而自然的逻辑分析则有助于拓展青少年的思维能力。深刻而神秘的数学结论更能够拓宽成年人的视野。这本书不仅适合我正在读小学六年级的儿子阅读，也能让像我这样的专业人士受益匪浅。

以下是本书中我个人特别喜欢的一些章节的具体阐述。作者选取的主题都非常有趣、简单易懂，即使是低龄儿童也会对其感兴趣。比如第二章中提到的“三维世界中的‘和谐’比例”问题；第四章中的“正多面体上的‘环球旅行’”问题，第五章讲到的“盒子里怎么装球”，都是小学生就可以清晰理解且有趣的问题。同时，第一章里的“确定”中产生“不确定”（如何又计算机产生随机数）、第三章里的如何鉴定一个数为质数（可不简单哦）、第五章里的“八维空间好砌墙”都是初、高中学生能理解且会感兴趣的问题。

在写完有趣的问题之后，作者常常会提出思考问题，引导读者特别是青少年读者来参与分析，从而自然而然地展现了这一问题的发展历史。比如正多面体上的“环球旅行”，作者先和读者一起讨论了正四面体和正八面体的基本问题，从而引入了简单封闭测地线的概念，随后又进一步讨论到将立体图形展开成二维是解题的主要思路，从而让读者意识到正十二面体问题的困难所在。最后，作者还在书中结尾处提到这个问题在2018年得到最终的解答。对青少年来说，这是一次很棒的数学思维之旅。再譬如，“盒子里怎么装球问题”，这个看似简单的堆球问题，实际上是一个非常古老且在近些年才得到严格证明的问题。在本书中，作者详细介绍了这个问题的发展历程，从开普勒提出问题，到高斯的部分解答，再到近代的电脑辅助证明，以及后来人们用了11年时间通过电脑验证这个证明的过程。读者可以像在博物馆里浏览展品一样，在短短十页文字中领略这个问题400年的发展历程。

此外，这本书对数学概念的专业解释易于理解，普通人也能轻松理解知识难点。例如在“八维空间好砌墙”一章中，作者用通俗易懂的语言和图表很好地解释了90年代提出的“凯勒图”的工作原理；在“如何判定一个数是质数”一章中，作者通过费马小定理简单易懂地介绍了最前沿的米勒-拉宾算法。此外，对单群分类或结论理论有兴趣的读者也不容错过本书，我自己在群论课上也使用了很多本书中有趣的群知识和故事。

我也很欣赏大老李对于数学文化的推广。他通过自己的经历，向观众介绍了数学家们创造出数学的方式，表现出数学的美感以及奇妙之处。这种推广让青少年们认识到数学并不是一门乏味的学科，而是充满着创造性、乐趣和挑战性的。我深信，这种态度和思维方式能够激励更多的人走进数学的世界，发现其中的魅力和无限可能。

因此，我非常期待这本科普图书的出版，相信它会成为一本富有启发性和娱乐性的好书。我也向大老李表示由衷的敬意，感谢他为数学科普事业做出的贡献。最后，我希望这本书能够像大老李的节目一样，让更多的人爱上数学，发现数学的魅力，以及深刻体会到数学所能带来的智慧和乐趣。

UCLA数学系教授

尹　骏

真的是万物皆数吗

2 500年前，古希腊数学家毕达哥拉斯曾说："万物皆数。"几千年过去了，他的这句话还对吗？我的回答是：尽管数的概念比那时扩展了许多，但他的这句话更加显得正确了。

每天早上，当你醒来，打开手机看新闻，你就是"数字"。新闻小程序会根据代表你的那个数字选择内容推送给你。你打开冰箱，吃了些早点，你吃进去的食物也是"数字"，因为这些食物所包含的热量值都是数字，而这些热量数字将决定你晚上在体重秤上的数字。

你出门上班，上了一辆公交车，公交车也是一个"数字"。公交车时刻把自己的位置以数字形式发送给调度中心，以便其监控和调度。公交车上也有摄像头，记录车厢内的情况，以数字形式存在硬盘上。公交车上的报站系统也是数字形式的。最终，每天的行驶数据也会是无数的数字。

你到了公司，打开计算机，数字就更多了，很可能你一整天打交道最多的也是数字。如果你是户外体力劳动者，你也离不开数字。在建筑工地上，每个建筑在图纸上时都是数字。建筑的结构是否合理、需要使用多少建材、工期多久，都是用数字计算出来的。如果你是快递员，那么每件快递都是"数字"，快递路线的导航也依靠数字。如果你是营业员，那么每笔交易都是"数字"。最终，每个人的业绩和工资也是数字。

晚上，你回到家，听些音乐，玩一会儿游戏，看一会儿流媒体，这些内容本质都是"数字"。在现代人的生活中，随时随地都是数字。

还有两项人工智能领域的科技进展，进一步证明了数字和数学在其他领域的重要作用。

一个例证是，英国Deepmind公司开发了一款可以预测蛋白质结构的人工智能软件AlphaFold。其新闻稿称：

AlphaFold将人类蛋白质组预测范围覆盖到了98.5%，其中对58%的氨基酸的结构做出可信预测，对36%的氨基酸结构预测达到很高的置信度。

这个软件无疑是生物医药领域的一大技术突破，而新闻中的一些术语，如"可信预测"和"置信度"无不透露出数学的作用。

另一个例证出现在人工智能绘画领域，很多的人工智能工具已经可以根据文字描述，自动生成绘画作品。比如，右面这幅OpenAI公司的DALL·E2生成的图片：其文字描述是"泰迪熊像疯狂科学家那样，混合冒泡的化学物质，像20世纪90年代的卡通片风格"，虽然图片本身并非尽善尽美，但要想到这只是人工智能的"创作"，是不是很神奇？

距离上一本《老师没教的数学》出版，已经过去3年了。3年里，不断有新的科技进展突破，在这些突破中，或多或少都有数学的作用。我希望我的书能提供给大家更多有趣的数学知识，让大家更喜欢数学。相信若干年以后，在我的读者中，有些能成为出色的专业数学工作者，这将是对我最大的回馈。

李有华

2022年10月15日

作者注：质数也称素数，本书中会同时使用这两个名称，它们完全相同，请读者悉知。

目录

第七章　修炼你的数学思维

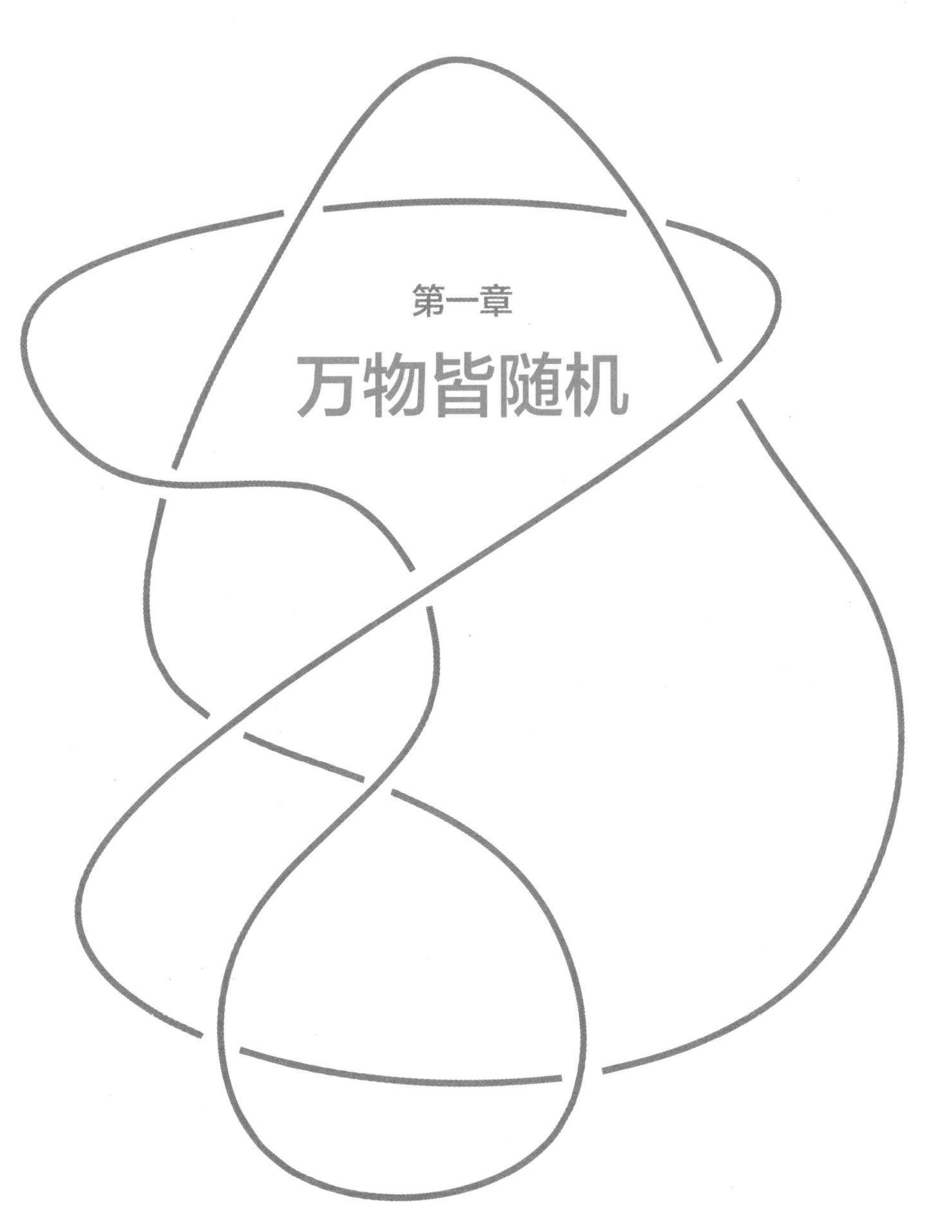

第一章

万物皆随机

中文是最有效率的语言吗

你也许听说过这种说法："中文是最有效率的一种语言。"比如，在各种语言版本的《哈利·波特》中，中文版本总是最薄的。这种说法到底科学吗？对此，科学家确实找到了一种方法，可以衡量一种语言的效率，甚至可以定量分析，这就是"信息熵"。

中文版和英文版《哈利·波特与魔法石》一书的厚度比较。中文版的开本略大，但远比英文版薄，中文版共191页，英文版共309页。当然，这种比较方式只是一个粗略的比较，并不是科学结论

1948年，美国数学家克劳德·香农提出了一个表征符号系统中单位符号平均信息量的指标——信息熵，还给出了一个计算信息熵的公式，这个公式十分简洁：

$$\text{信息熵} = -\sum_{i=1}^{n} p_i \log_2 p_i$$

公式里的 p_i 是指在某种符号系统中某个符号出现的频率。

比如，文字就是一种符号系统，每个汉字就是一种符号。而频率就是某个字在某类文字材料中出现的比例。如果你统计了一本100万字的书，这本书中某个字出现了1万次，那么这个字的频率就是：1万/100万=0.01=1%。

香农的这个公式就是要把某个符号系统中的符号频率全都统计出来，代入上述公式，就是这个符号系统的信息熵。

这听上去有点儿抽象，进行实际运算就容易理解了。比如，符号系统只有一个符号，信息熵会如何？

因为只有一个符号，所以它的频率必然是100%，也就是1。1的对数是0，所以按这个公式，计算结果就是0。

针对这个结果，香农给出的解释是，如果一个符号系统只有单个符号，那么这个符号系统什么信息都不能传递，单个字符能传递的信息量是0。如果一种文字只包含一个字母“a”，那么这种语言任何信息也不能传递。有人说可以用不同长度的“a”来表示不同的信息，但这要求不同长度的“a”之间有某种“分隔符”，而这种分隔符就是另一种符号。

那么有两种符号会如何？我们先假设两种符号的出现频率都是50%=0.5。那么按公式“$\log_2 0.5=-1$”，总信息熵就是：

$$-1\times(0.5\times(-1)+0.5\times(-1))=1$$

所以，这种符号系统的信息熵就是1，其含义是：“这种符号系统的每个符号可以传递1bit信息。”此时能看出，之所以公式前面要有一个系数-1，就是为了使结果数值总是大于等于0，因为人对正数的感受比较直观。

影响信息熵的因素有两个：一个是符号的多少，一个是符号的频率分布。我们可以固定一个变量，看看另一个变量对信息熵的影响。

我们先假设每个符号的频率是相等的，字符数不断增加会如何？假设某符号系统有n个符号，每个符号的频率是$1/n$，则该系统的信息熵是：

$$-\sum_{i=1}^{n}\frac{1}{n}\log_2\frac{1}{n}=\log_2 n$$

即有n个符号的符号系统，它的信息熵是$\log_2 n$。也就是说，符号越多，信息熵越大。

那么再考虑一下，如果符号数量固定，符号的频率分布改变，对信息熵的值影响如何？稍加计算就会发现，符号的频率分布越不均匀，信息熵越小。如果只有两个符号，其中一个符号的出现频率占90%，另一个只占10%，将其代入公式，可以计算出这种符号系统的信息熵是0.47左右。而之前算过两个符号频率相等的话，信息熵是1。

计算结果有了，我们来解读一下。为什么符号越多信息熵越大，也就是说单个符号提供的信息越多？

你可以设想，英语不是由26个字母组成的，而是包含1 000个字母。那么，即使元音字母还是只有a,e,i,o,u这5个，每个单词要求至少有一个元音字母，那么用1 000个字母，你也可能构造出1 000×5×2=10 000个双字母的单词。而大学英语六级的词汇量只有6 000个左右，1万个单词已经非常多了。如果再考虑3个字母的组合，单词量就足够用了。

所以，英语文章如果可以用1 000个字母的符号系统改写，那么几乎其中所有单词都可以用3个或更少的字母组合来表示，文章长度将大大减少，所以单个字母的信息量是不是就增加了？

而汉字系统恰恰有点儿像有几千个字母的拼写系统，所以汉字中单个字的信息熵会比英文字母高。

我们再看看为什么符号频率越均匀，信息熵越高。这是因为符号频率越均匀，连续多个符号之间的关联性越小，也就是每个符号都很关键，不能丢，所以单个符号信息量大。反之，符号出现的关联越大，则有些符号就可以省略，说明这些符号提供的信息量少。

比如，在英语里，很多单词拼写中的字母组合经常是一起出现的，例如“ing”“tion”等。在这些组合中，即使丢掉一个字母或出现次序错误，通常也不妨碍阅读。在以下英文句子中，其中很多单词的拼写都有次序错误，但是阅读起来完全无障碍，这就说明这些字母提供的信息量少：

Aoccdrnig to a rscheearch at Cmabrigde Uinervtisy, it deosn't mttaer in waht oredr the ltteers in a wrod are, the olny iprmoetnt tihng is taht the frist and lsat ltteer be at the rghit pclae. The rset can be a toatl mses and you can sitll raed it wouthit porbelm. Tihs is bcuseae the huamn mnid deos not raed ervey lteter by istlef, but the wrod as a wlohe.

中文字与字之间的关联就小多了，一句话丢掉很多字的话，这句话的意思就很难还原了。而字与字之间关联小，意味着字与字之间出现的频率差距不大，根据上一个字，不容易猜到下一个字。这时，每个字提供的信息量就大。

那么，英语与中文的信息熵究竟有多大？2019年，国外知名数学博主约翰·D. 库克发表了一篇博客文章，他计算了一下中文的信息熵。他使用的中文词频数据是一位美国大学的研究者2004年发布在网上的。在统计结果中，出现频率最高的汉字是“的”，大约是4.1%；第二位是“一”，但频率只有1.5%。库克根据这个词频，计算出单个汉字的信息熵是9.56。一般认为单个英文字母的信息熵为3.9，所以中文的效率优势是很大的。

Notes 说明:

- Column 1: Serial number; 第一列：序号
- Column 2: Character; 第二列：汉字
- Column 3: Individual raw frequency; 第三列：频率
- Column 4: Cumulative frequency in percentile; 第四列：累计频率(%)
- Column 5: Pinyin. 请注意：拼音取自于CEDICT: Chinese-English Dictionary (http://www.mandarintools.com/cedict.html), the online HSK word list (http://www.chinese-forums.com/vocabu
  息只是提供给用户以参考。其准确性没有校对过。
- Column 6: English translation; 英文翻译。请注意：英文翻译来源于CEDICT: Chinese-English Dictionary (http://www.mandarintools.com/cedict.html)。目前使用的数据是21 December 200

```
1    的   7922684 4.094325317834  de/di2/di4      (possessive particle)/of, really and truly, aim/clear
2    一   3050722 5.670893097424  yi1     one/1/single/a(n)
3    是   2615490 7.0225394492842 shi4    is/are/am/yes/to be
4    不   2237915 8.179060653924  bu4/bu2 (negative prefix)/not/no
5    了   2128528 9.2790522830384 le/liao3/liao4  (modal particle intensifying preceding clause)/(completed action marker), to know/to
6    在   2009181 10.317367156686 zai4    (located) at/in/exist
7    人   1867999 11.282721271452 ren2    man/person/people
8    有   1782004 12.203634448562 you3    to have/there is/there are/to exist/to be
9    我   1690048 13.077026131829 wo3     I/me/myself
10   他   1595761 13.901691695105 ta1     he/him
11   这   1552042 14.703763929078 zhe4/zhei4      this/these, this/these/(sometimes used before a measure word, especially in Beijing)
12   个   1199580 15.323689040917 ge4     (a measure word)/individual
13   们   1169853 15.928251681058 men     (plural marker for pronouns and a few animate nouns)
14   中   1104541 16.499062050484 zhong1/zhong4   within/among/in/middle/center/while (doing sth)/during/China/Chinese, hit (the mark)
15   来   1079469 17.056915583014 lai2    to come
```

美国大学研究学者Jun Da（笪骏）在2004年所做的对中文词频的统计，其中第四列的小数是累计频率。该行数值减去上一行的数值，就是该汉字的实际频率

这样是否就可以说中文的信息熵比英文高一倍多呢？没有那么简单，因为信息熵的比较还有一些不确定因素，如比较的对象。之前比较的是英文字母和汉字，也可以比较英文单词和汉字。

实际上，英文单词的组合虽然多了，但一句话前后的关联太多，所以单词的信息熵更低了，香农曾经计算出1个英文单词的信息熵只有2.62。当然，对中文也可以按词组来统计，但对中文来说怎么切词，是一个没有确切标准的问题。

	F0	F1	F2	F3	F-Word
26个字母	4.70	4.14	3.56	3.3	2.62
26个字母+空格	4.76	4.03	3.32	3.1	2.14

香农统计的英语信息熵。“26个字母+空格”表示将单词间的空格也作为1个字母统计。F0的意思大概是指按每个字母出现的概率独立进行统计，F1表示按2个字母组合频率统计，F2表示按3个字母组合频率统计，等等。F-Word表示按单词出现的频率统计

有关词频的统计也是一个因素。同样是中文，文言文和白话文的词频肯定不一样。不同领域文章里的词频也会有很大差异 。不过有一点可以确定，不论哪种语言，数学论文的单位字符信息熵肯定远大于其他类型的文章，这也是数学论文那么难懂的原因。数学家能用公式，就不用文字，能用“显然”或“易得”，就绝不展开解释。

2. Notation and sketch of the proof

Notation.

p: a prime number.
a, b, c, h, k, l, m: integers.
d, n, q, r: positive integers.
$\Lambda(q)$: the von Mangoldt function.
$\tau_j(q)$: the divisor function, $\tau_2(q) = \tau(q)$.
$\varphi(q)$: the Euler function.
$\mu(q)$: the Möbius function.
x: a large number.
$\mathcal{L} = \log x$.
y, z: real variables.
$e(y) = \exp\{2\pi iy\}$.
$e_q(y) = e(y/q)$.
$||y||$: the distance from y to the nearest integer.
$m \equiv a(q)$: means $m \equiv a(\bmod q)$.
$\bar{c}/d$ means $a/d(\bmod 1)$ where $ac \equiv 1(\bmod d)$.
$q \sim Q$ means $Q \le q < 2Q$.
ε: any sufficiently small, positive constant, not necessarily the same in each occurrence.
B: some positive constant, not necessarily the same in each occurrence.
A: any sufficiently large, positive constant, not necessarily the same in each occurrence.
$\eta = 1 + \mathcal{L}^{-2A}$.
$\varkappa_N$: the characteristic function of $[N, \eta N) \cap \mathbf{Z}$.
$\sum^*_{l(\bmod q)}$: a summation over reduced residue classes $l(\bmod q)$.
$C_q(a)$: the Ramanujan sum $\sum^*_{l(\bmod q)} e_q(la)$.

张益唐有关“孪生素数猜想”的论文中的符号约定部分，每个符号都包含了非常多的信息

不管怎样，目前不同统计方式下中文的信息熵都还是领先的。 库克提出了一种新的比较方法，即比较不同语言在单位时

间内的输出信息量，并且他提出一个猜想："不同语言在单位时间内的信息输出量是接近的。"比如，同样一本小说，中文版肯定比英文版薄，但如果抄写一遍，因为中文笔画多，中文会抄得比较慢，所以最终抄写时间可能差不多。

当然，在计算机时代，更应该比较在计算机上输入的时间。比如，可以比较一下平均输入同一篇文章的中文版、英文版所需要的打字次数（均使用最佳的带联想功能的输入法）。在个人感觉上，总体所需击打键盘次数应该是接近的，希望有心的读者可以尝试研究一下。

另外，如果考虑语音输出的效率，会有一些更有意思的发现。有一点可以肯定，当以语音形式输出时，单个汉字的信息量会大大减少。因为汉字有5 000多个，但汉字的发音，当考虑声调时，只有1 200多种组合，不考虑声调的话，只有300多种组合。像笔者这样前后鼻音不能区分清楚的人，信息量就丢失更多了。这就可以解释生活中的很多现象。

汉字带声调的拼音组合频率前10位（数字表示声调，没有数字表示轻声）

de	shi4	yi1	bu4	ta1	zai4	le	ren2	you3	shi2
4.63%	2.23%	1.71%	1.49%	1.21%	1.13%	1.10%	0.97%	0.96%	0.90%

汉字无声调拼音组合频率前10位

de	shi	yi	ji	bu	zhi	you	ta	ren	li
5.05%	3.60%	3.04%	1.58%	1.52%	1.42%	1.42%	1.23%	1.20%	1.20%

中文没法改成拼音文字，写出来完全没法读，同音字太多。比如：

xue shu xue hui shang yin shi yi ben hen hao kan de shu xue shu.（读读看，这句话是什么意思？你可以发现，只有拼音的句子念起来是很累的。）

再比如，很多人玩过一个耳语传话的游戏：一些人以耳语的形式把一句话传给下一个人，看最终的结果与开始的信息区别有多大。通常，到六七个人之后，这句话就被改得面目全非。下次各位可以试试传一句简单的英语，看看是不是容易保持原来的句子。

因此，当有外国人问"为什么你们中国人讲话总是这么大声"时，你可以回答："因为中文语音的信息熵低，我不得不大声说，确保对方每个字都听清楚。"

另外，中文的影视作品都喜欢加上字幕，甚至还有弹幕文化，其基础原因还是在于汉字信息熵高，语音信息熵低。中文视频打上字幕，就不用太注意去听对白，观看时大脑就能放松些。而用英语打弹幕的话，屏幕上都是长长的句子，会严重影响正常的视频收看，所以说英语的地区就没法形成弹幕文化。

为什么香农将这个表征信息量大小的指标命名为"信息熵"？它与物理中的"熵"有联系吗？当然是有联系的。物理中的"熵"，一种直观的定义就是表征一个系统的"混乱"程度，越混乱，熵值越大，越有序，熵值越低。

而对"混乱"的一种直观定义就是，当略微改变一个系统的状态时，其与原先状态的可区分程度。举例来说就是，对一个井井有条、十分干净整洁的屋子，稍微挪动一样东西，就很容易发现变化，而对一个杂乱不堪的屋子，移动很多东西之后，感觉仍然是杂乱不堪的。

在信息熵中，为什么语言越"混乱"，信息量越大？这一点可以从语言的上下文关联度来考虑。英语单词中的字母相关度是很高的，比如之前提到过的"ing""tion"，还有各种前缀、后缀。

“耳语传话游戏”，一群人通过耳语传递一串文字，通常没用多久，这句话就被传得面目全非了

整洁的房间和杂乱的房间对比。对整洁的房间来说，稍微改变一些就能觉察到区别，“熵”比较低；对杂乱的房间来说，挪动很多物体也很难感受到区别，“熵”很高

因为相关度大，在“ing”或者“tion”这样的后缀组合里拿掉一个字母，完全不影响阅读，说明这些组合中单个字母提供的信息量很小。

中文的上下文关联度就低很多，所以单个汉字信息量就大。而上下文关联度高，也可以理解为符号系统“有序”，而关联度小就是“无序”，所以把信息量用“熵”来命名再恰当不过了，而且它确实与物理中的“熵”有许多相似的性质。

最后，信息熵如同很多物理量一样，是可以有单位的，它的单位是“比特”（bit，就是计算机中，“比特位”的比特）。从信息熵公式看，信息熵是没有量纲的，但有时我们也用bit作为其单位。比如，中文平均单个汉字的信息熵是9.56，也可以说成单个汉字提供的信息量是9.56bit。为什么可以这么说？这其实是一个符号的编码问题。

现在我们的计算机系统中的字符一般采用的是等长的编码方式，即每个字符的编码长度是相等的。比如，在unicode编码系统中，每个字符用16bit的二进制位来编码。那么在理论上，它可以对2^{16}=65 536种字符进行编码（实际上，这16bit还被划分为多个“平面”，目前已经对约13万个符号进行编码），它已经足够对世界上所有文字符号进行编码了，甚至现在我们还不断在其中增加表情符。

如果编码目标是使目标文本的总长度最短的话，那么等长编码方式就不是最优方案了。因为每个字符的频率不同，我们可以考虑对频率高的字符用比较短的长度进行编码。

比如，之前提到，在中文文本中，“的”这个字的使用频率最高，那可以考虑对“的”用1位二进制，即“0”进行编码，其他汉字都用以“1”开始的二进位进行编码。中文使用频率第二高的字符是“一”，可以用两位二进制“10”对它编码，用“110”给使用频率第三位的汉字编码……这样频率高的汉字编码长度短，频率低的长度长，且不同汉字的编码通过最左边的若干二进位都是可以区分的。

unicode不但对几乎所有语言进行了编码，也包含越来越多的表情符

这种编码方式在计算机术语中称为“霍夫曼编码”或“前缀码”，因为不同的字符依靠编码的前缀来区分。当然，汉字中“的”出现的频率远没高到值得用一位二进制对其编码。但有一种算法可以根据不同字符的频率表，得出平均码长最短的编码方式，此时的编码结果称为“最优前缀码”或“最优霍夫曼编码”。

对照某个汉字字符的频率表，如果你计算出其信息熵是9.56，那对照同一张频率表，对其进行最优前缀码编码，你会发现，单个汉字的平均编码长度就是9.56（具体原因请自行思考）。因此，可以说信息熵的单位就是“比特”。

到这里又会有一个很有意思的洞察，就是考察不同语言文本文件的压缩率。比如，都是用unicode编码的中文版、英文版“哈利·波特”系列图书，分别比较压缩后的文件大小的变化程度，它们会有什么样的区别？

压缩软件的工作原理，就是去除文本中的冗余信息，用接近最优的编码方式，对文件重新编码的过程。那么，如果一个文本压缩后，能压缩得很小，就说明原来的文本信息比较冗余，单位字符的信息量低。反之，如果压缩后，文件大小变化不大，就说明原来的文本信息冗余量少，单位字符信息量大。

在现实中，有很多人做了实验。结果中文不负众望，在各类语言的压缩率比较中，中文本的压缩率总是最低的。这也从侧面验证了，中文（文字）是主流语言中最有效率的语言。

有关信息熵的话题聊得差不多了，我最大的感想是，香农用如此简单的一个公式给了我那么多的启发和思考。我觉得以后提到“最美公式”的时候，香农的这个信息熵公式应该有一席之地。汉字在符号上提供的信息量大，基本是可以确定的，而中文在语音上会丢失信息的劣势也是很明显的。

思考题

如果用压缩软件压缩不同语言的音频，压缩比之间的大小会如何?

“三人成虎”能用数学解释吗

对喜欢数学的人来说，在判断一件事情的可能性和一个消息的真实性问题上，有一个十分有用的定理：贝叶斯定理。成语“三人成虎”颇能体现贝叶斯定理的含义，所以我们先说说这个成语。

“三人成虎”这个成语的出处是在《战国策》和《韩非子》中。

战国时期，魏国大臣庞葱（恭）陪同太子前往赵国做人质。临出发前，他对魏王说：“如今有一个人说街市上出现了老虎，大王相信吗？”魏王回答：“我不相信。”庞葱又问道：“如果有两个人说街市上出现了老虎，大王相信吗？”魏王说：“我会有些怀疑。”庞葱接着说：“如果又出现了第三个人说街市上有老虎，大王相信吗？”魏王回答：“我当然会相信。”庞葱说：“很明显，街市上根本不会出现老虎，可是经过三个人的传播，街市上好像就真的有了老虎。而今赵国都城邯郸和魏国都城大梁的距离，要比王宫离街市的距离远很多，对我有非议的人又不止三个，还望大王可以明察秋毫啊！”魏王说：“这个我心里有数，你就放心去吧！”

果然，庞葱刚陪着太子离开，就有人在魏王面前诬陷他。刚开始，魏王还会为庞葱辩解，诬陷他的人多了，魏王竟然信以为真。等庞葱和太子回国后，魏王再也没有召见过他。

这个成语说明谣言说的人多了，就会使人相信。

不知道你听到有三个人说街上有老虎时，是否会相信他们的

一个人告诉你街上有老虎，你往往不信，但三个人这样说，你就会相信了

话？让我们就用数学中的条件概率和贝叶斯定理分析一下这个故事。

“条件概率”，即一件事情发生时，另一件事情发生的概率。在生活中，我们会发现一些事件的发生往往会伴随另一个事件的更高或更低概率的发生，这种情况叫作事件的“相关性”。

相关性有“正相关”和“负相关”，还有定量分析相关性的参数，叫“相关系数”。取值范围从-1到+1。相关系数为-1，即彻底的“负相关”：一件事发生，另一件事必不发生。相关系数为+1，即彻底的“正相关”：一件事发生，另一件事必发生。相关系数为0，则表明两件事无关，一件事的发生，完全不影响另一件事发生的概率。

但是要注意，相关性不代表因果性，哪怕两个事件的相关系数为1，但这是题外话了，不做过多解释。在现实中，具有完全的正相关和负相关的事件非常少。

贝叶斯定理解决了如下问题：

已知A事件发生的情况下B事件发生的概率，如何计算B事件发生时A事件发生的概率？其中有个前提是已知A、B事件作为独立事件发生的概率。

这听上去有点抽象，让我们来看个例子。

例如，在“80后”和“90后”中，独生子女的比例特别高。以下是我杜撰的一些数据：

设全体中国人中没有兄弟姐妹的独生子女人口比例是30%。但在“80后”和“90后”的人口中，独生子女的比例达到80%。这个80%就是：当一个人是在1980年至1999年间出生的，其为独生子女的条件概率。这里，条件就是“此人为1980年至1999年间出生的”，记作：

P(某人是独生子女|某人是“80后”或“90后”)=80%

我把条件概率里的这个“条件”称为“条件事件”，而最终所求概率的事件称为“主体事件”。

有时我们也会想把条件事件和主体事件交换，考虑其概率。比如，已知一个人是独生子女时，此人是“80后”或“90后”的概率有多大？这种换位思考，在很多实际问题中是很有用的。

如果条件概率中，条件和主体交换，所得概率不变，那就没意思了。实际上，交换后的概率结果在多数情况下是会改变的，贝叶斯定理就给出了这样一个计算公式，前提是，我们得知道“条件事件”和“主体事件”作为“独立事件”发生时的概率：

$$P(A|B)=\frac{P(B|A)P(A)}{P(B)}$$

贝叶斯公式具体推导过程也很简单，各位可以自行上网查阅。我们就直接代入数字计算之前的那个问题：已知一个人是独生子女时，他是“80后”或“90后”的概率有多大？

根据贝叶斯定理：

$$P(\text{某人是“80后”或“90后”}|\text{某人是独生子女})$$
$$=\frac{P(\text{某人是独生子女}|\text{某人是“80后”或“90后”})\times P(\text{某人是“80后”或“90后”})}{P(\text{独生子女})}$$

之前已假定：P(某人是独生子女|某人是“80后”或“90后”)=80%，P(独生子女)=30%。此处我们还需要知道P(某人是“80后”或“90后”)，即“80后”或“90后”占全体人口的比例，我假定它是20%。那么代入公式，得到：

$$P(\text{某人是“80后”或“90后”}|\text{某人是独生子女})$$
$$=\frac{P(\text{某人是独生子女}|\text{某人是“80后”或“90后”})\times P(\text{某人是“80后”或“90后”})}{P(\text{独生子女})}$$
$$=\frac{0.8\times0.2}{0.3}\approx53\%$$

结果是超过一半。这个结果相当有意思，它与我们的直觉是相符的：即一个人是独生子女的话，我们会认为这个人很可能是“80后”或“90后”。

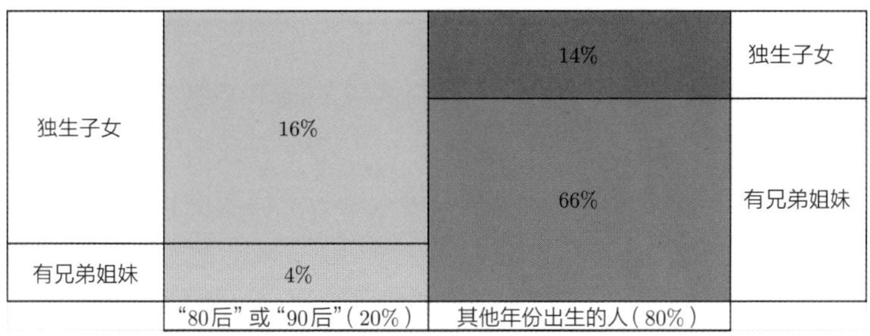

这个问题等于是问浅绿色部分占浅绿加深绿部分总面积的比例。请对照面积比例与贝叶斯公式，体会贝叶斯定理的含义

让我们再用贝叶斯定理分析一下“三人成虎”这个成语，看看“三人成虎”到底有没有道理。让我们先计算下“一人能不能成虎”。

根据贝叶斯定理，我们需要先确定这样三个概率：

第一，某天街上有老虎时，有人跟你说“街上有老虎”时的概率。因为街上有老虎非常罕见，所以估计大家都会奔走相告，那么这个概率应该是非常高的，就算它是90%，可记为0.9。

第二，某天街上出现老虎的概率。即使在古代，这也是非常罕见的吧，就算它是万分之一。

第三，某天有人跟你说“街上有老虎的概率”。这个问题有点微妙，此处有两种情况：一种情况是街上真有老虎，有人向你报告，但这种情况很罕见。一种情况是街上没有老虎，但有人跟你开玩笑。所以按照全概率公式，这个概率应该是：

$$P(\text{街上有老虎})\times P(\text{有人向你报告}|\text{街上有老虎})+$$
$$P(\text{街上没有老虎})\times P(\text{有人跟你开玩笑}|\text{街上没有老虎})$$

因为街上有老虎的概率很低，所以前一项可以忽略。我们考虑一下有人跟你开玩笑的概率。因为这不是一个很好的玩笑，总体上还是较少发生的，但比街上真有老虎的概率还是会高不少。我就算它的总体概率为1%。

那我们就可以将以上数值代入贝叶斯定理，计算一下，当有一个人说街上有老虎时，街上真有老虎的概率。此时，这个概率等于：

$$P(\text{街上有老虎}|\text{有一个人说街上有老虎})$$
$$=\frac{P(\text{有一个人说街上有老虎}|\text{街上有老虎})\times P(\text{街上真有老虎})}{P(\text{有一个人说街上有老虎})}$$
$$=\frac{0.9\times(1/10\ 000)}{1/100}=0.009=0.9\%$$

这个数字非常小，说明那个人很可能只是开玩笑，而街上根本没有老虎。但“三人”为什么就“成虎”了呢？如果我们能知道：某天有三个人跟你说街上有老虎的概率，那么我们同样可以根据贝叶斯定理，算出街上真有老虎的概率。

你可能会说，这好算啊，前面不是假设有一个人跟说街上有老虎的概率是1%吗？那么有三个人说街上有老虎的概率就应该是：

$$\left(\frac{1}{100}\right)^3=\frac{1}{10^6}$$

结果是百万分之一。假设这个算法是正确的，让我们继续算下去。

此时还需要知道这个概率：P(有三个人说街上有老虎|街上有老虎)。这个概率要精确计算还真不太好算，需要搞清楚：街上到底有多少个人；有多少只老虎。会不会街上真有老虎，没有人看到，但还是有人跟你开玩笑……

笔者只能简化一下，忽略那些极端情况。假设街上的人足够多，老虎也只有一只，上街的人都看到了，而且你的人缘也不是那么差。所以基本上，当街上真有老虎时，有三个人向你报告的概率比只有一个人向你报告的概率少不了多少，我就假设它是80%，可记为0.8。

如此代入贝叶斯公式的话，计算：

$$P(\text{街上真有老虎}|\text{有三个人说街上有老虎})$$

$$=\frac{P(\text{有三个人说街上有老虎}|\text{街上真有老虎})\times P(\text{街上真有老虎的概率})}{P(\text{有三个人说街上有老虎})}$$

$$=\frac{0.8\times(1/10\ 000)}{1/10^6}=80=8000\%$$

这个数字远大于1，所以肯定是哪里出问题了。问题就在于，之前在估计有人向你报告街上有老虎的概率时，忽略了街上真有老虎的情况。但是，当有三个人向你报告街上有老虎时，我们就不能忽略街上真有老虎的概率，因为三个人同时开相同玩笑的概率太低了。

确切的算法，按照全概率公式，我们实际要计算的是，街上没有老虎时，有三个人同时向你开玩笑的概率，加上街上有一只老虎，有三个人同时向你报告的概率。前者的概率确实是百万分之一，后者是80%。

又因为街上有老虎的概率是一万分之一，那么，总体上有三个人向你报告街上有老虎的概率是：

$$\frac{9\,999}{10\,000}\times\frac{1}{10^6}+\frac{1}{10\,000}\times 0.8\approx\frac{81}{10^6}$$

此时将其代入贝叶斯公式：

$$P(\text{街上真有老虎}|\text{有三个人说街上有老虎})$$

$$=\frac{P(\text{有三个人说街上有老虎}|\text{街上真有老虎时})\times P(\text{街上真有老虎的概率})}{P(\text{有三个人说街上有老虎})}$$

$$=\frac{0.8\times(1/10\ 000)}{81/10^6}\approx 99\%$$

哇，贝叶斯公式完美诠释了“三人成虎”这个典故的含义！我们可以从公式中稍微分析“三人成虎”时，街上真有老虎的概率为什么会这么大，而“一人”就成不了“虎”。

首先，这个概率与“街上有老虎”的概率成正比，这是比较容易理解的。

其次，它与“街上真有老虎时，有人向你报告有老虎”的概率成正比。这个概率越大，说明“有老虎”与“有人向你报告”，这两个事件之间有越大的正相关。

最后，最关键的一点是，它与“有三个人向你报告有老虎”的事件概率成反比。也就是，“有三个人向你报告有老虎”的情况越不会发生，则当其发生时，表示街上真有老虎的可能性越大。换句话说，如果一件事能成为另一件事的证据，则这个证据越罕见，则说明这个证据越有效，另一个事件越可能为真实。

正是因为三个人同时与你开玩笑说街上有老虎的可能性太低了，所以只能说明街上真有老虎。而如果有三个人在社交媒体上说街上有老虎，我肯定还是不信的。因为社交媒体上这类情形太常见了，很多人也只是转发消息。所以，社交媒体上三个人成不了虎。真要“成虎”，也许要千人以上。但是有三个互不认识的人当面向你说街上有老虎，就可信多了。

虽然贝叶斯定理在“三人成虎”的例子中是很符合直觉的，但在有些例子中它却反直觉。以病毒检测问题做个例子。

现在我们诊断一个人是否感染病毒的最直接证据就是做检测。现在假设某种检测试剂，其准确率达到90%，意思是：如果你感染了病毒，这种试剂检测结果有90%的概率为阳性，另有10%会得到阴性结果，术语叫“假阴性”。

除此以外，这种试剂对健康者的检测准确率也是90%，意思是：如果你没有感染病毒，这种试剂检测结果有90%的概率为阴性，另有10%的概率出错，结果为阳性，称为“假阳性”。

现在的问题是，如果你的检测结果为阳性，你真的感染病毒的概率是多少？你的第一感觉是：这个试剂准确率相当高啊，如果我是阳性，那我就基本肯定感染了啊！先别急，让我们还是按照贝叶斯公式算一算。

按公式：

$$P(\text{感染病毒}|\text{检测结果为阳性})$$
$$=\frac{P(\text{检测结果为阳性}|\text{真感染病毒})\times P(\text{感染病毒的概率})}{P(\text{检测结果为阳性的概率})}$$

这里我们发现需要估算两个概率，一个是一般人群中感染病毒的概率。这个数据在不同的地方差别很大，我们就以1%为例。

检测为阳性的概率，按照全概率公式，是1%的真感染，乘以90%的准确率，加上99%的未感染，乘以10%的错误率：

$$0.01\times 0.9+0.99\times 0.1=0.108=10.8\%$$

将其代入贝叶斯公式，得到：

$$P(\text{感染病毒}|\text{检测结果为阳性})$$
$$=\frac{P(\text{检测结果为阳性}|\text{真感染病毒})\times P(\text{感染病毒的概率})}{P(\text{检测结果为阳性的概率})}$$
$$=\frac{0.9\times 0.01}{0.108}=8.3\%$$

这就是说，当检测结果是阳性时，有超过90%的概率是假阳性，这是不是反直觉？从计算过程中看出，这个结果的反直觉原因在于，我们假设这个病毒的一般感染率是1%，这仍然是一个比较小的数值，以至于检测结果为阳性时，这个证据并不能很好地证明感染病毒这个事实。

所以，我们经常需要反复检测来确认是否真的感染。请你计算一下，如果三次检测结果都是阳性，你真的感染病毒的概率是多少？

当然，在现实中，因为疑似病例中的感染率很高，有时可达

80% ~ 90%，此时假阳性的概率就大大降低了，你可以算算此时假阳性在疑似病例中的概率。

最后，还可以做个有意思的计算，还是基于以上数据，如果一个人的检测结果是阴性，其假阴性的概率是多少，也就是漏检的概率是多少？

直接按公式：

$$P(\text{感染病毒}|\text{检测结果为阴性})$$
$$=\frac{P(\text{检测结果为阴性}|\text{感染病毒})\times P(\text{感染病毒的概率})}{P(\text{检测结果为阴性的概率})}$$
$$=\frac{0.1\times 0.01}{0.892}\approx 0.1\%$$

看到结果，你大概可以长出一口气，原来阴性结果还是很可信的（因为大多数人没有被感染）。

以上简单聊了贝叶斯定理，其内容其实很好记。两个事件如果相关，那么考虑以下概率：两个事件作为独立事件的概率；两个事件互为对方前提的条件概率。

当知道这4个概率中的3个概率值时，你可以计算出另一个。

贝叶斯定理也可以用来解释生活中的许多直觉现象，比如“三人成虎”，但他有时也会产生很多反直觉的结果。“凡是惊人的事实，必有惊人的原因”，这句名言也是我经常用来判断某件事真假的一个利器，希望读者能好好使用。

思考题

当一次检测假阳性概率为91.7%时，3次检测均为阳性时，假阳性的概率是多少？

当实际病毒感染率达到80%，某次检测为阳性时，确实感染病毒的概率是多少？

“乱打”键盘得到数字是随机数吗

不知你是否思考过计算机中如何产生随机数的问题？要理解这个问题，我们先考虑这样一个问题：如何鉴别一串数字是“随机数”？例如，请看如下两串数字：

0001001000100100010001100010001001111000101010101000011101011

1111000110001101000111100000100010000111110000100110100010000100

在这两串数字中，有一串是笔者“随机”在键盘上敲打出来的，另一串是用计算机的随机数生产算法产生的。你能辨别出它们吗？是不是很难判断？

稍微思考下，我们就会发现，只要给出的两个序列足够长，就能鉴别出来。因为随机数是有特征的，在课堂上学过很多这种特征，比如期望值、方差等。那对这个“0-1”的序列，当然会先考察一下0和1的数量是不是差不多。就算打字的时候非常小心，把0和1写得很均匀，还是有好多其他特征可以考察的。

在这个例子里，如果0和1的数量符合期望，那方差也肯定是符合期望的。但还可以考虑其中最长的连续的1的序列。如果10 000长度的0、1二值的随机序列，其中最长的连续的数字“1”的长度只有4，那凭直觉也可以知道这个序列是有问题的。虽然从某个特定位置开始连续出现5个1的概率是1/32，但是在一万个数字里一次也没发生的概率大约只有10^{-35}这个数量级。事实上，在长度1万的“0-1”随机序列里，最长的连续“1”的长度，大致是在9到15之间。

计算举例：连续掷均匀的硬币1 000次，所出现的最长连续正面结果的长度记作x，求x小于等于8的概率。（计算较为烦琐，可以先跳过，稍后阅读。）

这是一个比较复杂的问题，标准方法需要用到“马尔可夫过程”，以下采用一种适合中学生理解的方法，来解释这个问题（参考来源：知乎用户“liu-yu-chen-72-92”）。不妨先考虑一个简单的例子：计算连续掷10次硬币，最长连续正面少于3次的概率。

如果用1表示正面，用0表示背面，那么连续10次投掷硬币的结果可以表示为10位的二进制序列。比如：

1101010001

所有的投掷结果共有$2^{10}=1\ 024$种。现在要尝试计算出，其中连续的“1”少于3个的排列数。

对以上序列的末尾补上一个“0”，并且从左到右分段，使每一段都以0结尾，且只包含1个0。以上序列分段结果是：

110，10，10，0，0，10

考察其中每一段的长度，得到“3，2，2，1，1，2”，显然长度总和等于10+1=11（因为已在序列末尾添加了一个“0”）。

我们可以确认，每次不同的投掷结果都会产生一个不同的分段结果，也会产生一个不同的长度序列。如果某次投掷结果中，最长的连续“1”序列短于3，其对应的长度序列的每一项都小于等于3。

我们考虑这样一个函数：

$$g_k(x)=\left(x+x^2+x^3\right)^k$$

当$k=6$时，它就是：

$$g_6(x)=(x+x^2+x^3)^6=(x+x^2+x^3)(x+x^2+x^3)\cdots(x+x^2+x^3)$$

将以上函数展开后，观察x^{11}项的系数。我们可以发现，这个

11次幂的系数恰好是上述6个括号中各取一项，使6个括号所取各项的指数之和恰好是11的所有组合种类数。而每种组合又恰好对应之前的一种分段结果。

比如，之前的分段结果是：110，10，10，0，0，10。那么相当于在以上函数中，对每个多项式分别取x^3, x^2, x^2, x, x, x^2，相乘后所得项可以验证，这些项的指数之和是11。

所以，所有分为6段的投掷结果，且其中没有连续3个或以上“1”的组合数，就是$g_6(x)$的x^{11}项的系数。

那么，投掷10次，其结果最多分为11段。所以，在所有投掷结果中，没有连续3个或以上“1”的组合数，就是$g_1(x)$到$g_{11}(x)$的x^{11}项的系数之和。

为了方便计算，可以先计算多项式：

$$\sum_{k=1}^{11} g_k(x) = \sum_{k=1}^{11} \left(x + x^2 + x^3\right)^k$$

利用等比数列求和公式，得到以上多项式求和结果，x^{11}的系数是504。所以，连续投掷10次硬币，其中连续正面不超过3次的概率是：

$$504 \div 1\ 024 \approx 0.49$$

对项数更多的情况来说，计算多项式求和非常复杂，此时可以改为使用对无穷多项等比数列进行求和，并且利用泰勒级数求得对应项系数近似值的方法。

比如，对原问题“连续掷均匀硬币1 000次，所出现的最长连续正面结果的长度记作x，求x小于等于8的概率”，对符合条件的组合数，相当于求多项式：

$$\sum_{k=1}^{1\ 001} \left(x + x^2 + \cdots + x^9\right)^k$$

中，$x^{1\ 001}$项的系数。

因为当$k > 1\ 001$时，在$\left(x + x^2 + \cdots + x^9\right)^k$中，$x^{1\ 001}$项的系数是

0，并且，当$k=0$时，多项式值为1，也不影响x^{1001}项的系数。所以，可以改为“下标等于0，对无穷多项的多项式求和”：

$$\sum_{k=0}^{\infty}\left(x+x^2+\cdots+x^9\right)^k=\sum_{k=0}^{\infty}\left(\frac{x\left(1-x^9\right)}{1-x}\right)^k=\frac{1-x}{1-2x+x^{10}}$$

考察上式的泰勒展开式中x^{1001}的系数，借助计算机可以算得其约为4.026×10^{300}。

因此，投掷1 000次硬币，其中最长连续正面次数不超过8次的概率是：

$$\frac{4.026\times10^{300}}{2^{1000}}\approx37.57\%$$

若改为计算投掷1万次硬币的情况，则计算机直接求解仍然太慢。此时可以改为计算：投掷1 007次硬币，重复10轮，每轮中连续正面次数都不超过8的概率。此时，所得结果与直接计算投掷1万次的情况应该非常接近。可以算得，投掷1万次硬币，其中最长连续正面次数不超过8次的概率约为0.005 6%。

以上例子就是说明，用“瞎写”的方式产生的随机数并不是很好的，甚至是不合格的随机数，有很多方法可以鉴别出这种“假”随机数。为什么需要检验随机数呢？这可太重要了，小到一个游戏程序，大到一次彩票开奖；再从信息的加密传输到目前火爆的数字货币，这些程序中都需要随机数。如果随机数不够“随机”，那就会让恶意攻击者有机可乘，产生严重的后果。

然而，究竟什么是真正的“随机”？很意外，这是一个非常微妙的，甚至哲学化的问题。比如，投掷硬币产生的序列算不算“随机”呢？看上去是随机的，但是正如很多文章里说的，如果硬币投掷出去以后，所有的物理参数都能知道，比如初速度，角度，空气阻力，湿度，硬币密度、形状等所有与硬币落下后相关的参数都可知，并且有一台计算速度极快的计算机，可以根据那些参数计算出硬币掉落桌面后哪一面向上，那么掷硬币结果还算不算随机数？对此问题，爱因斯坦有句名言叫“上帝不掷骰子”。什么是真正的随机数，自然界中有没有“真”随机现象等问题，至今仍是既有争议，也十分微妙的话题。

在数学里，给“真”随机数一个定义。比如，“真正”的符合一半对一半概率的“0-1”二项分布的随机变量的定义：

设想一个你我之间的猜随机数游戏，我给出“0-1”分布随机数，你来猜。我每次会产生一个0或1的随机数供你猜，且你有以下两个便利条件。

第一个便利条件是，我允许你在猜之前向我索要任意多的随机数。也就是说，如果你认为历史上的随机数对下一次猜测有用的话，你可以任意研究过往随机数的历史。而且你想要多少我就给你多少，这是一个便利条件。

第二个便利条件是，你有一台拥有无限计算能力的计算机，计算速度要多快有多快，你可以尽情地在猜之前利用这台计算机去分析历史随机数，直到满意为止。甚至我先将随机数写在纸上，藏进一个保险箱里，你再开始做计算分析，分析满意之后再进行猜测，并开箱检验结果。

而“真”随机数就是：经过多次之后，你能猜对的概率仍然接近二分之一，那么我产生的随机数就是“真”0-1二项均匀分布的随机数。对于这个定义，如果用数学语言重新叙述，那就是：

对任意小的ε，存在一个δ，当游戏次数大于δ次之后，你猜中的次数m除以游戏总次数k的比值，减去1/2后的绝对值，总会小于ε：

$$\left|\frac{m}{k}-\frac{1}{2}\right|<\varepsilon$$

以上就是“真”随机数的定义，是不是很啰唆？但是，以上

猴子乱敲键盘产生的字符看上去很“随机”，但密码学对“真”随机数有着严格的要求，并且有办法检查随机数的“质量”

条件缺一不可。

首先，你得被允许观察历史随机数，真正的随机数是与历史无关的。所以，如果能通过分析历史随机数，使猜测随机数的成功率哪怕增加万分之一，那这个随机数仍然不是“真”的。

其次，你被允许有台拥有无限计算能力的计算机，而真正的随机数是不依赖挑战者的计算速度的。其理由跟之前一样，即“真”随机数的产生是独立事件，与之前的结果无关。

最后，要注意的是，挑战者猜测的成功率与1/2取差值比较后，需要取绝对值，即猜对或者猜错的“能力”都要能“收敛”在0.5上。如果你有了明显大于一半概率的“猜错”能力，则等价于有了“猜对”的能力，这也是不行的。

我们虽然有了完美随机数的定义，但实践中这个定义没有什么用，因为以上的猜数游戏纯属理想实验。没有哪个随机数提供者可以在有限时间里给你任意长度的随机数。随机数验证者也没有拥有无限计算能力的计算机。

所以，对随机数生成者，特别是用软件产生的随机数，只能尽量去接近这个标准，而无法达到这一标准。

对检验者来说，其目标也只能是检验出随机数是否在某种场合下质量已经足够好，可以当成“真”随机数来使用。这里说的随机数的检验主要是对计算机随机数生成算法的检验。以下我们从最简单的测试类型开始说明。

第一级测试：范围测试，它测试产生的随机数是否位于目标范围。这个测试意义比较简单，但在边界问题上还需要注意。比如，如果算法是期望产生大于0，且小于等于1的随机数，而实际算法不能产生1，或者会产生0，且概率都很小，那么测试软件可能就发现不了这些问题。这种情况很难通过软件发现，只能靠人力去分析算法来检查。

第二级测试：均值测试，即检查期望值。比如，随机数的目标期望值是100，那就计算出1万个随机值，求平均值，看看是不是能够接近100。另外，应该有不少读者学过概率学中“置信空间”这个概念，也就是说，可以计算出这1万个随机数平均值应该在怎样的范围区间内。比如，如果平均值应该有95%的概率在100 ± 5的范围内，但实际平均值是106，那就有95%的把握说这个随机数算法是有问题的。

第三级测试：方差测试，看随机数取值的变化程度。在均值测试中，如果均值的期望值是100，但实际发现每次测试1万个随机数的平均值，恰好不多不少都是100，这种情况是好是坏？如果这种情况只有1次还好说，如果经过10次测试，平均值都正好是100，那无论如何都不能让人相信这是随机数序列。这里同样是有“置信空间”的作用，因为可以知道随机数的变化分布程度是否在预设的置信空间内。

随机变量的均值和方差是随机变量的两个基本特征。但即使符合这两个特征，也不表示随机数算法就是正确的、可用的。比如，期望值是1的指数分布，与期望值是1且方差也是1的正态分布，这两种分布的期望值和方差是相同的。

第四级测试：“桶测试”，如果你不小心在应该产生正态分布随机数的代码里用了产生指数分布的算法，那用以上3种测试都测不出区别。这时就需要用到第四级测试。教科书里都画过每种概率分布的概率密度函数，正态分布像一口倒扣的钟，也叫“钟形曲线”，指数分布是从左上到右下下降的曲线。

要区分这两种情况，我们就可以在x坐标轴上等距离取若干个点，然后画垂线，每两条垂线之间就是一个个“桶”，然后考察随机变量落到不同的桶中的数量。比如，对于正态分布，我们知道在期望值两边对称的桶里的变量数量应该是差不多的，但对于指数分布，左边的桶就比右边的桶里的变量数量要多。这样，我们就能区分出这两种分布。

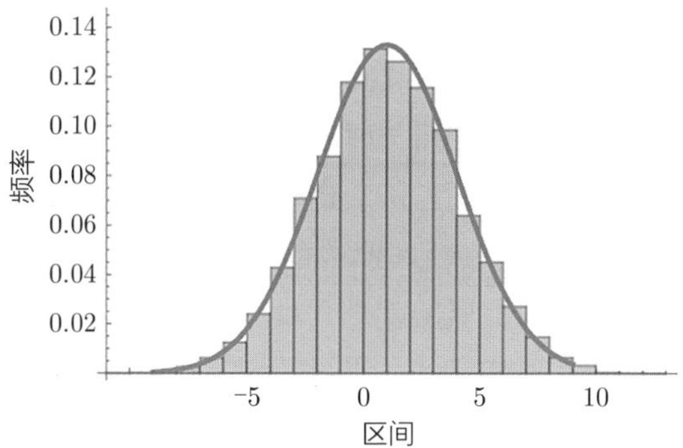

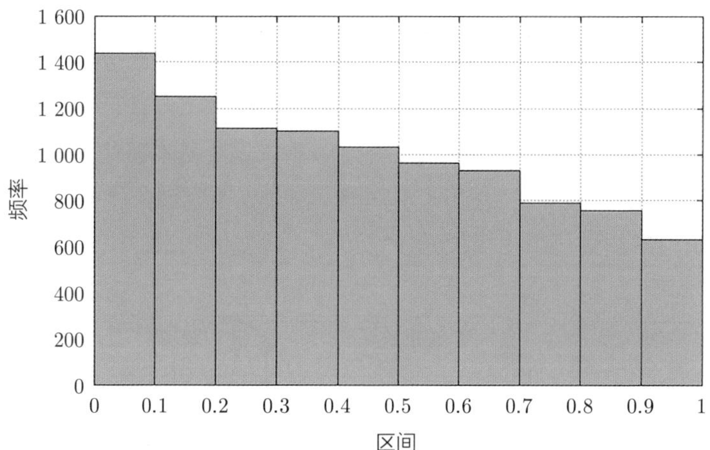

上图为正态分布的概率密度曲线，下图为指数分布的概率密度曲线。通过考察样本随机数落在纵向的每个“桶”形柱状区域内的数量，可以区分这两种随机分布

桶测试已经是非常细致的测试了，但它的精度跟桶划分的密度有关。不管怎么划分，都只能划分有限多的桶，还是存在很小的可能性，使你的算法在某个桶的狭小范围内失真。所以，还有一个关于随机数的终极测试：柯尔莫哥罗夫—斯米尔诺夫检验，

简称“KS测试”。

这个测试的基本理念就是画出（准确来讲是拟合）测试样本的概率累积函数图像，然后与理论上的经验累积函数图像比较。有时是取两组测试样本画出两条概率累积函数图像互相比较。

“概率累积函数”在概率课本上应该出现过，就是函数值从0变化到1的一条曲线，其实就是概率密度函数的积分函数图像。不管函数具体是怎样定义的，我们可以想象，如果算法是对的，那样本拟合出来的累积函数图像应该是比较接近经验概率累积函数图像的，虽然总会有些小的误差。

KS测试就是取实验结果的函数图像与理论图像在某个垂直线上的最大差值。如果这个差值大到事先设定的某个“阈值”，或者说这个差值足够“显著”，那就要考虑随机数算法是否有问题了。当然，虽然我说得如此简单，但实际这个测试是有相当复杂的数学依据的。它可以定量地告诉你，这个最大误差发生的概率是多少，或者在一定执行空间内，这个误差应该在什么范围。

KS测试已经相当优秀，它还有一些变体测试，比如“夏皮

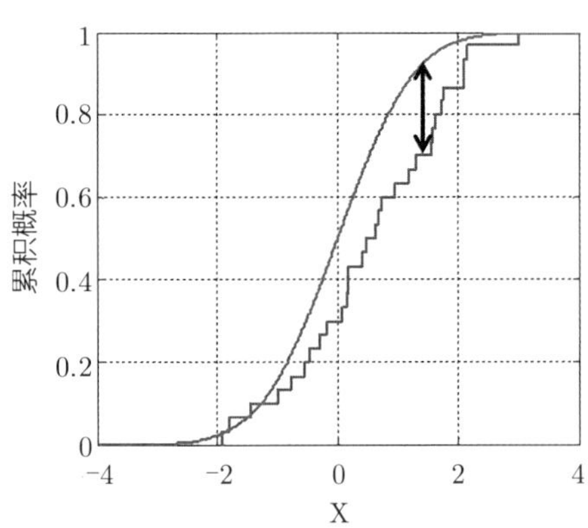

上图是KS测试示意图，红线是理论概率累积曲线，蓝色是实际被测试的随机数的累积曲线。考察两者之间的最大差距，即黑色箭头位置，可以用来检查随机数生成器的可靠性

罗-威尔克检验”和安德森-达令检验。每种测试各有利弊，这里就不一一细数了。

关于随机数的测试，基本就是以上这些手段了。有意思的是，能够通过以上这些测试的随机数算法，并不一定是“安全”的算法，不一定能用在需要严格加密领域中的随机数生成。而有些被证明是非常安全的随机数算法，也并不能保证每次都能通过以上测试，尤其是桶测试和KS测试。这也是可以理解的，因为随机数本身就需要有不确定性。如果它能100%通过测试，那也就不随机了。这就是随机数的微妙和有趣之处。

在“确定”中产生“不确定”

上一篇讲了对随机数的检验，这一篇我们来讲讲如何用计算机生成随机数。通常，计算机里的随机数生成算法被叫作“伪随机数生成算法”，又叫“决定式随机位生成器”（DRBG），意思就是它能随机生成1位二进位，以50%的概率生成“0”或者“1”。

为什么这种算法都是二进位的生成器？原因在于，平时我们使用均匀分布随机数的场合是最多的，有了均匀分布的随机数，转换成其他分布也是比较简单的。而计算机内部信息又都是用二进位存储的，如果一个计算机内部浮点数是小数点后32位，那就可以批量产生32位的随机二进位，作为一种随机数“资源”，供用户使用。

那它为什么又叫“伪随机数生成算法”？为什么加一个“伪”字？那是因为它达不到上一篇讲过的“真随机数”的要求。在目前计算机架构下，永远不可能有“真”随机数生成算法，原因在于目前计算机所执行的程序都是确定性的，按事先输入的指令运行，不存在任何不确定的成分。

但在实际运用中，通常对随机数没有非常高的要求。一般来说，只要保证：

根据相当长的历史随机数，无法用当代主流的计算能力，在相当长的时间内，对之后随机数的猜测的成功或失败概率，与0.5之间产生不“可忽略的”的区别，那么这种随机数就是合格可用的。

从以上定义中，你会发现，一个合格的伪随机数生成算法的条件是动态的，是可以演变的。一个算法可能随着技术和算力发展，从合格变为不合格。

从后面具体的算法例子中，你也会看到所有伪随机数生成算法，它们都是有“周期”的。这个算法在输出了非常多的随机数之后，又会返回之前的输出模式，开始重复自己的输出了。这是它们被称为“伪随机”的又一个原因。只是这个周期是非常长的，我们不太可能在一个软件的运行寿命内观察到这种周期的发生。

但也是因为有周期，我们不能让算法总是从固定的初始状态产生随机位，否则每次随机数重新产生时，都是从同样的数字开始输出，这是不行的。所以就需要一个“种子数”，英文叫“seed”，去决定从周期中的哪个位置开始产生随机数。这一点对会编程的读者来说再熟悉不过了，第一次编程使用随机数生成函数的人都会发现，如果没有初始化“种子”，系统的随机函数总是返回同样的数。

所以这里出现了一个小尴尬，即为了产生随机数，我们先需要一个随机数作为“种子”。对不严格的场合，我们经常会使用当前系统时间的毫秒数作为种子数，但在一些对安全性要求很高的场合，人们还会使用更复杂的方法产生种子数。

让人吃惊的是，在计算机发明后的很长一段时间里，人们所使用的随机数生成算法是很粗糙的。比如，计算机刚发明的20世纪40年代，冯·诺依曼就想了一个“平方取中”法，来产生随机数。

取一个四位数作为种子，如1 234，算出它的平方是1 522 756。然后在左边填充1个0，变01 522 756，然后把中间4个数字输出作为随机数，就是5 227。然后对5 227再求平方，取中间四个数字，如此重复操作下去。

这个算法你一看就有问题啊，当看到上一个数字就非常容易

冯·诺依曼与早期计算机

知道下一个输出是多少，都不用管种子数，怎么能叫随机数呢？但是，冯·诺依曼觉得，这种随机数已经符合他的需求了，速度快，需要的资源也少，而且有可重复性，便于排错。如果使用其他硬件设备产生随机数，如打孔纸带机，那速度就太慢了，消耗的资源也太大。同时，冯·诺依曼指出，如果用过于复杂的数学方法来产生“随机数”，那隐藏的错误可能比其能解决的问题还多。

冯·诺依曼这种算法显然是不能满足很多场合的随机数需要的。从20世纪60年代开始，人们普遍采用一种名为“线性同余法”（简称LCG）的算法来产生随机数。这个算法非常简单。我们考虑这么一个函数：

$$(ax + c)\bmod(m)$$

把余数作为随机数，然后下一个随机数就是把上一个余数作为x，迭代计算下一个余数。甚至其中的c可以取0，那么就是用ax除以m，求余数就可以了。比如，取$a = 2$，$m = 17$，种子数为1，迭代计算$2x$除以17的余数，前10个余数如下：

$$2, 4, 8, 16, 15, 13, 9, 1, 2, 4$$

这些数看上去是不是已经很像随机数了？实际使用时，可以把每个余数都转化成二进制数，依次输出。但是，它很快就进入重复周期，其主要原因在于c取值太小了。

对标准LCG算法的递推公式：

$$X_{n+1} = (aX_n + c)\bmod(m)$$

其中一个推荐参数是：

$a = 742\,938\,285$，$m = 2^{31} - 1$（它是一个梅森素数，且在32位二进制以内，因此比较好用），$c = 0$，种子数可以取20 210 531，

或者你喜欢的任何日期。请按上述公式写个程序，将结果迭代输出若干（二进制输出效果更佳），看看够不够“随机”。

LCG算法的优点很明显，就是简单、高效。只要公式中的 m 足够大，就可以使输出周期非常长，而且能通过上篇讲过的几乎所有统计学测试。所以该算法一出现就被广泛使用，至今Java语言标准库里的Random函数仍然用的是LCG算法，其中的被除数 m 是 2^{48}，因为计算机除以2幂次的计算是最快的，只要移位就可以了。a 是一个奇怪的数字：25 214 903 917，$c=11$。每次迭代时，余数度并没有都输出，而是被转化为二进位，再顺序倒转，然后输出第47位到第16位。高位的数字，循环周期会短，只输出低位可以更好地通过统计学测试。

Java语言中的LCG随机数生成函数源代码

```
synchronized protected int next(int bits) {
    seed = (seed * 0x5DEECE66DL + 0xBL) & ((1L << 48) - 1);
    return (int)(seed >>> (48 - bits));
}
```

LCG算法从20世纪60年代用到现在，足见其优越性，但必然也有些缺点。a，c，m 3个参数必须小心选择，选得不好，就会出问题。一个著名的例子是，20世纪60年代IBM使用的一个LCG算法，叫RANDU。它使用 $65\ 538 \times x\ (\text{mod})2^{31}$，看上去这几个数字没啥不好，输出看上去也很“随机”。

1963年，有人通过简单运算，发现它连续迭代的3项余数之间有一个简单的减法关系：

$$x_{k+2} = 6x_{k+1} - 9x_k$$

这使这个算法在统计学上完全失败了。IBM在后来的机器中修正了参数，但很多人要么不知情，要么不在意，继续使用这一算法。后果就是，20世纪70年代，很多使用这个算法产生的研究结果都被认为是不可靠的。据推测，RANDU算法要到20世纪90年代早期才真正被废弃。RANDU算法就是历史上著名的一个貌似能产生随机数，但其实很不靠谱的例子。这也告诉我们，一个随机数算法能不能用，不是靠眼睛看看就可以过关的，你需要使用上一篇所讲的很专业的方法和软件对其进行测试。

另外需要注意的是，在需要严格加密的场合下，是不能使用LCG算法的，因为如果有人愿意，还是可以从LCG的历史输出里，去反推你的种子数。这相当于一道算术题：已知a，b，c和$ax+b$除以c的余数，请计算一下x。对这个问题，是可以用一个多项式算法去求解的。所以，在需要加密的场合，不能使用LCG产生随机数，而要使用后面会提到的“密码学安全”算法。

1997年，两位日本研究者发明了一个名为“梅森旋转算法”的随机数生成方法。这里的“梅森”，是“梅森素数”的意思，因为它的周期就是一个很大的梅森素数。这个算法相比LCG算法的优点在于周期非常长，统计学指标上的质量比LCG更优。所以，它现在被广泛应用于主流的一些操作系统和编程语言，包括GNU库、php、Python和Ruby等。但要注意，它不是密码学安全的，只要有人拿到足够的输出，还是可以计算出所使用的种子数。

再说说“密码学安全”的随机数生成算法，首先，我们得定义什么是“密码学安全”？之前介绍的算法之所以“不安全”，在于我们可以通过观察历史数据，来推测出所使用的种子数，最终达到预测之后所产生的随机数的目的。

那反过来就是，一个“密码学安全”的随机数算法，要做到：给你相当多的历史数据，你也有非常强大的计算机，我仍然可以确保，你不能在充分的时间内，如1年，对我将来产生的随机数的猜测，产生任何“不可忽略”的提高。

这里的“相当多”“非常强大”“充分”“不可忽略”都是一些变量，我们不需要对这些变量有精确的数字定义，只要知道这些变量是可以用来衡量最终算法质量的。在有不同的安全性要求的场合，我们根据需求，可以给这些变量规定一些值。如果算法能达到我们定义的这些值，那么这个算法就可以被用在对应的场合。

数学家用的一个高招就是，把破解算法的难度与破解一个数学难题等价起来，即如果你能破解这个随机数算法，就等于破解了一个非常难的数学问题。既然能破解这个数学问题，你就能当数学家，那么大概你也用不着去破解算法了吧?

当然，也可能有人能破解这些算法，但是秘而不宣，利用这一能力谋取利益，或者达到一些自己的目的。比如,《达・芬奇密码》的作者丹・布朗写过另一部小说《数字城堡》。其背景就是美国政府秘密研究出一台超级计算机和一种秘密算法，使得他们可以解密目前网上主流加密算法加密过的信息，以此监控很多网上的秘密通信。当然，这只是小说的设定，目前没有什么证据证明有人掌握了某种破解随机数的超级算法。

对密码学安全随机数生成算法，我举一个例子。有一个算法以三位发明者名字的首字母命名——“B.B.S.算法”。这个算法的安全性就是依靠数学中的“二次剩余”问题：

求 x^2 除某个数后的余数。

在B.B.S算法中，这个被除数是两个很大素数相乘所得的。计算 x^2 除一个大数的余数很简单，但是它的逆运算就困难很多了：找到一个完全平方数，使它除以某个很大的数正好是某个余数。算法还有些其他细节，但总体上就是依靠二次剩余问题的难度来确保算法的安全性。

密码学安全算法虽然“安全”，但完全不必在任何场合都用这类算法，因为它要比前面的LCG和梅森旋转算法慢许多，而且消耗更多内存资源。所以一般应用中完全不需要用密码学安全算法。

另外，当你需要密码学安全算法时，也需要很小心地挑选。2013年，微软的两位研究员发表了一篇文章，指出美国国家安全局（简称“NSA”）推荐的一个“密码学安全”随机数算法中（Dual_EC_DRBG），所使用的参数是有弱点的。

他们发现这个算法本身没问题，但是，NSA推荐的初始化参数是精心挑选过的，使这个算法有了弱点。如果使用NSA推荐的这些参数，那其产生的随机数就可能被NSA推算出来。这很像小说《数字城堡》中的情节，但现实中确实发生了，实在是很惊人的一幕。

以上说了那么多随机数生成算法，其实还遗漏了一个随机数算法中的要点，就是“种子”数如何产生的问题。前面说过，种子数决定了算法从其周期哪个位置开始产生随机序列。如果算法两次输出的种子数一样，或者太接近，那么输出很快就会发生重复，这是我们不希望的。所以，需要一个随机数来“启动”一个随机数算法，这就是“种子”。但这个种子就不能再依靠伪随机数算法来产生了，否则就是死循环。

如前所述，在很多情况下，可以用系统时间的毫秒数作为种子数。但有些场合，这还不够随机，重复概率太大。那就需要搜集计算机能搜集到的像“随机”情况的数值，或者叫“熵”。常见的方法有：让用户随便敲几下键盘，移动几下鼠标，检测一下最近两次敲键盘的时间间隔、鼠标移动的距离、CPU的温度、麦克风传进来的噪声等。如果程序在手机上运行的话，还可以检查手机摆放的角度。总之，采集各种可以搜集到的噪声数据，然后用算法混合起来，以便种子数看上去最为“随机”，最难预测。

有的软件为了安全，规定产生若干随机位后要重新产生一个种子，重置一次。Linux操作系统就自带两个随机数生成器，

/dev/random 和 /dev/urandom。其中 /dev/random需要不断重置种子，如果它搜集到的噪声不够多，就会停下来，受到阻塞，直到搜集到足够多的噪声（也就是“熵”）之后才能继续。幸好，在绝大多数场合下，另一个不会受到阻塞的随机数生成器已经足够好用了。

最后，向大家介绍一个看上去有点夸张，但的确在使用中的一个“物理性”的种子数生成器，叫“岩浆灯”（Lava Lamp）。岩浆灯确实是一盏灯，它的外形有点像沙漏，但里面并不是岩浆，而是两种不同颜色的液体，这两种液体的比重差不多，但不会互相溶解。所以这种岩浆灯里的液体就不停地发生变动，比如一种颜色液体翻滚到上面，或者分裂成两团，或者沉下去。这种变化看上去是完全随机的，物理老师会告诉我们这叫“布朗运动”。

这种岩浆灯最早是20世纪90年代SGI公司发明的，还注册了专利。1997—2001年，有家公司短暂用这种岩浆灯产生种子数，但商业化并不成功，很快就放弃了。2009年成立的，位于旧金山的一家叫Cloundflare的公司重新使用了这种岩浆灯。在他们的业务中，一个重要的部分就是向客户提供网站需要的SSL证书。现在我们访问网站时，浏览器会时常提醒你这个网站有问题，证书不被信任等，其实就是SSL证书在起作用。而要生成SSL证书，就需要产生随机数。要产生随机数，就要用到种子数，Cloundflare公司就用岩浆灯来生成种子数。

他们的方法是：用数十盏岩浆灯铺满一堵墙，然后用一个摄像头持续拍摄这面墙。因为岩浆灯不停地变化，所以摄像头拍到的画面肯定也是不停地变化，再加上摄像头拍摄本身也有噪点，温度、湿度变化对拍摄也有影响。这些噪声结合在一起，用二进制来存储摄像头拍出的画面，其结果确实是很难预测的。而且，他们还在世界不同地方的3个办公室设置了这种岩浆灯，需要3

一组用来生成随机数的岩浆灯

个办公室产生的随机数结合在一起，混淆后，作为最后使用的种子数。

为了产生一个随机数，如此兴师动众，是不是有点夸张？但这种岩浆灯确实在提供服务。而且，在当前的互联网上，约10%的流量都在使用该公司产生的SSL证书，所以这不是纸上谈兵。

有关软件随机数生成算法就讲到这里了，我最大的感想是，生成安全可靠的随机数出人意料地难，而且几乎到了无所不用其极的地步。

那么有没有硬件随机数生成器呢？当然有，比如福利彩票开奖用的吹乒乓球的机器，就是一个硬件随机数生成器，前面说过的岩浆灯也是。如果计算机中能内置一个掷硬币的装置，那也是一个硬件随机数生成器。使用硬件的优越性在于可以更多利用环境噪声，历史上确实有过各种计算机可以用的硬件随机数生成器。它的缺点在于效率低，并且无法验证随机数的可靠性。

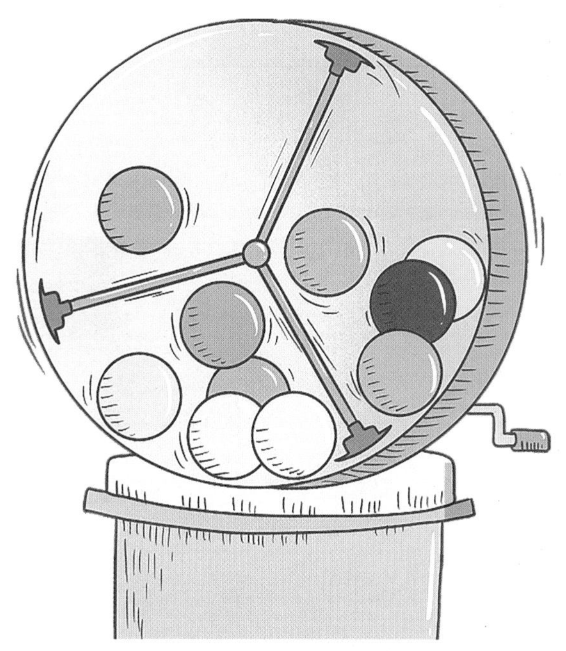

彩票开奖装置就是一个硬件随机数生产器

目前有人在研究利用各种量子的随机属性来产生随机数，如电路的瞬间噪声、粒子的衰变时间、光子穿过半透玻璃的概率等。这些量子行为是目前人们认为的最为接近“真随机”的自然现象了。如果能有使用量子的随机性产生的随机数，那应该是最为安全和接近“真”随机数的随机数。

思考题

如果你有一枚均匀的硬币，如何用这枚硬币，让3个人玩猜硬币游戏？

如果你有一枚不均匀的硬币，如何想出用这枚硬币公平地玩二人猜硬币游戏？

“混沌”中的有序

提到数学中的常数，你的第一反应大概是 e 和 π。数学中还有许多具有令人惊奇性质的常数，费根鲍姆常数（准确来说，费根鲍姆常数有两个，分别叫“费根鲍姆第一常数”和“费根鲍姆第二常数”。本书介绍的是前者）就是其中之一。这个常数是以其发现者，美国数学家米切尔·费根鲍姆的名字命名的。

米切尔·费根鲍姆

要理解费根鲍姆常数，需要从了解一个生物种群数量变动模型开始。很久以前，科学家就很关心生物种群数量的变动问题。人类本身也是一种生物种群，人类未来人口数量是增加还是减少，如何变动，当然是一个非常重要的问题。

1845年，比利时数学家皮埃尔·弗朗索瓦·韦吕勒提出这样一个人口变动模型：

假设在地球或者一个特定的，相对封闭的生物群落中，存在一个理想的人口数量，称其为“可维持人口数”。一旦人口超过这个数量，那么由于资源的匮乏和紧张，人口就要减少。如果人口低于这个可维持人口数，则因为资源充裕，人口就会增加。

另外，人口的变化当然还与平均生育率或者繁殖率相关。因此韦吕勒提出了这么一个公式：如果把“当前人口数/可维持人口数”这个比值记为x，繁殖率记为r，则：

$$\frac{\mathrm{d}x}{\mathrm{d}t} = rx(1-x)$$

其中t表示流逝的时间，则$\frac{\mathrm{d}x}{\mathrm{d}t}$表示$x$随时间变化的趋势。可以看出，如果当前人口数量超过可维持人口数量，那么x就会大于1，以上公式右边的取值就会小于0，也就是人口变化趋势是逐渐减少。如果x小于1，则人口增加。

以上模型看上去有些道理，不过我们并不关心这个模型在生物学上是否有用，只需要知道有这个模型。

韦吕勒把以上的人口变动模型公式命名为Logistic Map。这个名字的来历是有点让人困惑的，“Map”在数学中通常是“映射”的意思，“Logistic”在词典里是“后勤保障”的意思。那么“Logistic Map”就是“后勤映射”？这个翻译听上去太奇怪了。中文给“Logistic Map”的正式翻译是“逻辑斯谛映射”，这个翻译是音译，对我们理解这个名词也没有帮助。

“维基百科”给了一个翻译叫“单峰映射”，这个翻译好一点。但这个翻译是从曲线形状来的，因为$x(1-x)$是一个二次函数。二次函数在图像上一般只有一个最大值或最小值，在图像上看像一座山峰，所以叫“单峰映射”。

但这个翻译完全与英语原词无关了。笔者考证了一下“Logistic Map”名称的来历，终于发现维基百科上有个注释。这个注释说“Logsitic”其实是来自法语中的“Logistique”一词。韦吕勒是比利时人，比利时的官方语言之一正是法语。而法语中的“Logistique”一词，又是源于古希腊语中的同根词。在古希腊语中，这个词有“居住、住宿”的意思。比如，英语里有“lodging”一词，就是来自同一词源。

既然“Logistic”与“居住”“住宿”有关，那么“Logistic Map”，我就翻译为“生存空间映射”了。以上有点扯远了，但是考证一下这个词的来历，可以帮我们理解这个函数的含义。

接下来，简单说说数学家费根鲍姆的简历。费根鲍姆于1944年出生于美国费城，父母分别是来自波兰和乌克兰的犹太裔移民。少年时代的费根鲍姆对电气工程很感兴趣，曾希望成为电气工程师，因此选择进入纽约城市大学的电气工程专业学习。但他后来发现制造收音机中用到的物理知识，只是物理理论中很小的一部分。

因此，费根鲍姆从纽约城市大学毕业后，考入了麻省理工学院，攻读物理博士学位。1970年，26岁的费根鲍姆取得了物理学博士学位。1974年，他进入洛斯阿拉莫斯实验室，成为专职研究员，当时他的研究领域是流体中的湍流现象。尽管完整的湍流理论至今还有待建立，但是这方面的研究使他接触到了“混沌映射”理论，这在当时还属于新兴研究领域。

之前提到的“生存空间映射”就是“混沌映射”的一种，费根鲍姆开始考虑这样一个问题：在“生存空间映射”中，如果给定一个固定的繁殖率参数r，取不同的x，进行反复迭代，将上一次的计算结果作为下一次的参数x进行计算，那么最终结果会如何？是否会出现x变为0，物种灭绝的情况？或者出现某种循环状态？

对这个问题，用现在的个人计算机可以轻易地编写出程序，很快对各种可能参数进行模拟。但20世纪70年代的计算机非常昂贵，不是想用就能用的。所以费根鲍姆就搞来了一台当时很时髦的HP-65计算器，手动开始进行“生存空间映射”的模拟计算。

平滑的水流一旦遇上障碍物，会呈现出一种特别的不规则形态，有时还会形成漩涡，这就是“湍流理论”要研究的问题之一

20世纪70年代发布的HP-65计算器

如果你手头有一台科学计算器，那么你可以拿出计算器，跟随本书，感受一下这一计算过程。现在，我们的目标是考察“生存空间映射”：$rx(1-x)$在不同的r值下，反复迭代后的最终表现。

我们先任取一个繁殖率参数r的值进行考察，比如取0.6。x的初值含义是当前人口除以“可维持人口”的比值。但在当前的纯数学讨论中，这个值可以取任何值。好在费根鲍姆已经帮我们计算过了，我们知道最终的结论是：对绝大多数r，x初值并不重要，最终还是会回归到某种稳定情况。所以，我推荐x的初值就取0.5，这样可以较快地看到收敛。

那么，我们把$r=0.6$，$x=0.5$代入，得：

$$rx(1-x)=0.6\times0.5\times(1-0.5)=0.15$$

因为要计算迭代过程，所以我们把上一次计算的结果0.15代入公式，计算下一代的人口变化，也就是计算：

$$0.6\times0.15\times(1-0.15)=0.076\,5$$

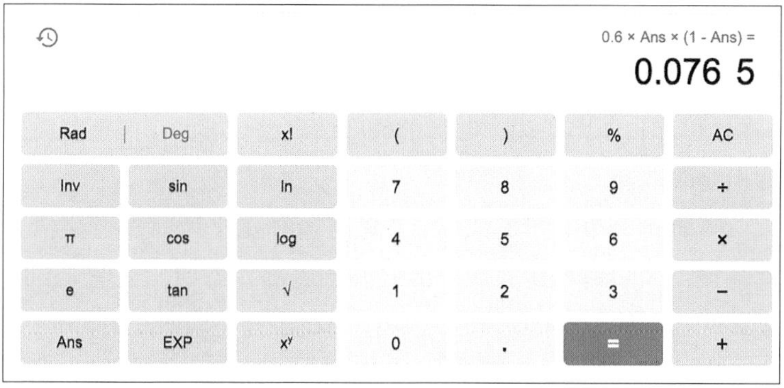

在使用科学计算器进行实验中，善用“ANS”键的功能，可以大大加速迭代计算

那么得到的最新值是0.076 5后，把这个值继续作为x的值，

代入原公式，不断反复迭代计算后，你会发现计算结果越来越小，直到超过计算器的指数存储上限，计算器最终会显示0。

所以，我们知道，当繁殖率参数为0.6时，种群最终消亡了。但这只是繁殖率为0.6的情况，费根鲍姆尝试了非常多的 r 值，以及不同初始 x 值的组合，最终有了惊人的发现。

首先，当繁殖率参数在0和1之间时，种群数量最终趋向于0。这是符合直觉的，因为繁殖率太低了。

当繁殖率在1和2之间时，物种就不会灭绝了，而是最终稳定在 $(r-1)/r$ 这个值上，且不依赖 x 初值。比如，当 $r=1.5$ 时，x 会稳定在1/3，即种群数量会稳定在某个数值上。这一点请各位用计算器自行验证。

当繁殖率在2和3之间时，x 最终仍然稳定在 $(r-1)/r$ 这个值上，但这次，在收敛到这个终值前，函数值会在这个收敛值的上下摆动很长一段时间，尤其当 $r=3$ 的时候。也就是说，在计算器上要按非常多的次数。我自己尝试了一下，当 $r=3$ 时，理论上映射应该稳定在 $(3-1)/3=2/3$ 这个值上。但我的计算器迭代了上百次，按到手指都酸了，仍然没有稳定在这个值上。虽然数字越来越接近2/3，但收敛得非常缓慢。这很有意思，虽然 r 在[1,2]和[2,3]范围内，映射的收敛情况是一样的，但是收敛速度相差非常大。

当繁殖率在3和3.449 49之间时，对几乎所有的 x 初值，都能使函数最终稳定在两个值之间的震荡状态中，呈现“A-B-A-B…”的模式，来回摆动。而A，B的值是与繁殖率相关的。

当繁殖率在3.449 49和3.544 09之间时，最终的结果是在四个数字中来回震荡了。

当繁殖率在3.544 09和3.566 95这样一个狭小范围内时，你也许能猜到函数值会在8个、16个、32个等 2^n 个数值之间来回震荡。

当r约等于3.566 95时，函数进入了一个混沌起始点。不管初值如何，都无法观察到函数最终稳定在有限的若干数字上的情况。而且微小的初值变化，可以使函数值的变化模式产生巨大的不同。

当r大于3.566 95时，情况类似，几乎都是混沌区域。但神奇的是，在混沌中，还是会有那么一些不怎么混沌的区域，比如$1+\sqrt{8}$附近。当r在这个值附近时，函数又会出现周期性的震荡，而且是在三个数值之间震荡。$1+\sqrt{8}$附近的这个范围，现在被称为“稳定岛”，因为它是在一大片混沌区域中，相对安全的一个“岛屿”。

以上大致介绍了一下，不同的繁殖率r值时，“生存空间”映射迭代后的最终表现，总结就是：从很有规律地收敛到1个值，到逐渐复杂，变为在2个、4个、8个值之间来回震荡等，再到混沌。混沌之后，又出现神奇的一小片一小片的“稳定岛”。

说起来简单，但要在计算器上按出这些结果，不但需要毅力，而且需要很强的观察力和想象力。费根鲍姆思考，这些结果到底有什么含义呢？能否用更直观的方法体现出来？

费根鲍姆想到了，可以用坐标图来使以上结果“可视化”。最终画出的这幅图就是著名的“分叉图”。

对这幅图是这样解读的：横坐标是繁殖率参数r，纵坐标是x。如果对某个r，最终x稳定在单个值上，那么就在对应的(r,x)位置画一点。如果是在两个值a，b之间震荡，则在图中为(r,a)和(r,b)两个点画上颜色，依次类推。在整幅图中，如果某区域点比较多，颜色比较深，就是x在非常多的值之间震荡或者混沌的区域。而颜色比较浅的区域，就是比较有规律，不怎么混沌的区域。所以，在这幅图中，你可以清晰地看到在$r=3$之后，函数值开始在两个值之间震荡，在3.449 49位置，分为4个叉等。而右边深色区域中的狭长浅色区域就是“稳定岛”。

这幅图非常直观。费根鲍姆还观察到，图上映射图像发生分叉的位置，也就是1分2，2分4，4分8的位置是有规律的。这个规律就是前两次分叉之间的距离除以后两次分叉之间的距离的比值，极限约为常数4.669 2⋯

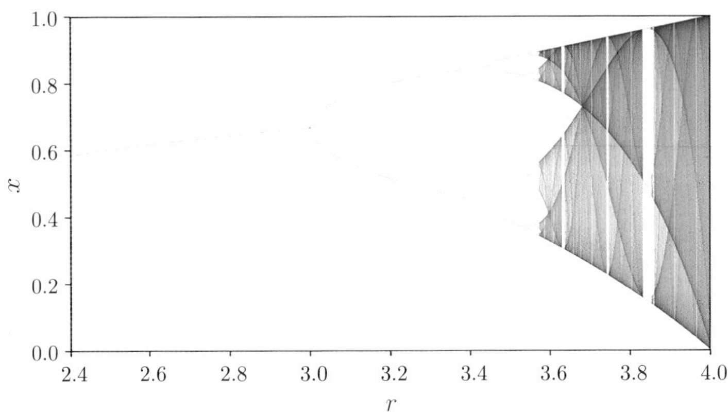

“生存空间映射”分叉图

$$\delta = \lim_{n\to\infty} \frac{a_{n-1} - a_{n-2}}{a_n - a_{n-1}} = 4.669\ 201\ 609\cdots$$

［上式：费根鲍姆（第一）常数的定义，a_n是第n次分叉发生位置的横坐标。］

而这个4.669 2⋯的比值，就是费根鲍姆常数。1975年，费根鲍姆发现了这个常数。1986年，费根鲍姆获得了沃尔夫物理学奖。此后，费根鲍姆也在多个数学和物理领域做出了贡献。

费根鲍姆常数发现至今已近五十年，但它的很多性质仍不清楚。例如，虽然人们猜想费根鲍姆常数是超越数，但至今都未能证明它是无理数。另外，也有人考察过是否能用已知常数表示费根鲍姆常数。

对费根鲍姆常数，有一个很有意思，也很神秘的近似值：

$$\pi + \tan^{-1} e^{\pi} \approx 4.669\,020\,193\,2\cdots$$

它可以与费根鲍姆常数吻合到小数点后6位，但可惜不是精确吻合。

费根鲍姆常数并不仅仅出现在“生存空间”映射中。数学家还研究了其他的一些映射，比如，复数平面上的$x^2+\mathrm{c}, \mathrm{c}\cdot\sin(x)$等（c是一个常数）。这些二维平面下的映射，根据不同的c值，也会出现从规律性的震荡到混沌的现象，而且从这些映射的分叉图中，也观察到了费根鲍姆常数，由此证明费根鲍姆常数在混沌现象中的普适作用，这凸显了这个常数在混沌领域中的重要性。

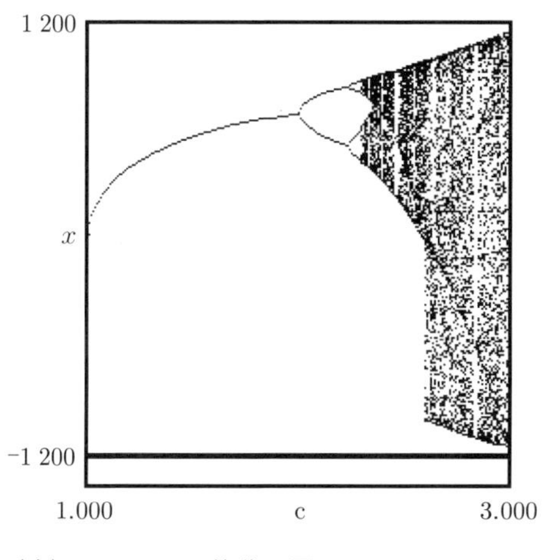

映射$x \to \mathrm{c}x(1-x^2)$的分叉图

以上简单介绍了费根鲍姆常数的来历，它确实是一个用计算器“按出来”的常数。费根鲍姆曾说过，正是在反复按计算器，观察输出结果的过程中，给了他将结果画在坐标图上的灵感。如果使用现代计算机，虽然可以一次产生海量的数值结果，但他可能迷失在数据海洋中，无法找到其中的规律。这确实是一个罕见的“低技术”带来的发现。

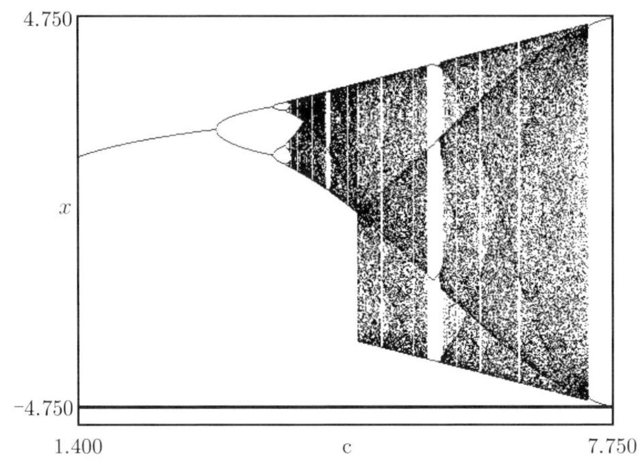

映射 $x \to c \cdot \sin x$ 的分叉图

“混沌”领域的问题是一个数学中神秘而有趣的领域，仍有无穷的秘密等待人类探索。

第二章

隐秘而伟大的数字

三维世界中的“和谐”比例

数学中的常数很多，“黄金分割比”是大家比较熟悉的一个：

$$\phi=\frac{1+\sqrt{5}}{2}$$

数学中有一个与黄金分割比有关，但不太为人所知的常数：“塑料常数”，英文叫“Plastic Constant”。

这个数字的定义很简单，它就是方程 $x^3=x+1$ 的唯一实数根，约等于1.324 7或4/3。一元三次方程是有根式解的，所以塑料常数有一个根式表达形式：

$$\sqrt[3]{\frac{1}{2}+\frac{1}{6}\sqrt{\frac{23}{3}}}+\sqrt[3]{\frac{1}{2}-\frac{1}{6}\sqrt{\frac{23}{3}}}$$

你可能注意到这个数字的定义与黄金分割比例有点像。黄金分割比是方程 $x^2=x+1$ 的解，而塑料常数就是把这个方程左边未知数的指数从平方改成了立方之后的解。那么它们之间有联系吗？被你猜对了，确实有联系，我们还是要从这个常数的来历说起。

话说在1924年，法国工程师热拉尔・科尔多尼就专门研究过这个数。当时只有17岁的他，把这个数命名为“辐射数”。但四年之后，荷兰建筑师汉斯・范德兰发表了有关这个数在自然界中的属性和在建筑美学上的应用，并且把这个数字命名为“塑料常数”，当年他只有24岁。

这是一次意外的跨界事件。像 $x^3=x+1$ 这样的方程，对数学家来说，已经研究了很多，人们也知道这个方程的实数解的一些特别性质。但这位建筑师经过研究后，发现了不同的意义。这位建筑师发现这个数字在自然界中有一些美学含义。所以人们接受了范德兰命名的“塑料常数”这个名字。范德兰的结论是：塑料常数是“美”的，更重要的是，它是“清晰”（clarity）的。

范德兰的发现是从思考两个问题开始的，这两个问题都是关于我们如何感受现实中物体的长度、大小，以及如何把它们归类。

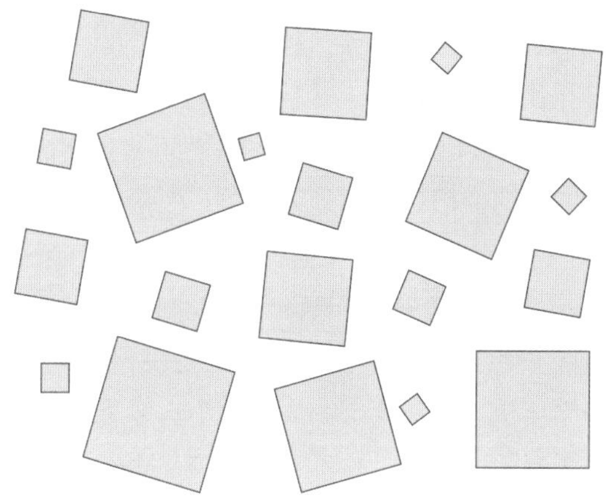

第一个问题是这样的：请看上面这些大小不同的正方形，有20个。其中最小的边长是5，最大的边长是25，是最小边长的5倍。请看一下，是否你的第一感会自动地把这些正方形分类，使得其中一些属于“偏小”的，其中一些属于“大”的。尽管这些正方形大小都是渐变的，所以不能严格地归为“大”或“小”两类，但你的大脑还是会这样做。

范德兰问：当两个物体长度是a和b，且$a > b$，当$a : b$的值大于多少之后，你的大脑会把它们归为两类呢？也就是a比b要大到多少，你的大脑会认为区别足够大了，应该分为两类了。这是第一个问题。

第二个问题可以用“卖西瓜”来解释。如果西瓜不是按重量卖，而是按数量卖，显然老板必须把差不多一样大的西瓜放在一起标一个价。西瓜大小不能差太多，否则顾客都会挑大的。现在的问题就是，两个西瓜大小之间的差距在什么样的范围内，人们才会认为它们的大小差不多呢？也就是说，如果你是西瓜店老板的话，你会把差距在哪个范围内的瓜放在一起，而如果你是作为顾客挑选的话，也不太会在意它们的区别？

这两个问题看上去都很不“科学”，像是心理学中的问题，但这不妨碍去做这些实验。建筑师范德兰请人做了这些实验，最后统计结果出来了：对第一个问题，答案约为4/3；第二个问题，答案约为1/7。也就是当两个物体之间的长度比值达到4/3以上时，你的大脑会把它们划分为两类；而两个东西的大小差距在1/7以内，你的大脑会倾向于忽略它们之间的大小区别。

这两个数字看上去有点矛盾，但其实它们出现在不同的场景。4/3这个数字出现在对很多物体需要快速按大小分类的时候。1/7这个数字出现在对两个物体的大小需要进行区分的时候。两者的使用场合不同，所以并不矛盾。接下来你会发现，这两个数字的来源是一致的。

范德兰指出，这两个数字其实就是来源于黄金分割比的一个扩展。我们知道黄金分割比是这样定义的：

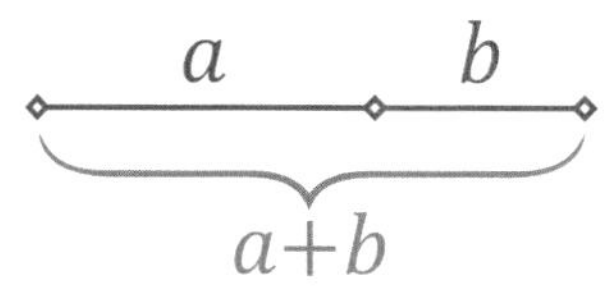

“$(a+b)$ ： a”等于“a ： b”

黄金分割比的几何定义

将一根线段切成两段，我们要使它的整体长度与较长一段的长度比，等于较长一段与较短一段的长度比，而这个比值约为1.618，就是黄金分割比。

现在稍微扩展一下，请考虑在一个线段上取两个点，分为长度不同的3段。这样两个分点加线段两端点，一共4个点。从其中任取两个分点的话，可以得到

6种不同的长度组合，如果我把这6种不同的长度组合按从最长到最短排列起来，并且要求相邻的两段长度之间的比值都相等，问：这个分点取在哪里，比值是多少？

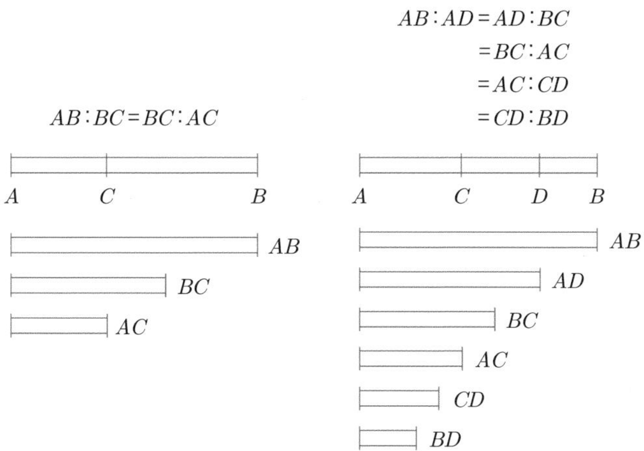

从一个线段上取两个分点，得到6个不同长度的线段，使相邻长度的两条线段长度比相等，这个比值就是塑料常数

这个比值的问题的答案就是“塑料常数”，约4/3！而那个1/7是怎么来的呢？塑料常数的7次方接近7：

$$1.324\ 717\ 95^7=7.159\ 19$$

它的倒数就是1/7。也就是一个线段长度按塑料常数的比例不断拉长7次后，它的长度接近原来的7倍，原来的长度是它的1/7。

你马上就能发现，既然分成3个点能得到一个常数，分成4个点、5个点、6个点，应该都可以啊！是的，范德兰发现，如果将一个线段分成n个点，要使分出的线段之间的比例如之前例子中的“和谐”状态，那这个比例会符合方程$x^n=x+1$。如果$n=2$，就是黄金分割，如果$n=3$，就是塑料常数。

$n>3$之后，也能求出一个在1与2之间的实数解，而且n越大，比值越小。范德兰把这个数列第n个数，称为n维空间的和谐数。因为人类生活在三维空间，所以人类无法感受$n>3$之后的和谐数，但是能感受到$n=2$时黄金分割比带来的美感，以及$n=3$时，塑料常数带来的和谐感和“清晰感”。

据说有人做过实验，让人们从不同长宽比的矩形里找出最具美感的，结果发现人们都选择长宽比接近黄金分割比的。而范德兰认为，如果让人们从很多不同长宽高的立方体里面选择最美的，他们会选出符合塑料常数比值的立方体。而且他在自己的建筑设计中，就运用了这个比值。

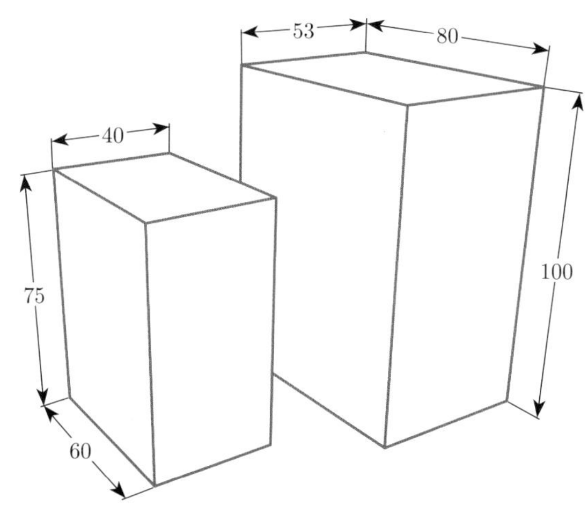

长、宽、高的比值接近塑料常数的长方体。你认为它们“美”吗

为什么要叫它“塑料常数”呢？按理说，既然有“黄金分割比”，接下来就应该是“白银分割比”了吧？但是，有另一个数字已经被称为“白银分割比”了。这个数字是在三维世界中起作用的，塑料是当时的一种新兴材料，其特点是方便在三维中塑形，因此范德兰命名它为“塑料常数”。不过后来确实有人把“塑料

范德兰设计的圣本尼迪克图斯贝格修道院教堂，其中运用了很多塑料常数比例

常数”称为“银数”。

塑料常数虽然因心理学和美学上的一些性质而得名，但它也有一些数学上的性质。首先，塑料常数是“佩兰数列”和“巴都万数列”的两项之间的比值极限。佩兰数列和巴都万数列的定义跟斐波那契数列很像。斐波那契数列是当前项为前两项之和，而佩兰数列和巴都万数列是跳过上一项，取再前两项之和，也就是 $a_n = a_{n-2} + a_{n-3}$。

佩兰数列和巴都万数列的区别仅是起始的几项不同。斐波那契数列相邻两项之间的比值极限是黄金分割，而佩兰数列和巴都万数列相邻两项之间的比就是塑料常数，从这里也可以看出塑料常数与黄金分割比的联系。

佩兰数列与巴都万数列都符合以下递推关系：
$a_n = a_{n-2} + a_{n-3}$，它们的区别仅在于开始几项：
佩兰数列的开始几项是3,0,2,3,2,5,5,7,10,12,17,22,29,39,⋯
巴都万数列的开始几项是1,1,1,2,2,3,4,5,7,9,12,16,21,28,⋯

塑料常数的另一个性质是："皮索特–维贡伊拉卡文数"（简称"PV数"）中最小的一个。PV数的一个有意思的性质就是：虽然都是无理数，但这些数的某些幂次会非常接近整数。比如：$3+\sqrt{10}$是一个PV数，它的6次幂非常接近一个整数，这是PV数的一个性质。

$$(3+\sqrt{10})^6 \approx 54\ 757.999\ 981\ 7\cdots$$

值得一提的是，据说有人分析了塑料常数与音阶的联系，发现塑料常数与12平均律的音阶也有所联系。

我还联想到一个著名实验，是让你在心里想一个1和10之间的整数，据说2/3以上的人第一个想到的是数字"7"，这是不是也与"塑料常数"有关呢？请读者想想身边有没有什么事物可能是与塑料常数相关的，欢迎你告诉我你的发现。

有意思的163

看到数字“163”，你的第一反应是啥？你可能会想到某个著名网站，但163这个数字确实是在数学里有特别性质的。

1975年4月，美国科普作家马丁·加德纳在《科学美国人》杂志的专栏中声称，数学家发现数字$e^{\pi\sqrt{163}}$是一个整数。

当然，这只是一个愚人节玩笑，但是这个数字确实非常接近一个整数：

$$e^{\pi\sqrt{163}}=262\ 537\ 412\ 640\ 768\ 743.999\ 999\ 999\ 999\ 25\cdots$$

其小数点后有12个9。而且可以证明，把163换成任何其他自然数都不会使结果更接近整数。与这个结论直接相关的问题叫作“高斯类数问题”，这个问题的历史十分悠久。在以下介绍中，因为很多问题的细节比较复杂，无法详细解说，所以读者关注主要脉络即可。

1772年，欧拉发现以下多项式能产生非常多的质数：

x^2-x+41，在$x=1,2,\cdots,40$时，都是质数。稍微分析一下这种形式的多项式：x^2-x+a，如果这个多项式的值等于某个合数，那似乎意味着这个多项式可以做某种因式分解：

$$x^2-x+a=(x-m)(x-n)$$

这又像是说方程$x^2-x+a=0$有两个解。如果把它视作一个一元二次方程的话，则它的判别式是：

$$(-1)^2-4a=1-4a$$

此处，你把a用41代入，会发现值恰为-163。所以这里的41是与163有关联的，并且在这个多项式中，把a的值换成任何其他整数，都不能比41产生更多的质数。当然，这些都是很多年后才证明的。

后来，高斯考虑了以上问题的一般化问题，用以下形式的二次多项式可以表示怎样的整数：

$$ax^2+2bxy+cy^2$$

其中a,b,c都是正整数。

高斯发现，b^2-ac的数值决定了以上多项式表示整数的性质，他称其为“判别式”。

在现代符号中，人们习惯用以下形式的二次多项式：

$$ax^2+bxy+cy^2$$

对应的判别式相应变为：$D=b^2-4ac$（确实与一元二次方程的判别式一模一样，请体会它与一元二次方程的关系），这个判别式通常用字母“D”表示。

高斯发现，根据不同的D值，可以决定以上多项式可以变换的（不等价）形式的种类数，记作$h(D)$，称为“类数”。

对类数的一种直观理解是它决定了在二次域$\mathbf{Q}(\sqrt{D})$中的整数的因子分解情况。那么什么是域$\mathbf{Q}(\sqrt{D})$？简单来说，它就是在有理数集合$\mathbf{Q}$中，添加元素$\sqrt{D}$后，得到的另一个对加法和乘法封闭的运算系统。

比如，在有理数中添加$\mathrm{i}=\sqrt{-1}$，我们就得到了一个集合，集合中的元素可以写作$a+b\mathrm{i}$，a，b都是有理数。可以验证，在这样一个集合中，进行加法和乘法运算，你跳不出这个集合，即这个集合对加法和乘法是“封闭”的。与此类似，可以添加任何的$\sqrt{D}$，利用加法和乘法，在保持封闭性的前提下，扩大集合，术语称为“扩域”。注意，因为这里的D是在一个根号内，所以以下默认所有的D都是“无平方数”，即在D的因子分解中，不含有任何质数的2（或以上）次方，比如D不等于$\pm4,\pm8,\pm9$等，因为在这些情况下，扩域都等价于另一个域。

在这些扩域中，我们还需要先定义整数，然后才能考虑其中的质因数分解问题。在数学中，这些域中的整数称为“代数整数”，它们必须是如下形式的方程的根：x^2+bx+c，其中b,c为整数。

因为这个方程的最高次项的系数为1，所以被称为“首一整系数二次多项式”。高斯整数就是“$\mathbf{Q}(\sqrt{-1})$”域中的整数，因为$a+b\mathrm{i}$是方程$x^2-2ax+a^2+b^2=0$的根。

看上去似乎域“$\mathbf{Q}(\sqrt{D})$”中的整数应该是“$a+b\sqrt{D}$，其中a，b为整数”的那些数，但有一点儿小小的例外。比如，在$\mathbf{Q}(\sqrt{5})$中，$\frac{1}{2}(1+\sqrt{5})$是如下整系数方程的根（带推导过程）。考虑多项式：

$$
\begin{aligned}
&\left(x-\frac{1+\sqrt{5}}{2}\right)\left(x-\frac{1-\sqrt{5}}{2}\right)\\
=&x^2-\left(\frac{1+\sqrt{5}}{2}+\frac{1-\sqrt{5}}{2}\right)x+\frac{(1+\sqrt{5})(1-\sqrt{5})}{4}\\
=&x^2-x-1
\end{aligned}
$$

所以，$\frac{1}{2}(1+\sqrt{5})$是方程$x^2-x-1=0$的根，从而$\frac{1}{2}(1+\sqrt{5})$是一个代数整数。从以上推导过程可以看出，当且仅当D除以4余1时，$\frac{1}{2}(1+\sqrt{D})$形式的数是代数整数。所以，代数整数在不同的D值的情况下，其中的“整数”的形式为：

$$
a+b\sqrt{D} \qquad D\equiv 2,3 \pmod 4
$$

$$
a+b\left(\frac{1+\sqrt{D}}{2}\right) \qquad D\equiv 1 \pmod 4
$$

不管怎样，高斯发现类数$h(D)$决定$\mathbf{Q}(\sqrt{D})$中的“整数”。是否具有唯一因子分解定理？当且仅当$h(D)=1$时，唯一因子分解定理成立，否则不成立。比如，$h(-5)\neq 1$，所以在$\mathbf{Q}(\sqrt{-5})$中，不具有唯一因子分解性质。比如：

$$
6=2\times 3=(1+\sqrt{-5})(1-\sqrt{-5})
$$

但是，根据D计算和证明$h(D)$的值是十分困难的。高斯在1801年出版的数论巨著《算术研究》中，提出了关于类数$h(D)$的一系列猜想。

在这本书里有一个神奇的表格，高斯把自然数按（猜想的）类数分类，用的是当时刚出现的生物学分类方法。他用了“纲”和“属”两个词，而且“属”的级别比“纲”高，“属”和“纲”中的对象都是自然数：

属	纲/属	Negative Discriminant
1	**1**	**1,2,3,4,7**
1	3	11,19,23,27,31,43,67,163
1	5	47,79,103,127
1	7	71,151,223,343,463,487
⋮	⋮	⋮
16	1	840,1320,1365,1848

高斯书中出现的类数表格

要注意的是，由于之前提到过的，高斯的类数定义与现代定义略有区别，所以上表中的数值与现代的类数数值是不同的。如果用现代定义，关于类数，高斯主要提出了以下几个猜想：

当$D>0$时，存在无穷多个D，使得$h(D)=1$。

这个猜想现在被称为“实数二次域上的类数1问题”，因为$D>0$时，这个数域里都是实数。这个猜想非常难，到现在也没有被证明。

当$D<0$时，D趋向负无穷大，$h(D)$的值趋向无穷大。

这个问题被称为“虚数二次域上的类数问题”，因为当$D<0$时，数域里会含有虚数。这个猜想至今没有被完全证明。

高斯还给出了关于特定类数值的猜想，其中最著名的一个是“高斯的1类数问题”，当$D<0$时，只有有限多个D可以使$h(D)=1$，它们是以下9个数：

$$-1, -2, -3, -7, -11, -19, -43, -67, -163$$

高斯没有给出他是如何找出这些数字的，只在书中说："证明这些结论似乎非常困难。"很多年后，他的这个猜想终于被证明了。

此后，关于类数问题的第一个突破是在1918年，德国数学家艾里希·赫克证明，如果黎曼假设成立，则高斯的第二个猜想成立，也就是D趋向负无穷大，类数趋向无穷大。到了1934年，英国数学家莫代尔和德国数学家汉斯·海尔布隆证明如果黎曼假设不成立，则高斯的第二个猜想成立。

这下出现了一种神奇的情况，不管黎曼假设成不成立，高斯的猜想都成立，所以，高斯的第二个猜想就被证明了，现在它被称为"艾里希赫克-莫代尔-海尔布隆定理"。这大概是重要数学证明中绝无仅有的一种情况，证明方式为：

如果A成立，则B成立；如果A不成立，则B也成立；所以B总是成立，但我们还是不知道A成不成立。

以上结论运用到以上第三个猜想上，意味着当$D<0$时，类数趋向无穷大，所以我们知道只能有有限多个负整数D，使得类数为1。而海尔布隆和数学家林福特在1934年证明了最多只能有10个负整数D，使得类数为1。而且，他们确定高斯猜想的那9个数值都是对的。

此时的问题就变成，是否还有第十个负整数，使得类数是1？这其中有一个戏剧化的故事。1952年，一位60岁的德国电气工程师库特·黑格纳发表了一篇论文，宣称证明了不存在第10个整数D，也就是说，以上9个整数就是全部使类数为1的负整数，这就等于解决了虚数域上的类数1问题。但是，由于他的本职工作是电气工程师，所以他的论文不太被重视。一些数学家看了他的论文后，又发现有一些明显的漏洞，所以数学家认为他的证明不成立。

又过了14年，1967年，英国的艾伦·贝克和美国的哈罗德·史塔克完整地给出了一个类数1问题的证明。他们证明不存在第10个这样的整数，并且通过了同行评议。二人此后还因此获得了菲尔兹奖。

史塔克之后在审阅黑格纳的证明时，惊奇地发现黑格纳的证明整体思路是不错的，虽然里面有些漏洞，但都是可以填补的，而且他的证明思路跟自己的证明很像。1968年和1969年，另一位数学家和史塔克先后给出了对黑格纳证明的“修补”，使它成为一个无漏洞的证明。

1969年，黑格纳已经去世四年，人们为了纪念他，把类数1问题的证明称为“史塔克-黑格纳定理”，并且把那9个使得唯一因子分解定理在虚数域上继续有效的数（取绝对值后）称为“黑格纳数”：

$$1，2，3，7，11，19，43，67，163$$

所以，163就是最大的黑格纳数。史塔克说，一个人的荣誉死后才能得到，是很让人遗憾的事。但好在数学界最终还是给了“业余数学家”黑格纳一些补偿。

那么，163这个数字的特殊含义至此应该是清楚了，即在所有 $\mathbf{Q}(\sqrt{D})$ 的数域中，满足类数 $h(D)=1$，且 $D<0$ 的情况下，$D=-163$ 是最小的那个。这也意味着在 $\mathbf{Q}(\sqrt{-163})$ 中，唯一因子分解定理仍然成立。

满足 $h(D)=1$ 的那些 D 有一个好玩的性质就是，可以使得 $\mathrm{e}^{\pi\sqrt{-D}}$ 非常接近整数（当然，以下式子里，744这个数字的出现也是有含义的，但我无暇细说）：

$$\mathrm{e}^{\pi\sqrt{19}} \approx 96^3+744-0.22$$

$$\mathrm{e}^{\pi\sqrt{43}} \approx 960^3+744-0.000\ 22$$

$$\mathrm{e}^{\pi\sqrt{67}} \approx 5\ 280^3+744-0.000\ 001\ 3$$

$$\mathrm{e}^{\pi\sqrt{163}} \approx 640\ 320^3+744-0.000\ 000\ 000\ 000\ 75$$

而 $e^{\pi\sqrt{163}}$ 这个特性，其实最早是1859年数学家赫米特发现的。但人们觉得这个数字的风格太像印度传奇数学家拉马努金的风格了，所以就叫它“拉马努金常数”。

虚数域上的类数问题的进展是：1971年，史塔克和贝克分别独立证明，有18个负整数 D，使得 $h(D)=2$。1985年，奥斯达利解决了 $h(D)=3$ 的问题。2004年，沃特金斯解决了所有 $h(D)\leqslant 100$ 的情形。

相比之下，实数域上的类数问题研究更为缓慢。目前还不知道，是否存在无穷多个正整数 D，使得 $h(D)=1$。当然，还有三次、四次域上的类数问题等，数论领域实在是深不可测。

思考题

既然 $D=-3$ 时，$h(-3)=1$，所以 $\mathbf{Q}\sqrt{-3}$ 中，有唯一因子分解定理。但：

$$4=2\times 2=(1+\sqrt{-3})(1-\sqrt{-3})$$

问题出在哪里？

为什么数轴是连续的

不知你是否考虑过这样一个问题：为什么实数是与数轴对应的？为什么实数是连续的，能够布满一条数轴？相对应地，为什么有理数就不行？为什么有理数就是不连续的，有很多断点？

以上这些问题都是很好的问题，历史上，古希腊人就曾经被“无理数”的想法吓倒了，毕达哥拉斯和他的信徒怎么也不能接受存在不能表示成两个整数相除的数的想法。

要回答这一系列问题，我们自然先要搞清楚什么是实数，其次需要解释：当说一个数集是“连续”的，这个“连续”是什么意思？然后才能讨论为什么实数是连续的。而前两个问题比后一个问题重要，也困难许多。

你可能会说，什么是实数，这还不简单吗？初中就学过，实数是有理数和无理数的全体。那什么是无理数？教科书上会说，无理数就是无限不循环小数。

但是，这个描述作为无理数的定义是不合适的。因为这个定义里有“无限”这个词，这绝对是数学家想尽力避免的一个词。如果我们用这个描述做无理数定义，那要怎么证明一个数是无理

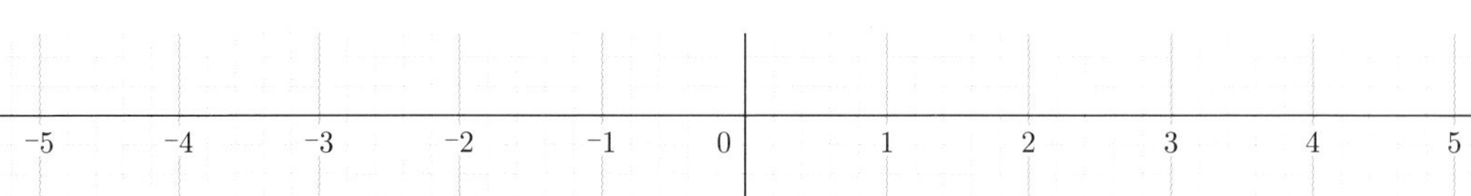

我们常说，数轴上的点与实数一一对应，为什么不是有理数呢？

数，需把小数一直无止境地展开吗？但无论怎么展开，你只能写出有限位，怎么证明小数部分确实永远不会循环呢？所以这个定义不太合适。

把关于无理数的定义改成“不能表示成两个整数相除的数是无理数”可以吗？这个定义比之前的要好一点，方便我们理解无理数，但作为定义还是不太恰当，因为这句话是一个“否定句式”。我们一般定义一个概念，需要用肯定句式，而不会说“×××就是不是×××的那些东西”。用否定句式的缺点是概念界定不清，比如虚数单位“i”，也不能表示成两个整数相除，那它是不是无理数？总之，说“不能表示成两个整数相除的数”，只是把有理数排除了，但是从什么样的范围内将其排除，并没有定义，所以这个定义也是不恰当的。

以上并不是我吹毛求疵，其实以上有关有理数和无理数的思考可以说从古希腊时代一直持续到19世纪也没有停止过。甚至直到19世纪，德国数学家克罗内克仍然不承认无理数存在，他有一句名言：“上帝创造了整数，其余都是人的工作。”

但我能理解他对无理数的质疑。因为从自然数开始，利用加减乘除四则运算，很容易就能把数集从自然数扩展到有理数。但是把数集从有理数扩展到实数就显得太不自然了，也困难很多。数学家当然也认识到了这个问题，所以19世纪，一些数学家开始认真考虑如何“从有理数去定义实数”这个问题，有好几位数学家给出了他们的解答，其中尤以康托和查尔斯·梅雷使用的“柯西序列法”和“戴德金切割法”最为人所接受。因为戴德金切割法很形象，所以我们重点讲讲戴德金切割法。

戴德金是19世纪的德国数学家，高斯的学生。他在1858年27岁左右的时候开始思考实数的公理化定义问题。1872年，他发表了一篇长篇论文，叫《数论的论文》。让我们跟随他在论文里的思路来学习一下他是怎么定义实数的。

首先，戴德金考虑的第一个铺垫性问题，就是有理数的性质。他列举了3条有理数的基本性质：

第一条，如果有理数$a>b$，$b>c$，则有$a>c$，这叫有理数的“有序性”。

第二条，如果有理数$a<b$，则存在无穷多个有理数大于a且小于b，也就是任意两个不同的有理数之间有无穷多个有理数，这叫“稠密性”，这也是很直观的。

第三条，如果给定一个有理数a，我们可以确切地把全体有理数分为两个集合：{小于a的有理数}和{大于或等于a的有理数}。a本身可以归于第一个或者第二个集合，不影响讨论，我们就把a归于第二个集合。

我们把第一个集合称为“左集”，把第二个集合称为“右集”。有的人称它们为“下集”和“上集”，其本质不变。根据以上定义，我们可以确定左集里的数都小于右集。而且当a确定时，所有有理数都可以被确定属于左集或右集，既没有遗漏，也没有重复。

戴德金讲了这3条有理数的性质之后，开始考虑这样一个问题，就是有理数与直线的点的对比。如果有一条直线是从左向右延伸的，且把靠右的点称作“大于”靠左的点。那直线上的点也很显然符合前述的两条性质，即有序性和稠密性。

对第三条性质，直线上的点也能进行这样的分割。也就是可以在直线上找到表示a的那个位置，“切”下一刀，把直线断开。那左边就是左集，右边就是右集，这个操作就被称为“戴德金分割”。直线上的点符合有理数的那三个性质，是否表示有理数能代表直线上所有的点呢？因为无理数的存在，我们知道答案为“不是”，所以直线上的点有一些有理数不能满足的性质，但是需要证明。

接下来，戴德金要证明有理数不满足直线上的点的一个性质："连续"性。"连续"这个词来了，关键点来了，也就是要证明有理数是不连续的。戴德金用了一个很直观的例子来证明。他考虑了这样一种分割，取"2"这个数，把有理数分为这两个集合：

{平方之后小于2的正有理数和全体负有理数}和{平方之后大于2的正有理数}。

你可能会问，为什么不说"小于$\sqrt{2}$的有理数"和"大于$\sqrt{2}$的有理数"，这不是一样吗？但是，在这里的讨论中，还没有"无理数"的概念，所以还没有"$\sqrt{2}$"这个数的定义，我们所有的讨论只能基于有理数来进行，所以不能提到$\sqrt{2}$。

然后，戴德金就证明，在以上这种分割的情况下，右集里的那个最小元素不可能是有理数，也就是那个切割点不能是有理数。当然，他的证明方法肯定不是证明$\sqrt{2}$不能表示成两个整数相除，因为那样对后面的讨论无益。他的实际证明是用反证法，如果有一个有理数的平方是2，那么可以证明左集中没有最大元素，且右集中没有最小元素，这是矛盾的。所以不可能有一个有理数的平方是2，则那个分割点不是有理数，说明有理数是不连续的。

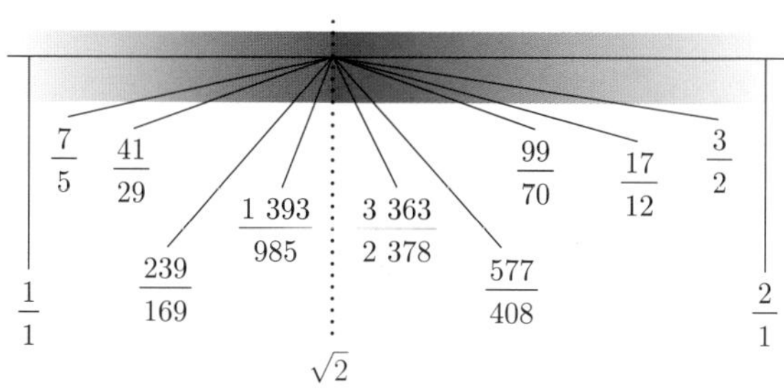

一个对有理数的"切割"，定义了无理数$\sqrt{2}$。请注意蓝色和红色部分都是有理数

戴德金对“存在某些分割点所产生的数不是有理数”的证明

设D是某个非完全平方数的正整数。定义如下“切割”：

$$A_1 := \{a \in \mathbf{Q} : a^2 < D \text{或} a < 0\}$$

$$A_2 := \{a \in \mathbf{Q} : a^2 \geqslant D \text{且} a \geqslant 0\}$$

则(A_1, A_2)构成了对有理数的切割，以下用反证法证明：这个切割所产生的不是有理数。

如果这个切割产生的是有理数，根据切割的连续性，则A_1中存在一个最大（有理数）元素，或A_2中存在一个最小（有理数）元素。首先证明A_2中的最小元素不会是D，仍然用反证法。

因为D不是完全平方数，则存在某个整数λ，使得：

$$\lambda^2 < D < (\lambda+1)^2$$

设存在某个有理数$\frac{t}{u}$，使得t, u是正整数，且$\left(\frac{t}{u}\right)^2 = D$，则$t^2 - Du^2 = 0$，并假设$t, u$是所有符合这个性质中最小的那个，即$\frac{t}{u}$是最简分数。又显然$\lambda u < t < (\lambda+1)u$，则正整数$u' = t - \lambda u < u$，令正整数$t' = Du - \lambda t$，则有:

$$t'^2 - Du'^2 = (\lambda^2 - D)(t^2 - Du^2) = 0$$

即$\left(\frac{t'}{u'}\right)^2 = D$，这与$\frac{t}{u}$是最简分数矛盾。所以，任何有理数$x$，要么$x < D$，要么$x > D$。但是，可以构造这样一个$y$：

$$y = \frac{x(x^2+3D)}{3x^2+D}$$

则

$$y - x = \frac{2x(D-x^2)}{3x^2+D}$$

$$y^2 - D = \frac{(x^2-D)^3}{(3x^2+D)^2}$$

可以验证，当$x < D$时，$y > x$，且$y^2 < D$；

当$x > D$时，$y < x$，$y > 0$，且$y^2 > D$。

这与A_1中存在一个最大元素或A_2中存在一个最小元素矛盾，所以切割(A_1, A_2)所产生的不能是有理数。

戴德金前前后后说了那么多，他其实就是想表达，既然分割点不一定是有理数，那就定义一种数叫“实数”，每个实数就对应以上的一种对“有理数”的切割。也就是一对“左集”和“右集”，唯一对应一个叫“实数”的数。

这个定义重要的是，它是根据有理数定义出来的，而没有用到更多前提；其次，根据切割的定义，我们可以知道切割出来的实数天然具有有序性和稠密性，而且它的定义就证明它与直线上的点是对应的，因为实数就是对直线任意位置切割产生的，当然就是与数轴对应的。而这种“连续”，也被称为“戴德金完备性”，也就是说“完整”。

现在有新问题了，就是实数是一种“切割”，或者说一对集合，那怎么对实数进行“加减乘除”操作？就要用以上实数的定义来确定实数的加、减、乘、除运算的定义。好在有理数的“加减乘除”是已经有定义的，那我们可以以有理数的运算为基础，结合以上实数的定义，来定义一下实数的加减乘除。

前面说了，一对切割出来的集合——左集和右集——对应一个实数。因为确定了左集，右集也唯一确定了，那我就用左集代表一个实数。请记住，从现在开始，一个实数就是一个集合。

现在定义实数A和B的加法，此处A和B是两个集合，对应两个切割左集。那定义$A+B$就是这样一个集合：

$$A+B=\{a+b: a\in A\wedge b\in B\}$$

这个定义看上去有点抽象，举个例子说明一下，比如我们要定义$1+\sqrt{2}$。

在本书的语境下，这里的“1”是一个集合：A={所有小于1的有理数}。$\sqrt{2}$也是一个集合：B={所有小于$\sqrt{2}$的有理数}。

那$1+\sqrt{2}$就是这样一个集合：对以上A，B集合中，各取一个元素，相加起来，作为新集合里的元素，并且把所有可能的组合全考虑一遍，所有的结果构成的集合作为一个切割的左集，其所对应的实数就是$1+\sqrt{2}$。以上定义出来的集合确实恰好就是对$1+\sqrt{2}$这个实数的位置进行切割所得的左集，所以以上定义是合理的。

你肯定很想知道减法（乘法和除法的定义难度比较大）的定义，我觉得它是一道不错的思考题，你可以自己试试看。请记住，在定义方式中，只能用到有理数的加、减、乘、除，且操作的对象和结果都必须是集合，且符合左集的性质。

至此，我们已经完整用有理数导出了整个实数集合。而且，我们确保了实数是连续的，因为这是定义实数的目的。也有一些其他的方式可以从有理数去构造实数，比如前面提到的柯西序列法（教科书中的常见定义）。各种方法都有利弊，但本质都是为了给实数一个扎实的公理化的定义。一个有趣的观察是，数学家先定义了实数，然后发现实数里有很多数不是有理数，这才把实数里不是有理数的数称为无理数。所以，这跟课本里的定义顺序刚好反过来了，是不得已而为之。因为人类的认知顺序是，先意识到无理数的存在，才发现有理数不是全部的“数”，无法填满数轴。

我在学习实数定义的过程中的最大感想是：数字这个概念，真不是我们想得那么简单。就像实数，经过约两千年，数学家才有了一些精确的定义。在这约2000年的过程中，无数人碰到过无理数这种“异类”，产生过各种困惑和争论，故事是相当丰富的。虽然课本中把无理数定义成“无限不循环”小数一笔带过，但其背后经过了几千年的时间，才能使我们无所顾虑地去使用实数，受益于前人的心血成果。

思考题

如何用左集的概念定义实数的减法？

无理数与无理数还不一样

无理数的概念大家都学过，超越数是无理数的一种。所有超越数都是无理数，但有些无理数不是超越数。也许你听说过，“如无必要，勿增实体”的奥卡姆剃刀原则，那我们为什么要在无理数集合内再挖出一个超越数的坑呢？

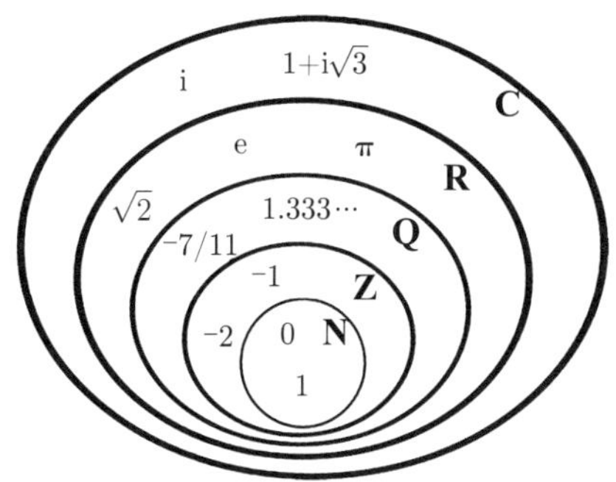

数系的一个扩展结构图，从里到外依次是自然数、整数、有理数、实数、复数

所以，我们一定要考虑一下为什么要定义“超越数”。回答这个问题还得从我们熟悉的无理数开始说起。我们熟悉的无理数，有 $\sqrt{2},\sqrt{3}$，还有 e,π 这种数学常数。但你有没有感觉 $\sqrt{2}$，$\sqrt{3}$ 这种无理数，与同为无理数的 e 和 π 有些区别呢？如果让你在无理数里面给数字分类，相信你肯定会把 $\sqrt{2}$ 和 $\sqrt{3}$ 分为一类，而把 e 和 π 分为另一类，那么它们的区别在哪里呢？

它们是有区别的，这个区别可以用一道智力题来体现：请你写出一个方程，使它有一个根是 $\sqrt{2}$，但是方程本身不能出现 $\sqrt{2}$。

这道题是不是太简单了，比如$x^2=2$就可以了。

同样，对于这个问题，你也可以将$\sqrt{2}$换成其他数字，比如$\sqrt{2}+\sqrt{3}$。找一个方程，它有一个解是$\sqrt{2}+\sqrt{3}$，但方程本身不能出现$\sqrt{2}+\sqrt{3}$。

构造一个代数方程（系数为有理数的一元n次方程），使其有一个根为$\sqrt{2}+\sqrt{3}$的简单过程：

设：

$$x=\sqrt{2}+\sqrt{3}$$

两边平方，得：

$$x^2=5+2\sqrt{6}$$

移项：

$$x^2-5=2\sqrt{6}$$

再两边平方即可。

现在我把数字换成π会如何？找一个方程，它有一个解π，但是方程本身不能出现π？你是不是一下子傻了？你的答案不能是$x^2=\pi^2$这种方程，因为我规定方程里不能有π。这样你就能看出$\sqrt{2}$与π的本质区别，π不能用若干根号和整数的加减乘除的组合表示出来，所以它不能成为整系数代数方程的根。

整系数代数方程的定义就是如下形式的方程：

$$a_nx^n+a_{n-1}x^{n-1}+\cdots+a_1x+a_0=0$$

其中的n是自然数，a_n是整数。在这里的定义中，a_n是整数与a_n是有理数是等价的。因为，如果系数都是有理数，那么总可以对方程两边乘以所有系数分母的最小公倍数，使得方程变为整系数方程。

显然e和π无法成为上面这种类型的根，否则我们很可能就不用引入e和π这两个符号了。因此数学家定义那种可以是代数方程根的数为“代数数”，这其中包括所有有理数和那种可以用若干根号组合表示出来的无理数。而不可以成为整系数代数方程根的数，就叫作“超越数”（代数数和超越数都可能是虚数，为简便起见，本书只考虑实数范围内的代数数和超越数）。

那区分代数数和超越数有意义吗？没有意义的话，就不应该引入，对不对？这个想法非常对，数学家既然定义了超越数，那必然有用。

“超越数”思想的萌芽非常早，可以追溯到古希腊三大几何难题之一——“化圆为方”问题：

能否用尺规作图的方法，做出一个正方形，使得其面积等于已知的某个圆？

可以看出，如果已知的圆的半径为1，则需要做出的正方形的边长是$\sqrt{\pi}$。可是，用尺规作图，有可能做出长度为$\sqrt{\pi}$的线段吗？似乎是不可能的。但如何证明这不可能呢？

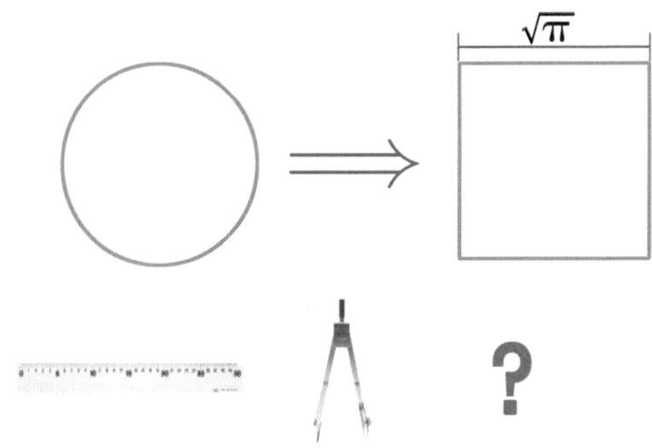

把单元圆转化成等面积的正方形，本质上就是用尺规做出长度为$\sqrt{\pi}$的线段的问题。数学家证明这是不可能的，从而解决了约2 000年历史的“化圆为方”问题

得益于“超越数”概念的引入，“化圆为方”问题最终在

1882年被林德曼等人证明是不可能的。林德曼证明可以用尺规作图的线段长度都是代数数，而 π 和 $\sqrt{\pi}$ 被证明为超越数，因此“化圆为方”不可能达成。

超越数还有些出人意料的性质。数学家发现，几乎所有的实数都是超越数，这是不是让人吃惊？首先，这里的“几乎”是一个数学用语，在《老师没教的数学》第一册中有详细介绍。这里的这个“几乎”的简单定义是，当实数越来越多时，其中的代数数所占的比例会趋于0。

“几乎所有的实数都是超越数”这句话告诉我们：在实数中，超越数是占主要部分的，代数数与超越数相比是可以忽略不计的。对这个结论，了解一点无穷基数理论的读者可以这样理解：我们知道有理数是可数集，也就是有一个方法可以把所有有理数一个一个地写下来，写成一个序列，这个序列包含所有有理数。这样感觉它们就可以被数出来一样，所以称为“可数”集。

数学家还发现，如果把有理数扩展到代数数，仍然是可数的，因为代数方程的数量是可数的，所以代数数是可数集。又因为已经知道实数是不可数集，代数数与超越数的合集是实数，那么自然就能推出超越数是不可数集的结论，所以“几乎所有实数都是超越数”。这是不是反直觉？所以，定义超越数太有必要了，原来我们一直讨论的实数，其实基本都是超越数。

虽然我们知道“几乎所有实数都是超越数”，但证明一个数字是超越数却非常难。目前只有少数的几个数字被数学家证明为超越数。除了 π，数学家还证明了e，e^{π}，$\sin 1$，$2^{\sqrt{2}}$这些数是超越数。还有一些特别构造的超越数，比如刘维尔数：

$$\sum_{k=1}^{\infty} 10^{-k} = 0.110\ 001\ 000\ 000\ 000\ 000\ 000\ 001\ 000\cdots$$

目前已经被证明是超越数的数非常少，很多感觉上必须是超越数的数，我们还不能证明，比如：$e+\pi$，$e-\pi$，$e\times\pi$，e/π，

e^e，π^π等，这些数是否为超越数，都未能证明。《老师没教的数学》中提到的“欧拉-马斯刻若尼常数”和本书前文提到的“费根鲍姆常数”，虽然人们猜想它们是超越数，但现在还没能证明这两个数是无理数。

由此可见，超越数虽然多，但很神秘。目前有一个关于超越数的最佳判定定理是“格尔方德-施耐德定理”：

如果α是不等于0和1的代数数，而β是代数数，且不为有理数，则α^β是超越数。比如，$\sqrt{2}^{\sqrt{2}}$是超越数。

以上我们说明了无理数并非完全一样，那有没有办法更精细地对无理数进行分类，比一比谁的“无理”程度更高呢？还真有人这么做了。1932年，荷兰数学家库尔特·马勒提出了实数的“无理性”度量，就是度量一个实数到底“无理”到什么程度，取值范围从0到无穷大的整数。

对有理数来说，这个度量值就是0，因为它“有理”，一点不“无理”。对$\sqrt{2}$这样的所有代数无理数来说就是1，这就是无理数里面“无理性”程度最小的。而超越数的无理性度量最小是2，比如现在知道π的无理性度量上限是7.1，但猜想小于2.5。

以上简单介绍了超越数的概念。超越数很多，以至于“几乎”所有实数都是超越数。超越数也很神秘，很多明显像超越数的数都无法被证明是超越数。

整数与整数都差不多

整数是我们再熟悉不过的数学概念了，但你想过没有，对整数也可以“一般化”，进行扩展？高斯整数就是其中一种扩展。对高斯整数的引入可以从一个质因数分解的问题开始。

比如，整数5，它当然是质数。而当我们把数系扩展到复数范围内之后，有：$(1+2i)(1-2i)=5$ 。

这下有意思了，这算不算对5的一种质因数分解呢？

你可能会问：考虑这样的问题有意义吗？数学里很多事物，开始就是从貌似无意义的一些思考开始的。如果开始就觉得它无意义，那么就错过了很多发现的可能。 因此，我们先不管有没有意义，继续考虑这个质因数分解。

我们需要解决的第一个问题就是：在什么样的范围内分解？不确定范围的话，分解过程可能是无止境的。所以，需要先在复数范围中找出类似“整数”的东西。

那整数有什么特性呢？我们第一感中能想到的就是，整数加减另一个整数还是整数。整数乘以整数，还是整数，但整数除以整数，就可能不是整数了。也许最后一个特性才是整数最重要的特性，正是因为整数除以整数不一定是整数，整数不够用了，我们才引入了“分数”的概念。

另外，“减法”也可以看作加上另一个数的相反数，所以减法本质上还是一种加法。对以上整数的性质，可以总结为：整数对加法和乘法是“封闭”的，但对乘法的逆运算除法不封闭。“封闭”的意思，就是计算结果仍然在预设的集合内。

那么就请读者思考，在复数范围内怎么找出一个子集，使得其中的元素加法和乘法仍然是封闭的，但是除法不封闭。相信不用过多思考，你马上能想到这样一个复数的子集，例如$a+b\mathrm{i}$类型的数，其中a和b都是整数。

如果你能想到这种数，那么恭喜你，你也发现了“高斯整数”。从复数平面上看，高斯整数就是复数平面上的整数格点：

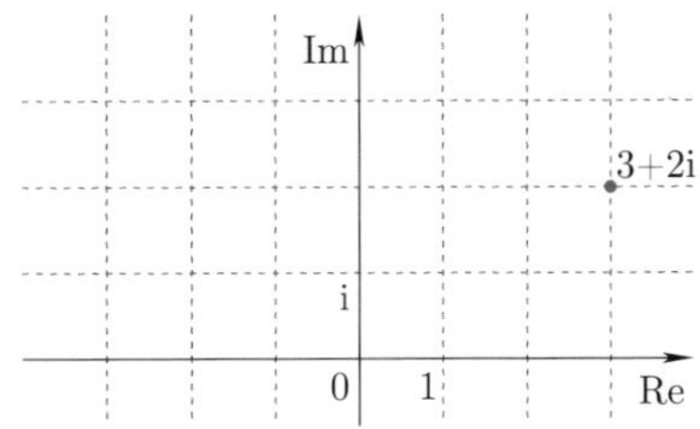

“高斯整数”就是复数平面上位于整数格点上的数

但是，别高兴得太早，我们稍微分析一下“高斯整数”的性质，是否符合我们需要的整数性质。

首先，考虑这种类型的两个数的加法：

$$(a+b\mathrm{i})+(c+d\mathrm{i})=(a+c)+(b+d)\mathrm{i}$$

当a,b,c,d都是整数时，$a+c$和$b+d$也是整数，所以高斯整数对加法是“封闭”的。

读者也可以简单验证，高斯整数对乘法是封闭的，对除法不封闭。所以，结果太好了，高斯整数有了成为一种“整数”的良好潜质。而且它还符合原先整数运算的一些特性，比如交换律、结合律、分配律等，这都使它更像整数（用术语说，高斯整数构成了一个“环”）。

在我们考虑如何在这种整数范围内做质因数分解之前，我们还要做一些小小的规定。因为所有的高斯整数除以1,−1,i,−i都能“整除”，所以我们规定，1,−1,i,−i既不算质数，也不算合数，它们被称为“单位元”。这类似在整数里，我们不把1作为质数。

有了以上规定，我们可以先定义高斯整数中的“整除”和“因数分解”。如果有某个高斯整数g，等于另两个高斯整数f和h的积：

$$g = fh$$

则称f和h“整除”g，g被f和h“整除”，这个等式表示g的一种“因数分解”。考虑到之前“单位元”的存在，则仅当f和h都不是单位元时，称这种分解为“非平凡的分解”，我们主要关心的就是“非平凡的分解”。

我们现在可以定义“高斯质数”了。你大概也能猜到，当一个高斯整数没有非平凡的分解时，称其为“高斯质数”，以下有时也简称为“质数”。比如，5不是高斯质数，因为：

$$5 = (2 + \mathrm{i})(2 - \mathrm{i})$$

有了以上一系列定义后，我们可以参考整数的性质，考察一大批对应命题在高斯整数范围内的真伪。

首先，如何判定一个普通的整数是否是高斯质数？这是一个很有意思的问题。比如，我们可以考察一下，通常的质数是不是高斯质数。你会发现2可以分解成$(1 + \mathrm{i})(1 - \mathrm{i})$，但是对整数3，感觉不能再分解了。所以，我们发现，原先整数中的一些质数是高斯质数，有些不是。

还好数学家已经帮我们找出了一个高斯质数的判定定理，它分两种情况：

如果高斯整数中的a或b有一个是0，即这个数是实数或者纯虚数时，当且仅当a或b是$4n + 3$的质数（也就是除以4要余3的质数）时，它是高斯质数。比如，7除以4余3，所以7或者7i都是高斯质数。

而所有除以4余1的质数，都可以被唯一分解为$(a + b\mathrm{i})(a - b\mathrm{i})$的形式，其中$a + b\mathrm{i}$和$a - b\mathrm{i}$都是高斯质数。比如，5除以4余1，所以5或5i就不是高斯质数。它们可以分解为：

$$5=(1+2\mathrm{i})(1-2\mathrm{i}),\ 5\mathrm{i}=(-2+\mathrm{i})(1-2\mathrm{i})$$

有时可以把5i的分解写作$\mathrm{i}(1+2\mathrm{i})(1-2\mathrm{i})$。这里需注意，如果一个高斯整数的分解可以通过乘以若干 -1,i 和 -1 等单位元转化为另一种形式，则认为这两种分解是等价的。

如果 a,b 都不为0，则当且仅当 a^2+b^2 是常规的质数时，$a+b\mathrm{i}$是高斯质数。以上这个判定定理的证明不算复杂，请各位自行思考。它很好用，方便做质因数分解时判定是否分解到最小了。

高斯质数的定义和判定方法有了，接下来一个有意思的问题是："唯一因子分解定理"是否还成立呢？我们知道，在整数范围内，一个整数的质因数分解有且只有一种结果，这个结论叫"整数的唯一因子分解定理"，又叫"算术基本定理"，可见其重要性。

高斯证明高斯整数也是符合唯一因子分解定理的，这是一个很好的性质。在后文中，我们会看到在其他一些"整数"类型中，唯一因子分解定理不成立。

无论如何，我们得到了一种新的整数——高斯整数，这是一个新大陆，很多整数中的命题和猜想几乎都可以平移到这个新大陆上考察。

比如，高斯整数里有（非平凡的）勾股数组吗？就是让 $a^2+b^2=c^2,a,b,c$都是高斯整数。结果当然有，比如：

$$(-4+\mathrm{i})^2+(4+8\mathrm{i})^2=(4+7\mathrm{i})^2$$

请你考虑一下有没有参数化生成公式。

接下来，费马大定理对高斯整数会如何？费马大定理说：对 $x^n+y^n=z^n$这样的方程，当$n\geqslant3$时，方程无正整数解，但有没有高斯整数范围内的解呢？目前猜想是无解，这个问题仍是开放问题，有人悬赏500美元，任何人给出一个反例即得，想赚外快的朋友赶紧行动。

还有一个类似费马大定理，但仍然十分困难的猜想：Beal猜想。这个猜想说对$a^x + b^y = c^z$这样类型的方程，如果3个指数x, y, z都是大于2的正整数，且这个方程有整数解，则a, b, c必有质数公因子，也就是a, b, c不互质。

这个猜想在整数范围内非常难，美国数学会（AMS）正对此猜想进行悬赏，无论谁能证明或找到反例，都可以获得100万美元的奖金。

有意思的是，这个猜想在高斯整数范围内找到了一个反例：

$$(-2+\mathrm{i})^3 + (-2-\mathrm{i})^3 = (1+\mathrm{i})^4$$

但是，更有意思的是，目前仅找到这样一个反例。有人悬赏50美元，给找到任何一个新的反例的人。我感觉这个悬赏比之前的找Beal猜想的反例应该容易多了。但要注意的是，当你找出一组符合$a^x + b^y = c^z$的高斯整数a, b, c后，一定要确认它们是互质的。而高斯整数之间是否互质，有时并不那么明显。

还有一个“完美数”问题：一个整数是完美数，当且仅当其全部因子（包括1，但不包含自身）之和是其本身。比如，6的因子有1,2,3，而1+2+3=6，所以6是一个完美数。那高斯整数中有没有完美数呢？目前还没有人找到。有一个很接近的例子是：

$$3\ 185 + 2\ 912\mathrm{i}$$

它的所有因子是$1, 2+3\mathrm{i}, 3+2\mathrm{i}, 5+12\mathrm{i}, 7, 13, 13+2\mathrm{i}, 14+21\mathrm{i}, 20+43\mathrm{i}, 21+14\mathrm{i}, 35+32\mathrm{i}, 35+84\mathrm{i}, 39+26\mathrm{i}, 41+166\mathrm{i}, 91, 91+14\mathrm{i}, 140+301\mathrm{i}, 169+26\mathrm{i}, 245+224\mathrm{i}, 273+182\mathrm{i}, 287+1\ 162\mathrm{i}, 455+416\mathrm{i}$和$1\ 183+182\mathrm{i}$。这些因子之和是$3\ 183+2\ 912\mathrm{i}$。

以上只是简单聊了3个有关在整数范围内的命题，推广到高斯整数范围内的情况。其实有关整数的命题和猜想太多了，如哥德巴赫猜想、素数定理、亲和数、婚约数、完美立方体数、梅森素数、华林问题等。把其中的每个命题扩展到高斯整数范围内又会是一个非常大的话题，这里就不一一列举了。

到这里，大家对高斯整数应该有所了解了。在复数范围内，定义新的“整数”只有高斯整数这一种方法吗？显然不是。后面的章节还会继续聊这个问题。

总结一下，我想说的是，数学家很会“来事”，“整数”这么基本的概念他们也能推而广之。要点就是：要有两个运算，其中一个运算和逆运算都保持封闭，另一个运算也封闭，但逆运算不封闭，那么你就有发明一种整数的良好基础，然后将整数的一堆性质和猜想套上去开始考察。

提出高斯整数这样的概念，并不是为了好玩，而是因为它是非常有用的。高斯是在研究数论中非常重要的“二次互反律”过程中，发明高斯整数概念的。后来，人们又把各种整数的性质进一步抽象，总结出了“环”和“域”这些代数结构。

最后给大家留一道思考题：请大家考虑在2×2的矩阵集合中，能否定义“矩阵整数”？因为矩阵也有加法和乘法，所以它有成为整数的很好的“潜质”。

虽然矩阵乘法没有交换律，但有谁规定整数必须符合乘法交换律呢？所以这应该不是障碍。而一旦定义好了“矩阵整数”，你就可以考察一下有没有矩阵质数、有没有唯一因子分解定理、有没有勾股数组等问题，相信会非常有意思的。

当然，你也可以完全不用矩阵，而采用其他对象，只要对该对象有两种类似加法和乘法的运算，那就是好的开始。如果你有好的发现，我很欢迎你给我看看，向我分享你的成果。

思考题

高斯整数里有没有参数化生成毕达哥拉斯三元组的公式？

第三章

你也能攀登数学界的“珠穆朗玛峰”

费马也会犯错吗

在《老师没教的数学》一书的开篇中，我介绍了一种形如 2^n-1 的质数——“梅森素数”。自然地，你会想到形如 2^n+1 的数是不是质数。

如同考察梅森素数那样，我们先缩小一下指数的可能范围。如果指数 n 存在某个奇数因子 b，且 $n=ab$，则可以做如下分析：

$$\begin{aligned}2^{ab}+1&=(2^a)^b+1=((2^a+1)-1)^b+1\\&=(2^a+1)^b+\binom{b}{1}(2^a+1)^{b-1}\times(-1)+\binom{b}{2}(2^a+1)^{b-2}\times(-1)^2+\cdots+\\&\quad\binom{b}{b-1}(2^a+1)\times(-1)^{b-1}+(-1)^b+1\end{aligned}$$

其中利用了“二项式展开”公式，对 $((2^a+1)-1)^b$ 进行了展开。因 b 是奇数，上式最后两项变为 $(-1)^b+1=0$，余下各项均有因子 2^a+1，故 $2^{ab}+1$ 必为合数。

因此，若 2^n+1 为质数，n 不能有奇数因子，则 n 必须是一个 2^n 形式的数，因此我们只需要考察形如 $2^{2^n}+1$ 的数是否为质数。

费马曾经考察过这种类型的数，并做出过几个论断，所以后人把 $2^{2^n}+1$ 类型的数称为费马数。如果一个费马数是素数，那么就称为“费马素数”。并且，根据 n 的取值，把相应的费马数记作 F_n。比如，$F_0=2^{2^0}+1=3$，$F_1=2^{2^1}+1=5$。

皮埃尔·德·费马

很快计算一下前几个 F_n 的值，你会发现从 F_0 到 F_4，它们的数值分别是：

$$F_0=2^{2^0}+1=3$$

$$F_1 = 2^{2^1} + 1 = 5$$
$$F_2 = 2^{2^2} + 1 = 17$$
$$F_3 = 2^{2^3} + 1 = 257$$
$$F_4 = 2^{2^4} + 1 = 65\ 537$$

这些数都是素数。但接下来的 F_5 等于4 294 967 297，是不是素数呢？这不太好判定了 。

1640年，费马曾经做过猜想：所有的费马数都是素数。1732年，欧拉发现：

$$F_5 = 641 \times 6\ 700\ 417$$

它是一个合数！据说，当欧拉在向大众宣布这个发现的时候，场下掌声雷动。不知道是不是有人在想：好啊，总算费马也有出错的时候！（开玩笑）

但是，费马不是发现过与质数判定相关的“费马小定理”（本书后续章节有介绍）吗？难道他没有用费马小定理去检验一下 F_5？这是个好问题。

首先，我们可以排除 F_5 是后文费马小定理一章中将会提到的“卡迈克尔数”。卡迈克尔数的性质是：如果一个数 n 是卡迈克尔数，那么它总是符合 $a^n \equiv a \pmod{n}$，从而无法用费马小定理辨别出它是合数。

但是，卡迈克尔数还有个性质 ：对其做质因数分解的话，它至少有3个质数因子。而欧拉的分解结果说明 F_5 只有两个质因子，所以 F_5 肯定不是卡迈克尔数。

这就是说，必然存在底数 a，使得 $a^{F_5} - a$ 不能够整除 F_5。这里有个难点是，这个 a 的取值范围可以是从2到 $F_5 - 1$，完整枚举检查是不可能的。会编程的读者可以试一下这道编程题：找出底数 a，使 $a^{F_5} - a$ 不能整除 F_5，或者 a^{F_5-1} 除以 F_5 的余数不为1，其中 $F_5 = 2^{2^5} + 1 = 2^{32} + 1$。（本书末尾有答案）

其实这个底数 a 并不大，我相信费马当初是过于自信，再加上偷懒，才猜测所有费马数都是质数。欧拉是用费马小定理先确定F_5不是质数，之后对F_5进行质因数分解。但对F_5盲目开始手算，进行质因数分解，那无论如何都是蠢笨的行为。所以，得继续用些技巧。

欧拉发现费马数有一个非常重要的性质，即：

任何费马数F_n如果有质因子，则这个质因子必须是$k2^{n+1}+1$的形式（卢卡斯后来将其改进为$k2^{n+2}+1$）。

发现这点问题就容易多了，因为F_5可选的质因子就少多了，欧拉只要对F_5试除那些$k2^{5+1}+1$，即$64k+1$是质数的那些数。实际上，试除到$k=10$（$k=10$之前，$64k+1$是质数的很少），就会发现641这个因子。

以上就是欧拉对F_5分解的思路，相信你按这个思路，再借助计算机，对F_6分解也不难。后来，人们将$k\cdot 2^n+1$这种形式的数称为“普洛斯数”（Proth Number，其中要求$2^n>k$），因为普洛斯发现了一个判定普洛斯数是否为质数的定理：

一个形为$k\cdot 2^n+1$的数N为质数，当且仅当

$$a^{\frac{p-1}{2}}\equiv -1 \pmod p$$

当然，多数时候，我们只想检测费马数是否为素数，不需要分解。此时如果使用费马小定理，结果并不可靠，而且要检测许多不同的底数。幸好，就像对梅森素数可以用“卢卡斯-莱默检测法”进行素性检验一样，对费马数也有一个快捷的检测方式，称为“佩平测试”。用这个测试法，可以在多项式时间内鉴定出费马数是否为质数。

佩平测试：

一个费马数$F_n=2^{2^n}+1$为质数，当且仅当存在$k\geqslant 2$，且

$$k^{(F_n-1)/2}\equiv -1 \pmod{F_n}$$

通常取$k=3$为测试的第一步。

截至目前，数学家已经检测到 F_{310}，发现从 F_5 到 F_{310} 都是合数。目前的猜想是：

除了从 F_0 到 F_4，其他所有费马数都是合数（费马完全错了！）。

数学家伯克兰和约翰·H. 康威在2016年的一篇论文里分析，F_5 之后再有一个费马质数的概率大约是十亿分之一，其基本依据还是素数定理（后文有介绍）。

根据素数定理，一个数字 n 为质数的概率大约是 $1/\ln N$，那么一个费马数 F_n 为素数的概率就只有 $1/(2^{n\ln 2})$。n 越大，它是质数的可能性就越小，所以费马数是素数的可能性是飞速下降的。当然，这个分析是基于下面的前提：

费马数是素数的概率与普通自然数是一样的。

那是否 $2^{2^n}+1$ 形式的数比其他数更容易成为素数呢？目前完全看不出这种情况，所以这个前提还是靠谱的。因此，如果哪天发现了一个新的费马素数，那将是天大的新闻。

接下来列举几个费马数的简单性质：

第一，所有费马数互质，这一点可以从一个费马数的递推公式里简单推导出来：

$$F_n = F_0F_1\cdots F_{n-1}+2$$

这个性质又被称为“哥德尔巴赫定理”。他确实是那个提出“哥德巴赫猜想”的哥德巴赫证明的定理，所以被称为“哥德巴赫定理”。

第二，除了 F_0 和 F_1，所有费马数的个位数都是7，这是比较明显的。

第三，所有费马数的倒数之和都是无理数。它们的倒数和收敛是比较明显的，但证明是无理数就非常难了，这是直到1963年才有人证明的。

第四，这是一个著名的性质：1801年高斯证明，一个正多边形可以用尺规做图的充分条件是，边数 n 是2的幂次与若干不

费马数依次排队“体检”，检查是否为素数。目前仅发现前5个费马数是素数

同费马素数的乘积。其具体形式如下：

$2^k p_1 p_2 p_3 \cdots$，其中 p_1, p_2, p_3 是费马素数。

高斯认为这是必要条件，但他没有给出证明，后来皮埃尔·瓦泽尔证明了其必要性，所以它现在被称为“高斯-瓦泽尔”定理。这个定理的直接推论就是正十七边形可以用尺规作图做出。而现在，费马素数只有从 F_0 到 F_4 的5个数，所以看起来边数为质数的正多边形只有3,5,17,257和65 537这几个边数的正多边形，是可以用尺规作图法做出的。

第五，所有费马素数的倒数的小数形式，其循环节长度恰好是这个费马素数的值减去1。它的意思是这样，如1/7的小数形式是：

$0.\overline{142\,857}$，它的循环节长度是6，比分母小1。

你想，任何整数的倒数，它的小数循环节的最大长度只能是分母的数值减1，而且在这种情况下，分母显然必须是质数。

但分母是质数，其倒数的循环节长度不一定能达到分母减1。我们把那些倒数的循环节长度正好是自身数值减1的那些质数，称为“全循环节”质数。最小的几个全循环节质数是7,17,19,23,29,47，等等。

目前，人们还没有很好的方法去判定一个质数是否为全循环节质数。但是，对费马数，恰好有人证明：

一个费马数是质数的充分且必要的条件是，它的倒数循环节长度正好是这个费马数减1。也就是说，费马质数必然是全循环节质数。这个定理的证明不算难，供读者思考。

接下来再说说几个有关费马数没有证明的命题：

第一，是否存在更多的费马质数？现在看来不太可能了。

第二，是否存在无穷多个费马质数？看上去更不可能了。

第三，是否存在无穷多个费马合数？

以上几个命题很像“梅森素数”相关的未解命题，人们至今也没能证明是否有无穷多个梅森质数或梅森合数。这几个命题的结论看起来都是理所当然的，但就是证明不了。

第四，费马数的因子是否都是无平方的？即，因子分解后，所有质因子只出现一次？目前对所有已知的费马合数分解结果都是如此。关于梅森数也有同样的猜想。以下是两个费马数的质因数分解：

$$F_5 = 641 \times 670\ 041\ 7$$

$$F_6 = 274\ 177 \times 672\ 804\ 213\ 107\ 21$$

以上是关于费马素数的内容，也许标题更应该叫“费马合数”，因为目前除了5个数，其他费马数很可能全是合数。而“费马数”与“梅森数”放在一起看，很多结论和猜想非常像。从二进制角度来看，“梅森数”就是那种全由“1”构成的二进制数：“11…11”，而费马数就是那种“10…01”形式的二进制数，两头是1，中间是0。

这两种形式的二进制数是否可以成为质数呢？对于全是1的二进制数，我们知道只有质数个“1”连写，才可能是质数，但其中还是有许多不是质数。对于两头是1，中间全是0的二进制数，我们知道0的个数只能是2^n-1个，才可能是质数，但除了开始的几个，似乎绝大多数都是合数。但就是这两种形式最简单的二进制数形成的质数，其中还有非常多的未解之谜，让人们不得不惊讶于质数的神秘。

思考题

找出一个底数a，使$a^{F_5}-a$不能整除F_5，或者a^{F_5-1}除以F_5余数不为1，其中$F_5=2^{2^5}+1=2^{32}+1$。

证明费马素数都是全循环节质数。

形形色色的质数

质数对数学家来说一直是很神秘的，很久以前，数学家就非常想搞清楚它的分布规律。关于质数的分布，第一个能想到的问题就是：在前n个自然数中，质数有多少个？

与此类似的一个问题是：

质数在自然数里的“密度”是多少？

经过非常久的努力，数学家现在基本可以回答这两个问题，对这两个问题的主要回答被称为“质数定理”。

有关质数数量，古希腊人知道存在无穷多个质数。古希腊数学家欧几里得给出过一个很漂亮的反证法的证明：

如果存在一个最大的质数p_n，那么枚举p_n之前的所有质数，把它们乘起来再加1，得到这样一个数：

$$p = 2 \times 3 \times 5 \times 7 \times \cdots \times p_n + 1$$

则p显然不能被以上所有质数整除，所有p必须是质数，与p_n是最大质数产生矛盾，因此不存在最大的质数。

要注意的是，按以上方法不能构造更大的质数，比如：

$$2 \times 3 \times 5 \times 7 \times 11 \times 13 + 1 = 30\,031 = 59 \times 509$$

知道质数有无穷多个后，人们开始追问：质数的分布情况如何？而这其中最基础的问题就是：在前n个整数里，有多少个质数？

关于这个问题，欧拉曾做出些贡献，而他的贡献再次证明存在无穷多个质数，方法如下：

令$\zeta(x)$（ζ是希腊字母，读作“zeta”）表示全体自然数的倒数和：

$$\zeta(x)=1+\frac{1}{2}+\frac{1}{3}+\frac{1}{4}+\frac{1}{5}+\cdots \tag{1}$$

在（1）式两边乘以$\frac{1}{2}$，得：

$$\frac{1}{2}\zeta(x)=\frac{1}{2}+\frac{1}{4}+\frac{1}{6}+\frac{1}{8}+\cdots \tag{2}$$

等式（1）减去等式（2）：

$$\left(1-\frac{1}{2}\right)\zeta(x)=1+\frac{1}{3}+\frac{1}{5}+\frac{1}{7}+\frac{1}{9}+\cdots \tag{3}$$

等式（3）右边分母为偶数的项都被消去了，在（3）式两边再乘以$\frac{1}{3}$，得：

$$\frac{1}{3}\times\left(1-\frac{1}{2}\right)\zeta(x)=\frac{1}{3}+\frac{1}{9}+\frac{1}{15}+\frac{1}{21}+\cdots \tag{4}$$

等式（3）减去等式（4）：

$$\left(1-\frac{1}{3}\right)\times\left(1-\frac{1}{2}\right)\zeta(x)=1+\frac{1}{5}+\frac{1}{7}+\frac{1}{11}+\frac{1}{13}+\cdots \tag{5}$$

等式（5）的右边，分母为2和3的倍数的项都被消去了。重复以上过程，左边不断乘以质数的倒数，右边可以消去分母有该质数因子的项。所以，最终可得：

$$\cdots\left(1-\frac{1}{13}\right)\times\left(1-\frac{1}{11}\right)\times\left(1-\frac{1}{7}\right)\times\left(1-\frac{1}{5}\right)\times\left(1-\frac{1}{3}\right)\times\left(1-\frac{1}{2}\right)\zeta(x)=1$$

将上式左边常数系数移到右边：

$$\begin{aligned}\zeta(x)&=\frac{1}{\cdots(1-\frac{1}{13})\times(1-\frac{1}{11})\times(1-\frac{1}{7})\times(1-\frac{1}{5})\times(1-\frac{1}{3})\times(1-\frac{1}{2})}\\&=\frac{1}{1-\frac{1}{2}}\times\frac{1}{1-\frac{1}{3}}\times\frac{1}{1-\frac{1}{5}}\times\frac{1}{1-\frac{1}{7}}\times\frac{1}{1-\frac{1}{11}}\cdots\\&=\left(\frac{2}{2-1}\right)\times\left(\frac{3}{3-1}\right)\times\left(\frac{5}{5-1}\right)\times\left(\frac{7}{7-1}\right)\times\left(\frac{11}{11-1}\right)\cdots\\&=\frac{2}{1}\times\frac{3}{2}\times\frac{5}{4}\times\frac{7}{6}\times\frac{11}{10}\cdots\end{aligned}$$

最终这个等式被记作：

$$\prod_p \frac{1}{1-p^{-n}} = \left(\frac{1}{1-2^{-1}}\right)\times\left(\frac{1}{1-3^{-1}}\right)\times\left(\frac{1}{1-5^{-1}}\right)\times\left(\frac{1}{1-7^{-1}}\right)\cdots$$

$$= 1+\frac{1}{2}+\frac{1}{3}+\frac{1}{4}+\cdots=\sum_{n=1}^{\infty}\frac{1}{n}$$

其中$\prod_p$表示取全体质数，对其右边的表达式累乘。后世把这个公式称为“欧拉乘积公式”，因其左边是一个乘积形式的级数。它是一个非同寻常的公式，其不寻常之处在于以下三点：

第一，等式右边是全体自然数的倒数和，它被称为“调和级数”，在《老师没教的数学》有关于“调和级数”（“欧拉-马斯克若尼常数”）一章中有对调和级数的详细介绍。调和级数是发散的，这意味着左边的累乘表达式必有无穷多项，那么欧拉乘积公式也就间接证明存在无穷多个质数。

第二，这个级数左边是相乘，右边是加法级数，这种形式的级数等式是很罕见的。更为奇妙的是，乘法级数是关于全体质数的，右边是关于全体自然数的级数。这就能帮助我们从这个公式里窥探一些质数的性质。我们已经能从这个公式里看到有无穷多个质数，而我们也知道调和级数前n项和约等于$\ln N$。这是否暗示质数分布与$\ln N$有关系呢？我觉得欧拉肯定想过这个问题，但可能是欧拉需要研究的问题太多了，他最终没有提出质数定理的原型。

第三，最重要的一点是，欧拉乘积公式还能扩展。乘积项分母中的质数可以扩展到全体自然数、实数，甚至全体复数，即可以写成如下形式：

$$\prod_p \frac{1}{1-p^{-z}} = \left(\frac{1}{1-2^{-z}}\right)\times\left(\frac{1}{1-3^{-z}}\right)\times\left(\frac{1}{1-5^{-z}}\right)\times\left(\frac{1}{1-7^{-z}}\right)\cdots$$

$$= 1 + \frac{1}{2^z} + \frac{1}{3^z} + \frac{1}{4^z} + \frac{1}{5^z} + \cdots$$

其中的z，可以取复数，等式仍然成立。当然，扩展到复平面上以后，乘积公式左右两边的级数定义还是需要略加修改的。但不管怎样，这是数学中非常重要的一个公式。

后来，人们将指数z作为函数自变量，把乘积公式中左边的乘积级数称为“欧拉（乘积）函数”（当然，这只是许多“欧拉函数”之一）。而右边这个加法级数，即自然数z次幂的倒数和，也作为一个z的函数，当对它的定义域扩展到复数后，就是大名鼎鼎的“黎曼ζ函数”。

大名鼎鼎的“黎曼猜想”就是问，在黎曼ζ函数中，自变量z取什么样的值，函数值为0的问题。从这个欧拉函数与黎曼ζ函数的关系中，可以看出“黎曼猜想”与质数分布问题的一些关联。

在欧拉之后，1798年，法国数学家勒让德第一个公开提出了有关质数分布的猜想，也是质数定理的第一个原型。他猜想前x个自然数中，质数的数量约为$x/(\ln x - 1.083\,66)$。当然，你会发现分母中的1.083 66不是一个主要因素，主要因素是，前x个自然数中，有大约$x/\ln x$个质数。加入这个1.083 66，显然就是为了让结果更接近实际情况。

在这里，数学家还定义了一个函数，名为“质数数量函数”，符号是$\pi(x)$，意思是在前x个自然数中，质数的实际数量。为什么要用π这个字母？这是因为π是古希腊语言中“质数”一词的首字母（现“质数”在英语中叫Prime Number，字母P的发音确实与π相似）。

我之前为什么说第一个“公开”提出质数猜想的人是勒让德呢？因为还有一个非公开地提出这个猜想的人，他就是高斯。在勒让德提出他的猜想半个多世纪后的1849年，高斯在一封给他的学生德国天文学家恩客的信中说，他在十五六岁时就猜想了这样一个命题：$\pi(x)$约等于$x/\ln x$。而高斯十五六岁的时候，就是1792年或1793年，比勒让德发表那个猜想还要早五六年。

高斯在72岁的时候，说他十五六岁时就提出了这个猜想，怎么让大众相信呢？但人们还真信，因为72岁的高斯早已功成名就，无须再去争夺这个荣誉。在高斯之后的一些数学成果中，也透露出他对质数分布的研究成果远超同时代其他人。

高斯本人不止一次出现这种对某个研究成果秘而不宣的情况，这可能是他的个性使然。而欧拉的个性是完全相反的。欧拉对任何一个发现，哪怕证明不严谨，也很愿意把它公布出来，让大家一起讨论，所以后来欧拉被称为“所有人的老师”。

而高斯则相反，他非常谨慎。当有了一些发现，但没时间继续研究或给出完整证明时，高斯就不会公布他的想法。总之，这种情况对高斯来说很常见。

还有另一个证据能证明高斯有过对质数定理的深入研究。在同一封信中，高斯说他后来找出了一个更好的对$\pi(x)$的估计函数，其形式是一个定积分形式：

$$\mathrm{Li}(x)=\int_2^x \frac{\mathrm{d}t}{\ln t}$$

这个定积分函数值就是，在函数$1/\ln x$的图像曲线下，从$x=2$到n之间与x轴围成的面积。高斯认为这个面积应该很接近质数数量函数$\pi(x)$在n那个点的值。

高斯用记号$\mathrm{Li}(x)$去表示这个函数，称其为“对数积分”（也许更应该叫作“对数倒数积分”，但因为还有一系列类似积分，为简便起见，就称为“对数积分”）。你可能会问，既然是$1/\ln x$的积分，为什么不找出它的原函数呢？这样就不用额外的积分符号，岂不更好？

可以肯定的是，数学家没有故意为难人。这是微积分中挺有意思的一件事情。在微积分中，当给定一个函数时，求其导函数，好像毫无困难，只要根据函数的链式求导规则，必然能写出导函数结果。但是给定一个函数，求其原函数，就没有一个确切的求解步骤，需要很多技巧，而有些函数没有一个可以写出来的原函数形式，术语称为没有“解析解”。

$1/\ln x$看上去形式简单，但它确实没有解析的原函数形式，所以我们只能保留积分形式。但保留积分形式也给了我们一个好的洞察，就是在x附近，质数的密度大约是$1/\ln x$，或者说一个整数n是质数的“概率”大约是$1/\ln x$。

这样我们就有了3个对质数数量函数$\pi(x)$的近似函数：勒让德的$x/(\ln x-1.083\ 66)$，高斯十五六岁时的猜想$x/\ln x$，以及高斯后来改进后得到 $\mathrm{Li}(x)$。这3个函数哪个近似效果更好呢？下面就是这3个函数与$\pi(x)$的图像比较：

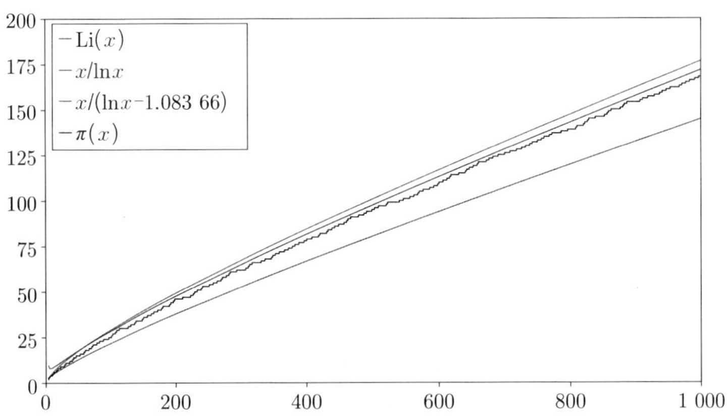

从图上看，勒让德的函数图像似乎最接近$\pi(x)$，$\mathrm{Li}(x)$误差要大些，而$x/\ln x$误差最大。这是否意味着勒让德的估计函数最好？并不是。

高斯在那封信中补充说，他认为他的$\mathrm{Li}(x)$是更好的估计，而勒让德的那个“-1.083 66”毫无必要。高斯发现，勒让德的估计函数误差是不断增加的，且增加的速度越来越快。而 $\mathrm{Li}(x)$ 与 $\pi(x)$ 差距则起起伏伏，看上去差值不会持续增加。

后来证明，高斯的判断完全是对的。之后的进展大概是这样，数学家考虑了这样一个极限：

$$\lim_{x\to\infty}\frac{\pi(x)}{\frac{x}{\ln x}}$$

即 $\pi(x)$ 除以估计函数 $x/\ln x$，在 x 趋向于无穷大时的极限。如果 $x/\ln x$ 是 $\pi(x)$ 的一个好的估计函数，那么这个比值的极限应该趋向于1。

1750年，俄罗斯数学家切比雪夫证明，这个极限若存在，则必为1。他还证明，对任意 x，这个比值的范围是 $\frac{7}{8}<\frac{\pi(n)}{\frac{n}{\ln n}}<\frac{9}{8}$。他的这个结论已经足以推出一个名为“伯特兰-切比雪夫定理”的命题，即对任意自然数 n，在 n 与 $2n$ 之间，至少存在一个质数。

1859年，黎曼提交了一篇关于质数分布的非常重要的报告——《论小于给定数值的质数个数》。黎曼在报告中使用了创新的想法，首次将 ζ 函数的定义解析延展到整个复平面，并且将素数的分布与 ζ 函数的零点紧密地联系起来。因此，这篇报告是历史上首次使用复分析方法研究实函数 $\pi(x)$，而大名鼎鼎的“黎曼猜想”就是来自这篇报告。

沿着黎曼的思路，1896年，法国数学家雅克·阿达马和比利时数学家德·拉瓦莱·普桑先后独立给出前述极限趋向于1的证明。这是关于质数分布的第一个，也是非常重要的命题，因此后世称其为“质数定理”。质数定理被证明后，关于质数数量和密度的问题就大致解决了，接下来关于质数的最重要的猜想就是黎曼猜想了。

“黎曼猜想”：

以下黎曼ζ函数的非平凡零点的实部为$\frac{1}{2}$

$$\zeta(s)=\frac{1}{1^s}+\frac{1}{2^s}+\frac{1}{3^s}+\frac{1}{4^s}+\cdots$$

注：以上函数的定义域为除1以外的全体复数，“平凡零点”指全体负偶数，如−2，−4，−6等。黎曼猜测当该函数取值为0时，除全体负偶数以外，s应该是如$\frac{1}{2}+b\mathrm{i}$形式的复数。

事情还没完，后面还有很多值得继续思考的问题。首先，知道$\pi(x)$比$x/\ln x$的极限是1后，你会发现勒让德公式里的那个1.083 66确实没必要，因为这个数字换成任何数字，比值极限仍然是1。

进一步考察后，人们发现 $\mathrm{Li}(x)$作为$\pi(x)$的近似效果更佳。因为虽然$\pi(x)$比$x/\ln x$的极限是1，但是考察$\pi(x)-x/\ln x$时，你会发现结果是发散的。也就是随着x的增大，其误差的绝对数量随之变大。换成勒让德的公式也一样。但是$\pi(x)$与 $\mathrm{Li}(x)$之间的差值似乎是起起伏伏的，既能变大，也能变小。

还有，对比较小的x，似乎 $\mathrm{Li}(x)$总是大于$\pi(x)$。所以，高斯和黎曼等大数学家都曾猜想 $\mathrm{Li}(x)$总是严格大于$\pi(x)$。但是，英国数学家利特伍德在1914年证明了一个十分让人吃惊的结果，他说$\pi(x)$与 $\mathrm{Li}(x)$的正负结果会发生无数次变化。也就是，从图像看的话，$\mathrm{Li}(x)$的图像与$\pi(x)$的图像会无数次相交。可问题是，第一次 $\mathrm{Li}(x)$等于$\pi(x)$究竟发生在哪里？在函数图像上完全看不到。

后来，利特伍德的学生，斯坦利·斯古斯在1933年证明，如果黎曼假设是正确的，那么最多在$\mathrm{e}^{\mathrm{e}^{\mathrm{e}^{79}}}$，约等于$10^{10^{10^{34}}}$，$\mathrm{Li}(x)$与$\pi(x)$的大小关系会发生一次翻转。1955年，斯古斯又给出一个不依赖黎曼假设的结论，说这个翻转会发生在 $e^{e^{e^{e^{7.705}}}}$，约$10^{10^{10^{964}}}$之前发生。这个数字如此之大，以至于在“葛立恒数”出现之前，它是数学论文中出现过的最大的有意义的数字，被称为“斯古斯数”。

$\mathrm{Li}(x)$与$\pi(x)$的大小关系如同牛郎织女鹊桥相会，每一次数值相等后，都要分开更长的时间，才能再次会合

斯古斯数的上界现在已经被缩小到10^{316}以内，而下界至少是10^{19}。人们现在所知的就是，$\mathrm{Li}(x)$与$\pi(x)$的第一个大小翻转点就在10^{19}与10^{316}之间的某个位置，但看上去还是远超计算机暴力计算可以找到的位置。

另外，虽然$\mathrm{Li}(x)$与$\pi(x)$大小关系可以无数次翻转，但它们的差值的绝对值是否发散呢？目前的猜想是发散的，差值可以任意大。目前的猜想是：

$$|\mathrm{Li}(x)-\pi(x)| \leqslant c\sqrt{x}\ln x$$

这是一个“恐怖”的事实，虽然这两个函数的大小关系会发生无数次翻转，但其差的绝对值可以任意大。如果将这两个函数比作牛郎和织女的话，那么它们虽然可以无数次碰面，但每次碰面后，都可能要互相分开更为遥远的距离才能再次见面。

好了，总结一下质数定理：

1. 质数定理是说前x自然数中的质数数量$\pi(x)$的值约为$x/\ln x$，已经证明两者比值极限为1。但是$\pi(x)-x/\ln x$是发散的。
2. 根据质数定理，我们知道前x个自然数中的质数占比约为$1/\ln x$。
3. 关于$\pi(x)$有个更好的估计函数叫$\mathrm{Li}(x)$，即对数积分，不但$\pi(x)/\mathrm{Li}(x)$极限为1，$\mathrm{Li}(x)$与$\pi(x)$的差值也是忽大忽小的，大小关系发生无数次翻转。但是，第一次翻转的位置如此遥远，以至于人类至今还没有找到。

有关质数定理的内容，说了不少了，再说说几个有关质数分布未能解决的命题：

1. 孪生素数猜想：是否有无穷多对质数相差2呢？这个猜想是大家比较熟悉的。目前最好的结果是：存在无穷多对质数，其差值小于246。
2. 有点像切比雪夫-贝特兰定理：是否在任意两个完全平方数之间至少有一个质数，即n^2与$(n+1)^2$之间必有一个质数？答案似乎是显然的，但未能证明。
3. 质数最大间隔问题：在前n个自然数中，相邻两个质数的最大间隔是多少？对这个问题，埃尔德什曾提出一个猜想，并悬赏1万美元求解。本书“素数的邻居住多远”一章对这个问题有详细介绍。

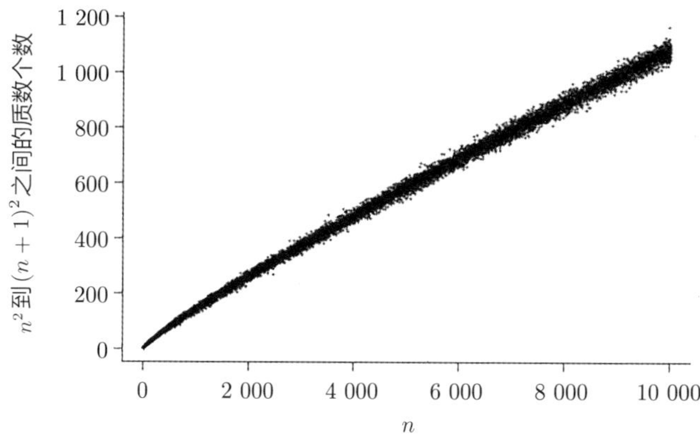

y轴为从n^2到$(n+1)^2$之间的质数数量。看上去数量是逐渐递增的，但至今未能证明黑点不会回到y轴的“0”

有关质数定理就聊到这里，我最大的感想还是质数的神秘性。质数的分布虽然有规律，但是出人意料的地方也不少。欧拉的乘积公式能把质数与自然数完美地连接起来，这个公式值得好好玩味。

合数里的质数“伪装者”

想必大多数读者都听说过“费马大定理”，这个定理说，$x^n+y^n=z^n$，在$n\geqslant 3$时，没有正整数解。“费马大定理”是一个费马认为他证明了，但其实并没有正确证明的定理。同样，本章主题中的“费马小定理”也是由费马先提出的，但同样没有给出证明的一个定理。

费马就是有这么一个癖好，不断地发现各种命题和公式，大多数是正确的。但他就是不给出证明，反倒是带些嘲弄般地分发给同时代的数学家，说：“你们来证明吧，你们是专业的，我是业余的。”其中很多命题的证明要等到100多年后由欧拉给出，其中就包括“费马小定理”。

后世发现“费马小定理”很重要，所以从费马众多的发现中挑选出这个命题，命名为“费马小定理”。

费马小定理的内容其实很简单，中学生肯定能懂：

如果p是一个质数，对任意正整数a，a^p-a能被p整除。

另一种常用表述形式是，如果a不是p的倍数，则

$$a^{p-1}\equiv 1(\mathrm{mod}\ p)$$

比如，5是一个质数，读者可以验证一下，是不是任意整数的5次方减这个整数，都可以整除5。比如，$2^5-2=30$，可以整除5。你还可以验证3^5-3，4^5-4等，都能整除5。

这个命题的证明方法有许多，有些证明过程很简单，甚至比勾股定理的证明还简短，请各位读者自行上网搜索。当然更好的方法是，自己思考一下如何证明，看看自己的数学思维能否比肩费马和欧拉。无论如何，这个定理完全可以进入中学课本。唯一

难点在于，肯定会有学生问：用这个定理能干什么？这个问题很好，这是启发思维的好机会。

我们可以看到，原命题很显然是关于质数的性质，那么你会想到，如果p是合数，是否a^p-a就不能整除p呢？也就是考虑费马小定理的逆命题。这里有一道很好的思考题：请写出费马小定理的逆否命题和逆命题。

费马小定理的逆否命题是：

对正整数p，如果存在某个正整数a，使得a^p-a不能被p整除，则p是合数。

我们知道一个命题成立，它的逆否命题必然成立，所以，以上这个命题是真命题。

费马小定理的逆命题是：

对正整数p和所有正整数a，若a^p-a能被p整除，则p是一个质数。

如果这个逆命题成立，那么太好了，我们得到了一个对整数是否为质数的判定定理。虽然这个判定要考虑所有的整数底数a（或者说，至少是从2到$a-1$），有点儿麻烦，但几乎没有其他任何关于质数的判定定理，所以只要有一个，就极为珍贵。遗憾的是，这个逆命题并不成立。

也就是说，存在一个合数q，对所有整数a，仍然能使a^q-a能整除这个q。但要找到这样的合数并不容易。比如，取$a=2$，然后一个个尝试合数，你会发现2^4-2不能整除4，2^6-2不能整除6，2^8-2不能整除8……

你需要尝试到341时，才发现$2^{341}-2$能整除341，而$341=11\times31$，是一个合数。这是一个很重要也让人遗憾的发现。但是，仅凭这一点，“341”还不能作为费马小定理逆命题的反例，因为费马小定理的逆命题要求对任何的底数有效，只考察2为底数是不够的。

n		n		n		n		n	
1	341 = 11 × 31	11	**2821** = 7 × 13 × 31	21	8481 = 3 × 11 × 257	31	15709 = 23×683	41	30121 = 7×13×331
2	**561** = 3×11×17	12	3277 = 29×113	22	**8911** = 7×19×67	32	**15841** = 7×31×73	42	30889 = 17×23×79
3	645 = 3×5×43	13	4033 = 37×109	23	10261 = 31×331	33	16705 = 5×13×257	43	31417 = 89×353
4	**1105** = 5×13×17	14	4369 = 17×257	24	**10585** = 5×29×73	34	18705 = 3×5×29×43	44	31609 = 73×433
5	1387 = 19×73	15	4371 = 3×31×47	25	11305 = 5×7×17×19	35	18721 = 97×193	45	31621 = 103×307
6	**1729** = 7×13×19	16	4681 = 31×151	26	12801 = 3×17×251	36	19951 = 71×281	46	33153 = 3×43×257
7	1905 = 3×5×127	17	5461 = 43×127	27	13741 = 7×13×151	37	23001 = 3×11×17×41	47	34945 = 5×29×241
8	2047 = 23×89	18	**6601** = 7×23×41	28	13747 = 59×233	38	23377 = 97×241	48	35333 = 89×397
9	**2465** = 5×17×29	19	7957 = 73×109	29	13981 = 11×31×41	39	25761 = 3×31×277	49	39865 = 5×7×17×67
10	2701 = 37×73	20	8321 = 53×157	30	14491 = 43×337	40	**29341** = 13×37×61	50	**41041** = 7×11×13×41

前50个以2为底数的“费马伪素数”，对以上这些数，都有$2^{n-1} \equiv 1 \pmod{n}$

在仅考虑2为底数的情况下，“341”确实可以成为一个名为“中国猜想”的命题的反例。“中国猜想”是这样说的：一个整数p为质数，当且仅当2^p-2整除p。它显然是费马小定理的一个特例。

它的名称的确切来历仍然是个谜，大致故事是这样的：清代数学家李善兰和同僚聊天时提出这么一个猜想。不久，李善兰发现，原来西方早有人证明了这个猜想的正命题，就是费马小定理。对它的逆命题，也有人找到了一个反例，就是341。所以，李善兰很快收回了这个猜想。但不知为何，1882年，清末的另一位数学家华蘅芳在他的书中把这个命题传播了出去。1898年前后，西方有人在翻译华蘅芳的书时，产生了误解，称中国人在孔子时代就提出了这个关于质数的猜想，导致这个命题在西方被称为“中国猜想”。

“341”确实是中国猜想的反例，那它是不是费马小定理的反例呢？也就是说：对任意的底数a，$a^{341}-a$是否都能整除341？很可惜，并不是。比如，$3^{341}-3$就不能整除341。

并非底数越大，这种反例越稀有，越难找。比如，以3为底，$3^{91}-3$就可以被91整数，而91是个合数。

李善兰（1811—1882），字竟芳，号秋纫，清代数学家

真正的费马小定理逆命题的反例，要求任意底数都符合以上性质。这个真正的反例等到1910年，才由美国数学家卡迈克尔证明和发现，它是561。此时距离费马提出费马小定理已经有将近300年的时间了。

在这里其实能看出费马的厉害之处。当他提出费马小定理的时候，没说这个命题的逆命题是正确的，甚至没有猜想它是真的，说明他是考虑过这个命题的逆命题的。虽然这个逆命题看上去很像真的，以至于它的反例要等300年后才被发现，而且人们很希望它为真，但费马没说，说明他意识到这个反例存在的可能性。

卡迈克尔计算出了前15个类似的反例。这些数字后来被称为卡迈克尔数。卡迈克尔猜想，存在无穷多个卡迈克尔数。1954年，埃尔德什给出了一个构造大的卡迈克尔数的方法。又过了40年，1994年，威廉姆·阿尔福德等数学家证明存在无穷多个

a	最小的伪质数	a	最小的伪质数	a	最小的伪质数	a	最小的伪质数
1	$4 = 2^2$	51	65 = 5×13	101	$175 = 5^2 \times 7$	151	$175 = 5^2 \times 7$
2	341 = 11×31	52	85 = 5×17	102	133 = 7×19	152	$153 = 3^2 \times 17$
3	91 = 7×13	53	65 = 5×13	103	133 = 7×19	153	209 = 11×19
4	15 = 3×5	54	55 = 5×11	104	105 = 3×5×7	154	155 = 5×31
5	$124 = 2^2 \times 31$	55	$63 = 3^2 \times 7$	105	451 = 11×41	155	231 = 3×7×11
6	35 = 5×7	56	57 = 3×19	106	133 = 7×19	156	217 = 7×31
7	$25 = 5^2$	57	65 = 5×13	107	133 = 7×19	157	186 = 2×3×31
8	$9 = 3^2$	58	133 = 7×19	108	341 = 11×31	158	159 = 3×53
9	$28 = 2^2 \times 7$	59	87 = 3×29	109	$117 = 3^2 \times 13$	159	247 = 13×19
10	33 = 3×11	60	341 = 11×31	110	111 = 3×37	160	161 = 7×23
11	15 = 3×5	61	91 = 7×13	111	190 = 2×5×19	161	190 = 2×5×19
12	65 = 5×13	62	$63 = 3^2 \times 7$	112	$121 = 11^2$	162	481 = 13×37
13	21 = 3×7	63	341 = 11×31	113	133 = 7×19	163	186 = 2 × 3 × 31
14	15 = 3×5	64	65 = 5×13	114	115 = 5×23	164	165 = 3 × 5 × 11
15	341 = 11×31	65	$112 = 2^4 \times 7$	115	133 = 7×19	165	$172 = 2^2 \times 43$
16	51 = 3×17	66	91 = 7×13	116	$117 = 3^2 \times 13$	166	301 = 7×43
17	$45 = 3^2 \times 5$	67	85 = 5×17	117	145 = 5×29	167	231 = 3 × 7 × 11
18	$25 = 5^2$	68	69 = 3×23	118	119 = 7×17	168	$169 = 13^2$
19	$45 = 3^2 \times 5$	69	85 = 5×17	119	177 = 3×59	169	231 = 3×7×11
20	21 = 3×7	70	$169 = 13^2$	120	$121 = 11^2$	170	$171 = 3^2 \times 19$
21	55 = 5×11	71	105 = 3 × 5 × 7	121	133 = 7×19	171	215 = 5×43
22	69 = 3×23	72	85 = 5×17	122	123 = 3×41	172	247 = 13×19
23	33 = 3×11	73	111 = 3×37	123	217 = 7×31	173	205 = 5×41
24	$25 = 5^2$	74	$75 = 3 \times 5^2$	124	$125 = 5^3$	174	$175 = 5^2 \times 7$
25	$28 = 2^2 \times 7$	75	91 = 7×13	125	133 = 7×19	175	319 = 11×19
26	$27 = 3^3$	76	77 = 7×11	126	247 = 13×19	176	177 = 3×59
27	65 = 5×13	77	247 = 13×19	127	$153 = 3^2 \times 17$	177	$196 = 2^2 \times 7^2$
28	$45 = 3^2 \times 5$	78	341 = 11×31	128	129 = 3×43	178	247 = 13×19
29	35 = 5×7	79	91 = 7×13	129	217 = 7×31	179	185 = 5×37
30	$49 = 7^2$	80	$81 = 3^4$	130	217 = 7×31	180	217 = 7×31
31	$49 = 7^2$	81	85 = 5×17	131	143 = 11×13	181	195 = 3 × 5 × 13
32	33 = 3×11	82	91 = 7×13	132	133 = 7×19	182	183 = 3×61
33	85 = 5×17	83	105 = 3×5×7	133	145 = 5×29	183	221 = 13×17
34	35 = 5×7	84	85 = 5×17	134	$135 = 3^3 \times 5$	184	185 = 5×37
35	51 = 3×17	85	129 = 3×43	135	221 = 13×17	185	217 = 7×31
36	91 = 7×13	86	87 = 3×29	136	265 = 5×53	186	187 = 11×17
37	$45 = 3^2 \times 5$	87	91 = 7×13	137	$148 = 2^2 \times 37$	187	217 = 7×31
38	39 = 3×13	88	91 = 7×13	138	259 = 7×37	188	$189 = 3^3 \times 7$
39	95 = 5×19	89	$99 = 3^2 \times 11$	139	161 = 7×23	189	235 = 5×47
40	91 = 7×13	90	91 = 7×13	140	141 = 3×47	190	231 = 3×7×11
41	105 = 3×5×7	91	115 = 5×23	141	355 = 5×71	191	217 = 7×31
42	205 = 5×41	92	93 = 3×31	142	143 = 11×13	192	217 = 7×31
43	77 = 7×11	93	301 = 7×43	143	213 = 3×71	193	$276 = 2^2 \times 3 \times 23$
44	$45 = 3^2 \times 5$	94	95 = 5×19	144	145 = 5×29	194	195 = 3×5×13
45	$76 = 2^2 \times 19$	95	141 = 3×47	145	$153 = 3^2 \times 17$	195	259 = 7×37
46	133 = 7×19	96	133 = 7×19	146	$147 = 3 \times 7^2$	196	205 = 5×41
47	65 = 5×13	97	105 = 3×5×7	147	$169 = 13^2$	197	231 = 3×7×11
48	$49 = 7^2$	98	$99 = 3^2 \times 11$	148	231 = 3×7×11	198	247 = 13×19
49	66 = 2×3×11	99	145 = 5×29	149	$175 = 5^2 \times 7$	199	$225 = 3^2 \times 5^2$
50	51 = 3×17	100	$153 = 3^2 \times 17$	150	$169 = 13^2$	200	201 = 3×67

以1 ~ 200为底的，最小的费马伪质数表

561是一个合数，也是最小的卡迈克尔数。它把自己伪装成质数，以至于可以完美符合费马小定理指出的质数性质

卡迈克尔数。

以下是前几个卡迈克尔数及其因子分解：

$$561 = 3 \times 11 \times 17$$

$$1\ 105 = 5 \times 13 \times 17$$

$$1\ 729 = 7 \times 13 \times 19$$

$$2\ 465 = 5 \times 17 \times 29$$

$$2\ 821 = 7 \times 13 \times 31$$

$$6\ 601 = 7 \times 23 \times 41$$

$$8\ 911 = 7 \times 19 \times 67$$

好了，总结以上的情况就是，有些合数在特定的底数a的情况下，符合费马小定理，后世称这种合数为“以a为底的费马伪质数”，比如341，就是最小的以2为底的“费马伪质数”。

有些合数则对所有底数都符合费马小定理，它们就被称为“绝对伪质数”，或“卡迈克尔数”。

现在，人们把费马小定理作为质数判定定理的希望破灭了。

有没有可能，对费马小定理进行某种加强，使质数仍然符合加强后的性质，但合数符不符合呢？数学家做了不少尝试。

欧拉就对费马小定理做了一个扩展，被称为“欧拉定理”：

如果n和a的最大公因数是1，那么$a^{\phi(n)} \equiv 1(\text{mod } n)$。

这里$\phi(n)$是欧拉函数。欧拉函数的值是所有小于或等于n的正整数中与n互质的数的个数。

假如n是一个素数（质数），则$\phi(n)=n-1$。

与费马小定理类似，全体质数都符合这个加强版的费马小定理，但是仍然有少量合数符合这个定理给出的性质，那些合数就被称为“欧拉伪质数”。这样，这个欧拉定理仍然无法成为质数的判定定理，但是“欧拉伪质数”比“费马伪质数”数量少多了。

欧拉伪质数的确切定义：

符合以下性质的合数n：

$$a^{(n-1)/2} \equiv \pm 1 \,(\text{mod } n)$$

其中a，n互质，则称n为“欧拉伪质数”

总结一下，以下定理是从“弱”到“强”的排序，从后面的命题都能推出前面的命题。它们是：

中国猜想的正命题、费马小定理、欧拉定理。

它们的逆命题都不成立，推翻它们的逆命题的合数分别被称为：

以2为底的费马伪质数、卡迈克尔数、欧拉伪质数。

这些合数可以被认为是对质数从“低仿”到“高仿”的一个排序。

虽然人们对找到一个质数的简单判定定理的希望破灭了，但以上定理还是很有用的，因为毕竟例外的情况是少数。比如，1

万以内的卡迈克尔数只有7个，卡迈克尔也给出过卡迈克尔数在前n个自然数中的数量上限。

如果用$c(n)$表示前n个自然数中卡迈克尔数的数量，则有如下的上下限：

$$n^{2/7} < c(n) < n\mathrm{e}^{-\frac{\ln n \ln\ln\ln n}{\ln\ln n}}$$

如果把这个数量上限除以n，作为卡迈克尔数的密度上限，这个密度上限在n趋向于无穷大时，是趋向于0的，所以可以说“几乎所有合数都不是卡迈克尔数”。在检验质数的时候，只要提防这些伪质数就好了（后文有关于质数检验的介绍）。

以上简单介绍了费马小定理和伪质数的概念。可以看出，素数确实是数字界中最神秘的一个存在。人们好不容易找出了一个比较简单的质数的性质定理——费马小定理，偏偏有些合数又过来捣乱，使它无法作为质数的判定定理。

如何鉴定一个数为质数

上一章说了“费马小定理”无法作为一个质数的判定定理，那么有没有什么好的方法可以鉴定一个自然数是否为质数呢？这就是“素性检验”问题。正如其名称所示，质性检验仅需要检查一个数字是否为质数，而不需要对其进行质因数分解。现在计算机被广泛使用，加密和伪随机数算法随处可见。在这些算法中，有许多都需要先产生一个随机大质数，所以质性检验问题对这些算法是至关重要的。

检查一个数是否为质数，最简单的方法是我们在小学里学过的“试除法”。比如，检查101是不是质数，只要用101去除以2，3，4，一个个试下去，直到100，如果都不能整除，则101是质数。当然，你可以很容易地对这个方法进行改进，比如，对某个整数n，你只要试除小于$\sqrt{n}$的整数就可以了，也只需要试除奇数。如果你有质数表，就只需要试除小于$\sqrt{n}$的质数。

但不管如何改进，这样的改进结果，从计算机算法角度来说，最终结果都是一个指数时间复杂度的算法。在计算机密码学领域中，以密钥长度位数n为复杂度度量。对一个长度为n的二进制数，使用试除法大约需要进行 $\sqrt{2^n}=2^{n/2}$次，所以，其计算规模随n呈指数级增长。试除法的好处是，一旦判定某个数不是质数，则它的质因子同时也被找了出来。

所以，现在的问题是：对某个很大的数进行素性检验，如果只要求检验是否为质数，不要求找出质因子，是否有多项式时间算法呢？

你可能会想到费马小定理，遗憾的是，费马小定理的逆命题并不成立。之前提到过，即使某个数以所有底数通过费马小定理的检验，也不能保证所得结果必定是质数，这种例外的数字就被称为“卡迈克尔数”。

“卡迈克尔数”很稀有，有时一个数如果通过了足够多的底数下的费马小定理的性质检验，我们知道它是质数的可能性非常大，在某些应用场景下够用了。所以，这种用“费马小定理”去检验判定质数的方法仍有一定的实用性，这种素性检验法就叫作“费马素性检验”（简称“费马检验”）。因为它可能将合数误判为质数，所以又叫“非确定性”或“概率性”素性检验。费马素性检验的时间复杂度是 $O(k \times \log^3 n)$，其中 k 是要检查的底数数量。它已经比指数复杂度的试除法好多了。比如，在电子邮件加密软件中就使用了费马素性检验。

有没有一种能在多项式时间里，以确定性的方式完成素性检验的算法呢？还真有，这就是2002年由3位印度科学家提出的“AKS算法”。当时的论文标题就是《素数属于P》。

这里的P的意思是英语中“多项式”（polynomial）一词的首字母。这个标题的意思就是：检查一个数是否为质数，是有多项式时间算法的。这是第一个确定性的多项式时间的素性检验算法，具有里程碑意义。

AKS算法的时间复杂度是 $O(\log^{12} n)$，后来被改进到 $O(\log^6 n)$。AKS素性测试的基本理念其实还是费马小定理，只是它能在多项式时间内，排除 n 是所有种类的伪质数的情况。

有意思的是，虽然有了AKS算法，当今实用领域里需要生成大质数的各种加密算法中，几乎没有使用AKS算法的，而是使用一种概率性算法：米勒–拉宾测试算法。

其实，“米勒–拉宾算法”最早是在1967年，由苏联数学家阿朱霍夫发现的，但并不为西方所知。1976年，卡内基梅隆大学的计算机系教授加里·李·米勒再次提出了这个算法的最初版本，它是基于广义黎曼猜想的确定性算法。也就是说，如果广义黎曼假设被证明是真命题，那么这个算法的结果总是正确的，判定结果总是正确的。但是，黎曼假设的证明遥遥无期。后来，以色列科学家迈克尔·拉宾将其改进，使其不再依赖黎曼假设，但结果是概率性的，在理论上判定结果有一个小的出错概率。因此，这个算法现在被称为“米勒-拉宾算法”。

米勒-拉宾算法的基本理念与费马素性检验很类似。根据费马小定理，我们知道，对于某个整数n，如果它是质数，则对所有从2到$n-1$的自然数a，a^{n-1}除以n的余数是1。但某些合数n，也符合这个性质。

我们把鉴定一个整数n是否为质数，想象成法庭审判的过程，把这些底数当作一个个证人。比如，我们要“审判”101是否为质数。我们先请“2”来做证。证人“2”来了，它按费马小定理算了下，$2^{101-1} \equiv 1 \pmod{101}$，符合费马小定理。于是，证人“2”说：“在我看来，101是一个质数。”

然后，你继续请证人“3”。“3”也算了下，$3^{101-1} \equiv 1 \pmod{101}$，于是，“3”也说：“在我看来，101是一个质数。”你继续请证人“4”“5”“6”“7”，一直到“100”来做证。这些数作为底数对101进行费马检验，结果都符合余数为1的性质。于是，它们都做证说：“101是一个质数。”这些证人在算法中有个术语，叫作“证人数”。

我们可以知道，除非101是一个卡迈克尔数，否则就是一个质数。所以，基本可以确信，101是一个质数。对561这个数，我们知道它是最小的卡迈尔克数。对它，即使你从“2”到“560”，请所有的“证人”来做证，这些数都会认为561是一个质数，但561是一个合数。此时，我们说：证人从“2”到“560”都做了“伪证”。但是，不能怪这些数，只能怪“561”这个卡迈克尔数伪装得太像质数了。

我们先不管这些，考虑改进以上过程，改进目标是：尽量少请一些证人，最终仍然可以用比较高的准确率鉴定一个质数。

我们不用考虑卡迈克尔数的问题了，因为即使请所有的证人出来，也不能鉴定出它是合数。我们需要考虑的是，怎么少请证人，仍然可以尽量少地误判一个合数为质数。你会想到，如果有两个证人数，它们经常同时做"伪证"，也就是它们经常对同一个合数做出错误判断，那么这两个证人同时出场的意义就不大了。

比如，对341这个数，$2^{341-1} \equiv 1 \pmod{341}$，$4^{341-1} \equiv 1 \pmod{341}$。所以，证人"2"和"4"都会认为341是一个质数，但341却是一个合数，所以"2"和"4"同时做了"伪证"。因此，我们知道，在341这个问题上，"2"和"4"同时出来做证的意义不大。

在法律术语中，这种情况叫"关联证人"，也就是两个证人互相认识或有某种共同的利益，所以"关联证人"的证词会具有相同的倾向性，他们同时做伪证的可能性比较高，所以要比互不相关的证人证词效力差。因此，法庭需要审慎考虑关联证人的证词。

在素性检验问题中，我们可以通过某些数学上的性质，挑选合适的证人数，使它们的关系尽量独立，从而达到快速鉴定质数，同时使误差率尽量小的目的。

而米勒-拉宾算法就是通过一种费马小定理的特殊情形，进行一些数学变换，能够高效选取独立性很高的"证人数"，使得我们能快速鉴定质数。而且，我们可以通过调节证人数的数量，控制最后结果的准确率。证人数越多，最终结果是伪质数的概率就越小，其结果甚至可以排除卡迈克尔数。在实践中，我们可以让伪质数出现概率小于$1/2^{100}$，而它的时间复杂度与费马检验法一样，是$O(k \times \log^3 n)$。k为"证人"数量，它是一个多项式时

在检验341是否为质数时，证人“2”“4”“8”都给出了错误的“是”的结论。它们就是一组“关联证人”，一起出场做证的意义不大

间算法。

米勒-拉宾算法十分简洁，以下即用Python语言实现的一种米勒-拉宾算法检验：

```
def is_Prime(n):
"""
Miller-Rabin primality test.

A return value of False means n is certainly not prime.
A return value of
True means n is very likely a prime.
"""
if n!=int(n):
    return False
n=int(n)
#Miller-Rabin test for prime
if n==0 or n==1 or n==4 or n==6 or n==8 or n==9:
    return False

if n==2 or n==3 or n==5 or n==7:
    return True
s = 0
d = n-1
while d%2==0:
    d>>=1
    s+=1
assert(2**s * d == n-1)

def trial_composite(a):
    if pow(a, d, n) == 1:
        return False
    for i in range(s):
        if pow(a, 2**i * d, n) == n-1:
            return False
    return True
```

有了米勒-拉宾算法，要产生一个大质数就简单了。比如，要找到一个2 048位的随机质数，只要先产生若干个2 048位的随机二进制奇数，然后再用米勒-拉宾算法检验，直到找出一个质数。

到这里，你会有一个问题，米勒-拉宾算法是概率性算法，而AKS算法是确定性的，也就是通过AKS检查的数不会有伪质数，而两者又都是多项式时间算法，为什么实践中不用AKS算法?

这是因为，虽然都是多项式时间算法，但所需时间还是有差距的，AKS算法比米勒-拉宾算法复杂得多，AKS算法单次检测所需时间明显长。上述产生随机大质数的过程，两者所需时间的差距相当于1分钟对1秒钟的差距，AKS算法在使用体验上会差不少。

更重要的是，我们已经通过数学方法证明，米勒-拉宾算法产生的质数（调整到足够测试次数后）是伪质数的概率小于$1/2^{100}$，这个数字已经小于计算机硬件出错的概率了，因此在算法上更高的准确率已经没有意义了。在实践中，还没有发现哪个通过米勒-拉宾算法检查的数（证人数足够多的情况下）最终是合数的情况。

也就是说，你可以通过米勒-拉宾算法产生很多质数，然后再用AKS算法鉴定，看看是不是伪质数。到目前为止，没有人发现这样的数。其实这是可以理解的，因为我们知道米勒-拉宾算法的错误率已经小到$1/2^{100}$，这是非常小的。并且，也许在2的几千次方以内，根本没有这样的伪质数。

另外，计算机领域中有一个“工业级素数”的说法。如果把大素数生成算法想象成一个个生产素数的工厂的话，那么生产出来的素数就可以称为“工业级素数”。有意思的是，目前的“工业级素数”其实有较小的概率是合数，属于“残次品”，但目前还没有发现这样的情况。

总结一下，目前最常用的质数检查算法就是米勒-拉宾算法，它的算法简单，精度可调，实用性非常高，唯一缺点是结果是概率性的，而非确定性的。但这个缺点是可以接受的，因为我们可以把它的出错率调到小于计算机硬件出错的概率。将来如果能证明广义黎曼假设，我们就可以用原版的米勒算法，

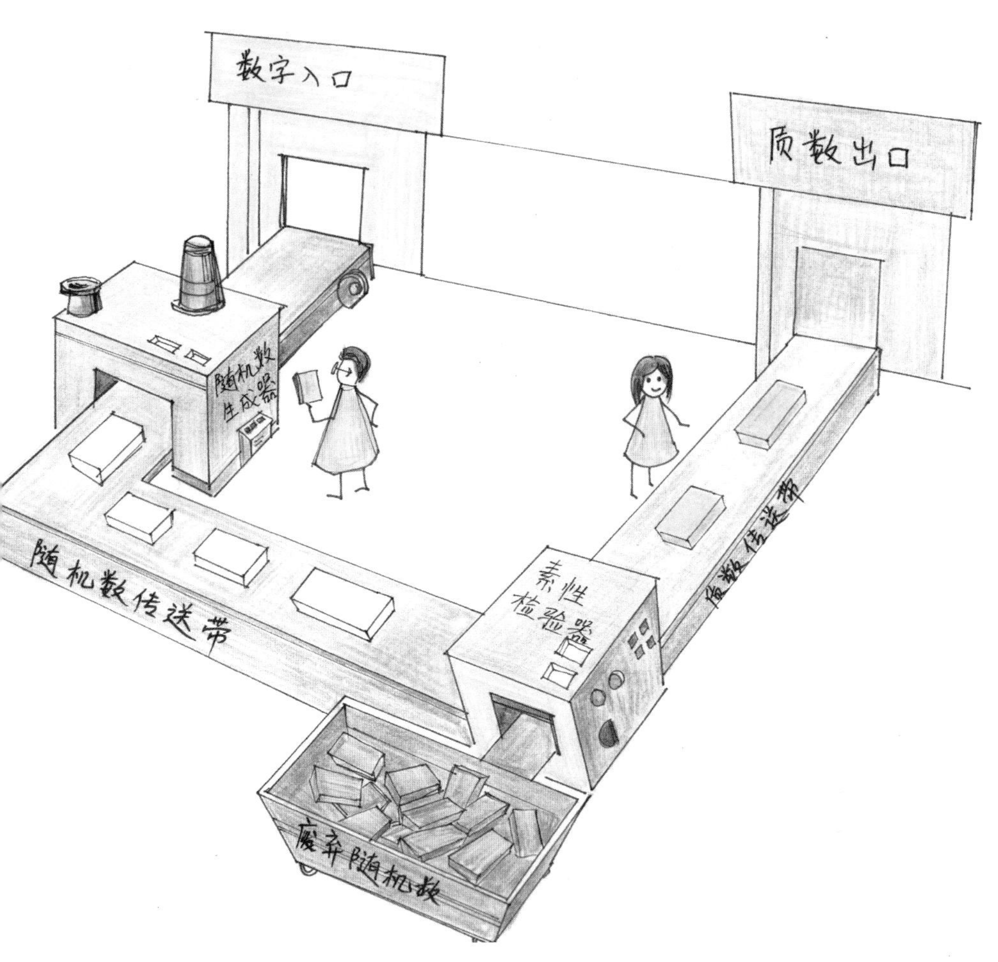

目前计算机产生大质数的方法就是，产生一大堆大随机数，交由某个素性检验算法检查，直到找到一个或几个通过检查的质数

那就是确定性的了。

思考题

根据质数定理，我们知道质数的密度。2 048位的一个随机二进制数为质数的概率约是$1/\ln 2^{2\,048} \approx 0.07\%$。请问：随机取多少个2 048位的二进制奇数，可以使结果中有99%的概率至少存在一个质数？

质数的邻居住多远

“质数定理”解决了质数的数量问题，但有关质数的分布，还有许多其他未解的问题，“孪生素数猜想”就是其中之一。“孪生素数猜想”是有关相邻两个质数之间间隔大小的一个猜想。

古希腊人发现相邻两个质数的间隔可以“任意大”。这里有个经典的利用阶乘的证明：

从$n!+2$到$n!+n$之间的$n-1$个数，必然都是合数，而n可以任意大，所以相邻的一对质数的间隔距离必然可以是任意大的。

反过来，两个质数间隔最小的情况如何呢？我们很容易观察到有很多质数的大小是只相差2的，这是理论上两个质数间隔的最小值（2与3除外）。人们还给这种只相差2的素数起名叫“孪生素数”，因为它们就像双胞胎一样。但随着自然数变大，质数的间距显然会越来越大，孪生素数出现的机会越来越少。此时就自然产生了一个问题：孪生素数是否有无穷多对？

这个猜想是几千前人们认识到存在无穷多的质数时，就有人提出的，以至于没有留下提出者的具体记载。也许有读者在上小学，学到质数的时候，就想到过这个问题。虽然这个问题概念如此简单，但历经数千年仍无法解决。

关于孪生素数猜想的一个重大突破是在2013年，时年58岁的张益唐（现为加州大学圣巴巴拉分校教授）发表了一个结论，轰动了数学界：

$$\liminf_{n\to\infty}\left(p_{n+1}-p_n\right)<7\times10^7$$

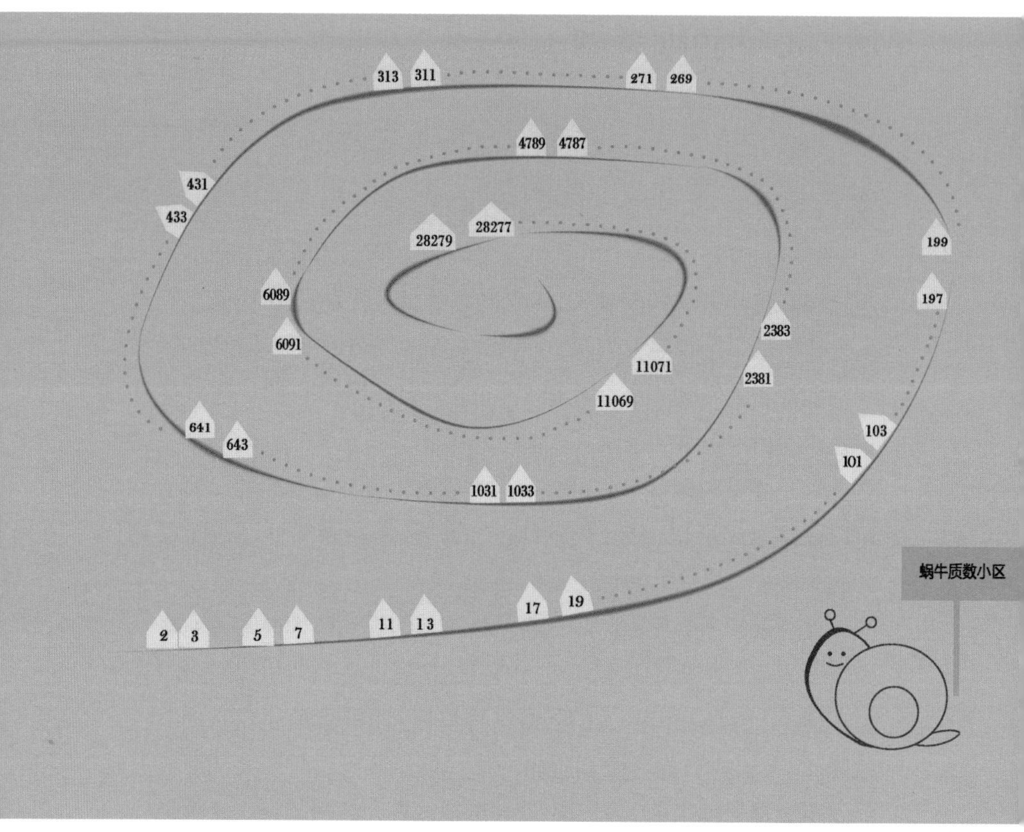

用质数编号的小区，房子之间的距离总体上会越来越大，但似乎总会偶尔出现挨得很近的房子

这个不等式的意思是：存在无穷多对质数，其间隔小于7 000万。

问题在于，张益唐的结论跟孪生素数猜想有什么关系呢？这又是数学中有意思的地方。学校考试中出现的数学证明题，只有能证明或证明不出来两种情况。对很难的数学猜想，虽然当下无法给出证明，但可以尝试接近它，证明一些比目标命题“弱”一点的命题。

什么是命题的“强”与“弱”？简单来说，如果A命题成立，可以推出B命题，而B命题成立，不能推出A命题，则称：A命题比B命题强，B命题比A命题弱。

比如，从三角形余弦定理可以推出勾股定理；但从勾股定理推不出余弦定理。所以，我们可以说，余弦定理比勾股定理“强”。证明比较“强”的命题肯定比证明“弱”的更难一点，因为证明“强”的命题，就等于证明了“弱”的命题。

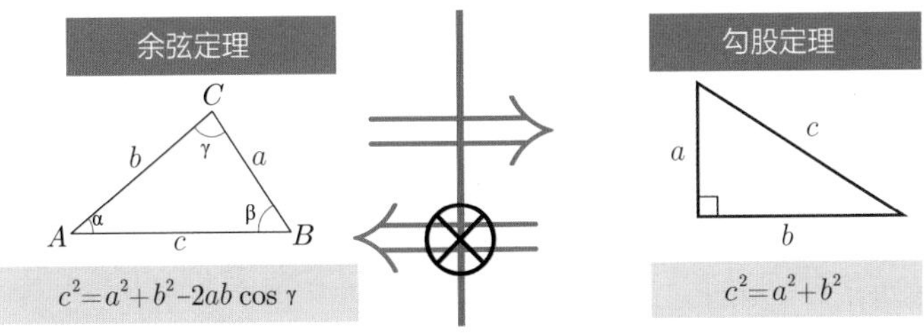

从余弦定理可以推出勾股定理，而勾股定理是余弦定理的一个特例。所以，余弦定理比勾股定理“强”，勾股定理比余弦定理“弱”

数学家发现，证明孪生素数猜想太难了，所以可以暂时考虑证明比孪生素数猜想“弱”一点的命题，也就是可以从孪生素数猜想推出的命题。证明孪生素数猜想的困难在于，要求考察相差只有2的质数对，如果我们把这个差距放大一点呢？比如，有没有无穷多对相差4以内的质数？相差100或者1 000以内的质数？

质数间隔虽然越来越大，但仍然有无穷多的质数，感觉似乎总应该有个上限，使存在无穷多对差距在这个上限以内的质数。

我们知道有个“质数定理”，它告诉我们一个数字N为质数的概率大概是$1/\ln N$。那么，孪生素数出现的概率似乎就应该是$1/\ln^2 N$。哈代和李特伍德还给出一个更精确的估计式，估计N之前的孪生素数对数：

$$\pi_2(N) \approx \int 2^N \frac{\mathrm{d}t}{(\ln t)^2} \approx 2\mathrm{C}_{\mathrm{twin}} \frac{N}{\ln^2 N}$$

其中的$\mathrm{C}_{\mathrm{twin}}$称为“孪生素数常数”：

$$\mathrm{C}_{\mathrm{twin}} = \left(1-\frac{1}{2^2}\right)\left(1-\frac{1}{4^2}\right)\left(1-\frac{1}{6^2}\right)\left(1-\frac{1}{10^2}\right)\cdots$$

$$= \prod_{p>2}\left(1-\frac{1}{(p-1)^2}\right) = 0.660\ 161\ 815\ 846\ 869\ 573\ 927\ 812\ 1\cdots$$

实际上的统计结果很符合这个估计。

问题是，以上这种估计只能做启发性思考，不能用来证明孪生素数猜想本身。令人难以置信的是，在张益唐的成果发布之前，人们还不知道是否有一个上限，使存在无穷多对质数间隔小于某个上限。也就是说，存在这种可能，无论你给了多大的数字，比如1亿，到某个自然数之后，就再也没有相距小于1亿的质数对了。这听上去完全不可思议，但在张益唐证明之前，人们连这种可能性都没有排除。

所以，张益唐的成果就非常重要了，他完成了一次从无限到有限值（7 000万）的飞跃，这是一次质变。从理论上讲，之后将7 000万这个数字缩小的工作只能算作量变（除了最终把这个数字缩小到“2”的那一步）。

张益唐的结论出来以后，在线群体数学协作网站Polymath（《老师没教的数学》中有音频介绍）把缩小相邻质数的差距的任务纳入，成为其第八个项目，后来进展神速。一年之后，7 000万这个数字被缩小到246。现在人们可以确定地说：存在无穷多对质数，两者差值小于等于246。

更让人兴奋的是，如果“艾略特-哈伯斯塔姆猜想”（Elliott-Halberstam conjecture，简称为“EH猜想”）正确的话，这个差距就能缩小到6。数学家将差距为6的质数对称为“性感质数”（sexy-prime）。“六”在拉丁文里是“sex”，人们就把相差为6的质数对命名为“sexy-prime”。所以，人们现在已知，如果EH猜想成立，则存在无穷多对“性感质数”。

以上就是有关“孪生素数猜想”的最新进展。在实际例子中，目前找到的最大的孪生素数对是2016年发现的一对长达38万位的素数：

$$299\ 686\ 303\ 489\ 5\times 2^{129\ 000\ 0}\pm 1$$

毫无疑问，这是用计算机搜索发现的。在历史上，关于使用计算机寻找孪生素数，还发生过一个故事。

1995年，美国数学教授托马斯·奈斯利在计算一对8 000亿多的孪生素数（824 633 702 441和824 633 702 443）的倒数的时候，发现计算机输出值在理论上应该精确到小数点后19位，但实际输出到第10位就出错了。后来发现，这是英特尔（Intel）公司第一批奔腾处理器中的一个浮点数设计错误。

这个错误是非常难以发现的，据说平均要计算2 000多年才能遇到这样一次错误。所以，英特尔公司最初不想召回这批处理器。后来舆论压力实在太大，英特尔才宣布召回这批处理器。这一点也印证了，数学家才是把计算机处理器功能发挥到极限的人。

1995年的奔腾处理器，当年在计算机市场上非常火爆

以上是有关质数之间可以靠多近的问题，我们再看一个跟“孪生素数猜想”相反的命题：质数之间的距离可以有多大？

前面不是已经证明过质数的间距可以任意大吗？确实是这样，但我们之前证明用的是这种构造法：

如果要找间距大于100的一对质数，我们就去找$101!+2$，$101!+3$，一直到$101!+101$，100个数必然都是合数，所以这组数两边的质数间距肯定大于100。

但是，很明显，我们太浪费时间了。101!这个数字太大了，在实际情况中，我们根本不需要跑到101!，约10^{159}数量级这么大的位置，去找连续的100个合数。所以，数学家又提出这么一个问题：

如果要找连续n个合数，那么最早大约可以在什么样的位置找出这样的合数。或者从1到n的范围内，相邻质数的最大间距是多少？

这个问题，当然我们还是可以先从质数定理来看。质数定理告诉我们从1到n之间大约有$n/\ln n$个质数，即使这些质数的间距都是相等的。那么，相邻两个质数之间的间距至少也有$\ln n$。这样我们知道在$e^{100}\approx 10^{43}$数量级之内，必有连续的100个合数，比之前的101!好多了。这是质数定理告诉我们的，出现连续100个合数位置的一个大致上限，但实际情况肯定远小于这个上限。

1938年，苏格兰数学家罗伯特·拉金搞出了一个神奇的有很多自然对数的公式。这个公式表示，对足够大的x，1到x之间的质数的最大间距为：

$$\frac{1}{3}\log x\ \frac{\log\log x\cdot\log\log\log\log x}{(\log\log\log x\ )^2}$$

这个公式中的log如此之多，以至于在数论研究圈里有一个著名的笑话：一个正在溺水的数论学家会说什么？他会说：“我要log，log，log，log……”因为“log”在英文里还有个意思是“圆木”。

落水的数论学家需要很多“log”（圆木）

埃尔德什曾经悬赏破解最大质数间距问题。他对大多数问题给出的悬赏额只有25美元至100美元不等，但对这个问题的悬赏额达到了1万美元，足见他对这个问题的重视，以及这个问题的难度。

2014年，陶哲轩与其他人一起，把上面拉金公式里的1/3改进成一个随x缓慢增长的函数：

$$f(x)\log x \ \frac{\log\log x\cdot\log\log\log\log x}{(\log\log\log x\ )^2}$$

他猜想，有可能把拉金公式里分母上的平方去掉，成为如下形式：

$$c\log x \ \frac{\log\log x\cdot\log\log\log\log x}{\log\log\log x}$$

陶哲轩延续了埃尔德什在此问题上的做法，宣布谁能证明这一点，他将提供1万美元的奖金。

以上就是关于最大质数间隔的研究。研究过质数最大和最小间隔，关于质数间隔还有可以研究的东西吗？有。

数学家还研究质数间隔相等的问题，也就是质数是否能构成很长的等差数列。这个问题在2004年被本·格林和陶哲轩两位数学家解决了，结论是存在任意长度的质数等差数列。该结论现在被称为“格林-陶定理”。它的意思是：给出任何一个数字，比如100，总能找到100个质数，它们构成等差数列。

需要注意的是，这个证明是存在性证明，而不是构造性证明，现在根本没有人能找出长度达到100的质数等差数列。目前最高纪录是2010年发现的长度为26的质数等差数列（数字的大小数量级达到了10^{16}）：

43 142 746 595 714 191+23 681 770 × 23 × n，n的取值范围为0 ~ 25。

另外，格林-陶定理其实是“埃尔德什等差数列猜想”的一个特例。埃尔德什等差数列猜想是这样的：

如果一个自然数序列的每一项的倒数和是发散的，则在其中必存在任意长度的等差数列。而欧拉就证明过质数的倒数和是发散的，所以格林-陶定理成立就不奇怪了。

还有人证明过孪生素数的倒数和是收敛的。这是挪威数学家维果·布朗在1919年证明的，这个和被称为“布朗常数”，约为1.9。这个结论一点不意外，因为孪生素数看上去非常少，可惜这个收敛结论并不能推出只有有限多的孪生素数。

布朗常数

$$\left(\frac{1}{3}+\frac{1}{5}\right)+\left(\frac{1}{5}+\frac{1}{7}\right)+\left(\frac{1}{11}+\frac{1}{13}\right)+\left(\frac{1}{17}+\frac{1}{19}\right)+\cdots=B_2$$

B_2为全体孪生素数的倒数和，被称为布朗常数，约为1.9。

既然孪生素数倒数和收敛，那么根据埃尔德什等差数列猜想，看上去可能不存在任意长的孪生素数等差数列。笔者特地编了个计算机程序，对前10万对孪生素数进行检查，发现最长的等差数列达到8：

$3\,005\,291+1\,517\,670\times n$，$n$取0到7

$3\,005\,293+1\,517\,670\times n$，$n$取0到7

虽然数列看上去不长，但既然很可能有无数对孪生素数，它们的分布也足够随机，所以应该没有什么因素会阻止孪生素数出现等差数列。所以，笔者还是大胆猜测：

存在任意长度的孪生素数等差数列。

但是，这个猜想比孪生素数猜想本身还要难（因为这个猜想比孪生素数猜想要"强"）。

思考题

有人用如下论据推翻笔者有关"存在任意长度的孪生素数等差数列"的猜想：

无穷长的等差数列的倒数和发散，而全体孪生素数倒数和收敛，所以不存在任意长的孪生素数等差数列。

以上这个论据不足以推翻笔者的猜想，请思考一下为什么。

第四章

绕不过的对称问题

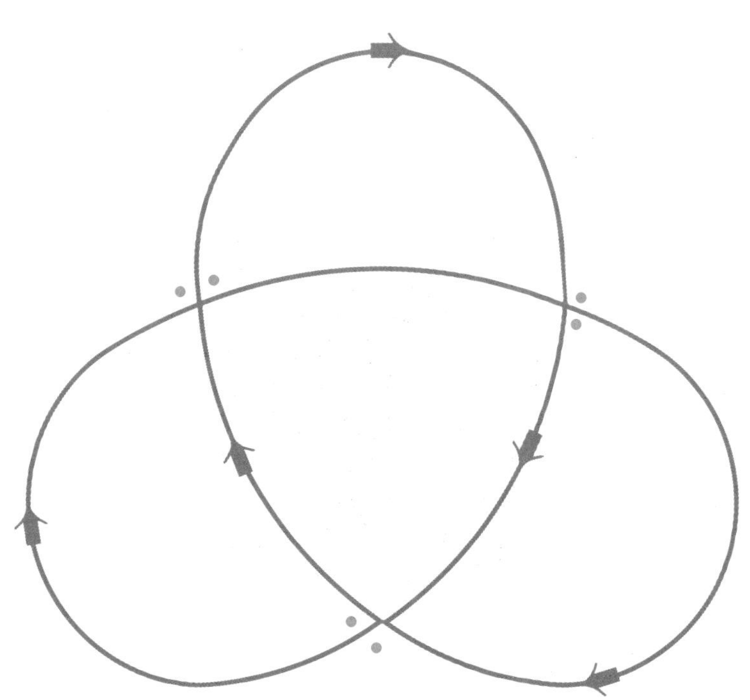

出人意料的一道排列组合题

很多人喜欢做“找规律题”，那么请看一下这组数字：

1，3，9，33，153，？

最后面的数字你会填上几？想不出来也没关系，因为答案确实出乎所有人意料。这组数字的来历是一个排列组合题——超级排列数问题。

关于超级排列数问题，有一段趣闻，需要从2011年的一个帖子说起。在国外动漫二次元爱好者网站4chan上有人发了这么一个帖子：怎样以最快的速度看完《凉宫春日的忧郁》，并把所有可能的顺序都用到？这个问题的提出是有背景的，不是资深的二次元爱好者还真不好理解。

动画片《凉宫春日的忧郁》DVD封面

《凉宫春日的忧郁》是一部日本动画片，动画片的背景设定里是有时间穿越的，所以这部动画片每集内容相对独立，且时间先后是不确定的。当它在电视台重播的时候，重播的集次顺序也是与首播不一样的。

2011年，这部14集的动画片发行了DVD。在DVD上，观众可以直接选择任何一集开始收看，所以就有爱好者在论坛上问：如果我想把这部动画片以所有可能的顺序看完，那么最快的看法是怎样的？需要看多少集？这确实是很体现理工科思维的一个问题。

我们先考虑一个简单的例子，有助于分析一下这个问题。比如，假设这部动画片只有3集，我们知道3的全排列数是$3!=6$。这样总共有6种不同的顺序去看完这部动画片，它们是123，132, 213, 231, 312, 321。但并不需要完整地看完$3\times6=18$集，来看完所有顺序组合。

比如，我可以先按1，2，3的顺序看3集，接下来再看第一集，那我看过的顺序就是“1231”。从后三集的顺序来看，就等于把“231”这个顺序也看完了。看过“1231”之后，如果要节省时间，那显然应该看第二集，这样等于看完了“312”这种组合。看过“12312”之后，我会稍微犹豫一下。因为看过的最后两集是1和2，但123这种组合你已经看过了，所以再看第三集就没意义了。接下来，你无法再像之前那样，重复利用最后2个数字，只能利用1个数字了。

总之，你的目标就是找出一个最短的，由1，2，3这3个数字组成的数字序列，其中包含1，2，3的所有6种排列顺序。这种由n个不同符号组成的序列，如果其中包含所有这些符号排列顺序的子串，则这个序列叫作“超级排列”。其中最短的一种排列方式叫“最小超级排列”。而其长度，叫作n的“最小超级排列数”，简称为n的“超级排列数”。这个“超级排列数问题”听起来是不是很简单？

而3的最小超级排列相信各位在纸上稍微试试就能找出来（如123121321），其长度应该是9。找4的超级排列数稍微有点难，但其实在纸上也能试出来，其长度应该是33。要注意的是，找出一个超级排列并不难，要证明它是n个字符的所有超级排列中长度最短的，才是困难的。但好在n比较小的时候，我们可以用计算机枚举。

很早以前就有人用计算机枚举，发现3和4的超级排列数确实是9和33，而5的超级排列数用计算机枚举后，发现是153。这一系列数字正是本章开头的“找规律”题中出现的数字。这些数字确实符合一个规律，你会发现第n个数减去前一个数正好是$n!$。比如，

$$33-9=24=4!$$

$$153-33=120=5!$$

确实有一种比较简单的构造法，可以通过在$n-1$的超级排列中增加$n!$个字符，得到n的超级排列。所以，人们就认为n的超级排列数就是：

$$1!+2!+3!+\cdots+n!$$

比如，6的超级排列数，人们猜测为：

$$153+6!=873$$

从1到4的最小超级排列及其长度：

n	超级排列数	最小超级排列
1	1	1
2	3	121
3	9	123121321
4	33	123412314231243121342132413214321

意想不到的一幕在2014年出现了，一位名叫罗宾·休斯顿的研究者发表了一篇文章，他用计算机程序找到了一个长度为872的6的超级排列数，比猜想的长度短了一位！这下大家都蒙了，这说明之前的猜想完全是错的，现在连真正的6的超级排列数是多少也不知道了，因为没人能保证872就是最短的。

长度为872的6超级排列数，打破了人们原先的猜想：

12345612345162345126345123645132645136245136425136452136451234651234156234152634152364152346152341652341256341253641253461253416253412653412356412354612354162354126354123654132654312645316243516243156243165243162543162453164253146253142653142563142536142531645231465231456231452631452361452316453216453126435126431526431256432156423154623154263154236154231654231564213564215362415362145362154362153462135462134562134652134625134621536421563421653421635421634521634251634215643251643256143256413256431265432165432615342613542613452613425613426513426153246513246531246351246315246312546321546325146325416325461325463124563214563241563245163245613245631246532146532416532461532641532614532615432651436251436521435621435261435216435214635214365124361524361254361245361243561243651423561423516423514623514263514236514326541362541365241356241352641352461352416352413654213654123

罗宾·休斯顿使用的计算机算法也很简单，他把寻找超级排列的问题转化成了图论中著名的“旅行推销员问题”（简称“TSP问题”）。比如，我们还是考虑3的超级排列数。从1到3的全排列有3! = 6种。那我就在纸上画6个点，每个点表示其中一种排列。然后，我给这些点两两连线，做成一幅有向图，并且给这些线赋予权重，而这个权重表示这两点出现在最终超级排列中时，会使序列增加的长度。

旅行推销员问题：给定一系列城市和每对城市之间的距离，求解访问每座城市一次并回到起始城市的最短回路。

从某个城市出发，寻找一条最短的路径，经过所有城市，回到出发城市，就是一个旅行推销员问题。如果不回到起点，也是它的一个变体问题

比如，考虑从“123”这个点到“231”这个点的连线，因为从123序列之后只要再写个1，就能包含231这个组合，所以这条线的权重就是1。反过来，从231这个点到123这个点，要在

231之后再写上2和3两个数字，才能得到231组合，那么这条连线的权重就是2。以此类推，可以对所有6个点之间的连线都赋予这样的权重。

所有连线有了权重之后，寻找超级排列数的问题就转化为从图中找一条“路”，这条路要通过每个点至少一次，且路的权重为最小。而这个问题恰好就是图论中的“旅行推销员”问题，只是不需要回到起点。这样太棒了，因为我们已经有很多算法去求解旅行推销员问题。

不幸的是，旅行推销员问题是算法理论中“NP-完全问题”（简单理解的话，它是那种检查一个答案也很慢的NP问题），求解算法是非常低效的。实际上，罗宾·休斯顿使用的是一种求解旅行推销员问题常用的折中方法——“概率”求解算法，即并不枚举所有情况，只是设定一个目标，找到一条长度小于753的路。算法只是尽可能去找最短的路，找到这样的路就停止。

这样输出的结果并不能保证是最短的路，也不能保证在一定的时间内必有输出，所以叫“概率性算法”。结果，他很幸运，在不长的时间内就找到一条长752的路。而如果要使用确定性算法，一般服务器可能要运行几个月到几年，更别说处理6以上的超级排列数问题了。

罗宾·休斯顿的这个发现发表之后，一下子引起了众多爱好者的兴趣。因为这个问题看上去如此简单，但居然现在还没有确切的结论。在众多爱好者当中，包括澳大利亚科幻小说作家格雷格·伊根。

格雷格·伊根早年从澳大利亚一所大学数学专业毕业，爱好写小说，在22岁时发表了第一部科幻小说，后来转为专业作家，著作颇丰，曾获雨果奖。格雷格·伊根从没有放弃对数学的爱好。他在1994年发表的一部小说的名字就叫作《排列城》。

把“超级排列数问题”转化为“旅行推销员”问题：

考虑所有“1”“2”“3”的排列：123，132，231，213，312，321。

计算确定以上任何两个排列之间的“距离”。两个排列之间的距离定义为：

在前一个排列的末尾添加若干字符数，使它出现后一个序列，此时所需添加的最少字符数量，就是这两个排列之间的“距离”。换句话说，能重复“使用”的字符数量越大，则距离越近。比如：

“123”和“231”可以连接组合成“1231”，“23”被重用，只添加了“1”，这一个字符，定义其距离为1；

“123”和“312”可以连接组合成“12312”，“3”被重用，添加了“12”，这两个字符，定义其距离为2；

“123”和“213”可以连接组合成“123213”，添加了“213”，这3个字符，定义其距离为3。如下图所示：

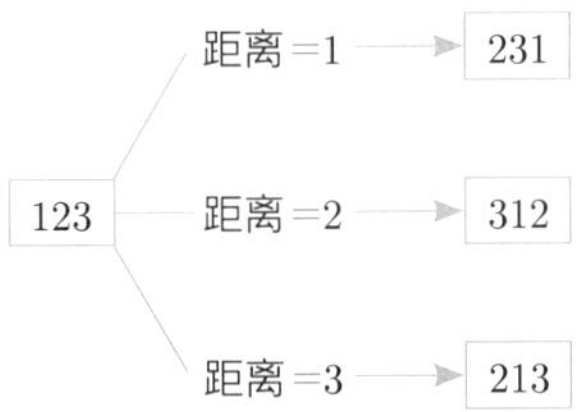

当把所有6个排列的距离计算出来后，超级排列数问题变为从某个起点开始，找出一条最短路径，经过所有点的问题，这就是“旅行推销员问题”。比如，3个字符的超级排列数问题，就是走了这样一条路径：

123 —1→ 231 —1→ 312 —2→ 213 —1→ 132 —1→ 321

总距离是6，加上开始的3个字符，所以3个字符的超级排列数是9。

格雷格·伊根看到罗宾·休斯顿对超级排列数问题的发现后，很感兴趣，开始考虑有没有可能找到比休斯顿的结果更短的超级排列。没有多久，他就找到了一个超级排列数的上限。这个新的上限与原来的有点像。人们原先猜想数字，每项从大到小是：

$$n! + (n-1)! + (n-2)! + \cdots + 1!$$

伊根给出的新上限是：

$$n! + (n-1)! + (n-2)! + (n-3)! + (n-3)$$

你会发现，新的上限在$n \leqslant 6$之前会大于等于原来的上限，所以并不优越。但是，从$n=7$开始，这个新的上限比原先的就小多了，所以这是一个新的进展。

伊根用的算法是名叫艾伦·威廉姆斯的研究者在其2013年一篇论文里提出的。

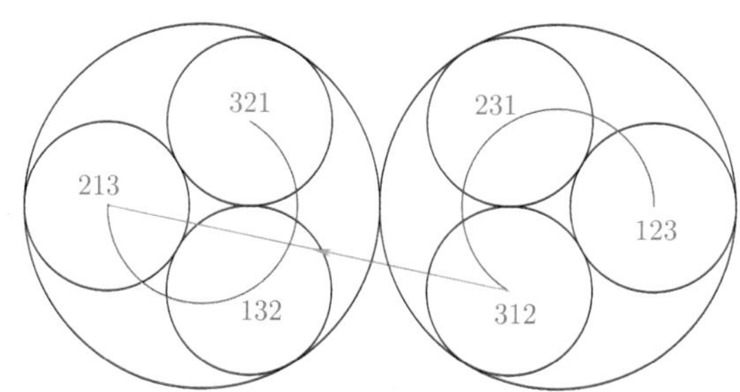

格雷格·伊根个人网站上有关超级排列数上限证明的说明，将“距离为1”的排列放在一个圆内，两个圆之间的“距离为2”，如此迭代。最终的“旅行推销员”路只需经过权重为1和2的路

有上限，并不说明这个上限就是最短的，我们还得看下限。关于下限的问题，前面说过2011年有人在网络论坛上问了《凉宫春日的忧郁》最快怎么看完的问题。但显然一般数学家是完全

不会去那个论坛的，所以没有人指出这是超级排列数问题。但是，有一个人匿名回复了关于这个问题的下限。这个下限跟之前伊根的上限很像：

$$n! + (n-1)! + (n-2)! + (n-3)$$

这位匿名者的回复只是阐述了一下他的思路，并没有严格证明。

不久，加拿大数学教授纳撒尼尔·约翰斯顿在搜索排列组合问题时，从搜索引擎里看到了这个回答。他稍微注意了一下这位匿名人士的回答，发现他的证明基本上是对的。约翰斯顿稍微整理了一下，把这个证明放在另一个网站上。

当时数学家认为这个问题的正确答案就是$1! + 2! + \cdots + n!$，所以这个下限显得没有什么意义，也没有人关心。

伊根给出新的上限之后，约翰斯顿提醒公众：目前最好的关于超级排列数下限的研究是2011年在动漫论坛上一位匿名人士的一个帖子。

不管怎样，我们现在有了超级排列数的上限和下限，但两者之间还差$(n-3)!$这么大。比如，当$n=6$的时候，我们根据下限公式计算应该是867，但目前找到的最短的是872，还有5的差距。而7的超级排列数就在5 884与5 908之间，所以这个问题远没有解决。

你可能会问：我们不能从已发现的超级排列数当中找一下数字的排列规律吗？虽然一个超级排列数列倒过来肯定也是一个超级排列数列，但似乎没有其他更多的规律。目前已知5的最短超级排列（排除倒过来写的情况）有8种。

所有8种长度为153的5的超级排列

本·查尔芬（Ben Chaffin）于2014年3月首先发现：

123451234152341253412354123145231425314235142315423124531243512431524312543121345213425134215342135421324513241532413524132541321453214352143251432154321

123451234152341253412354123145231425314235142315423124531243512431524312543121354213524135214352134521325413251432513425132451321543215342153241532145321

123451234152341253412354123145231425314235142315421352413521435213452135421534215432154231245321453241532451325413251432513425132453124351243152431254312

123451234152341253412354123145213425134215342135421345214352145321452314253142351423154231245312435124315243125432154325143254132451324153241352413254312

123451234152341253412354132541352413542134521342513421534213541231452314253142351423154231245321435214325143215432145324153245132453124351243152431254312

123451234152341253412354132514325134251324513254135241354213541231452134521435214532154321534215324153214523142531423514231542312453124351243152431254312

123451324513425134521354213524135214352134512341523412534123541231452314253142351423154231245312435124315243125432153421532415321453215432514325413254312

123451324153241352413254132451342513452134512341523412534123541231452314253142351423154213542153421543214532143521432514321542312453124351243152431254312

关于超级排列数问题，我就介绍到这里。关于这个问题，非常有意思的一点是，它又是“一个简单的数学家却不能解决”的问题。开始有规律的数字序列，突然在$n=6$的时候被打断，实在太让人吃惊了。

这个问题目前的最佳进展，又都是业余数学爱好者给出的。一个是活跃在动漫二次元论坛上的匿名人士，一个是澳大利亚的“刘慈欣”，所以我觉得它应该很适合各位读者去研究。这个貌似排列组合的问题居然可以转换成图论中的旅行推销员问题，也确实很能给人启发。我希望在不远的将来，中国的某位业余数学爱好者有了对超级排列数的新发现。

最后，我们可以回答一下最初的那个关于14集的《凉宫春日的忧郁》最快要看多少集可以把所有排列看完的问题：

下限：

$$14!+13!+12!+11\approx 9.388\ 4\times 10^{10}$$

上限：

$$14!+13!+12!+11!+11\approx 9.392\ 4\times 10^{10}$$

因此，这位爱好者还是抓紧时间看第二季吧！

正多面体上的“环球旅行”和正十二面体上的一条特殊路径

你观察过地图上的飞机航线吗？

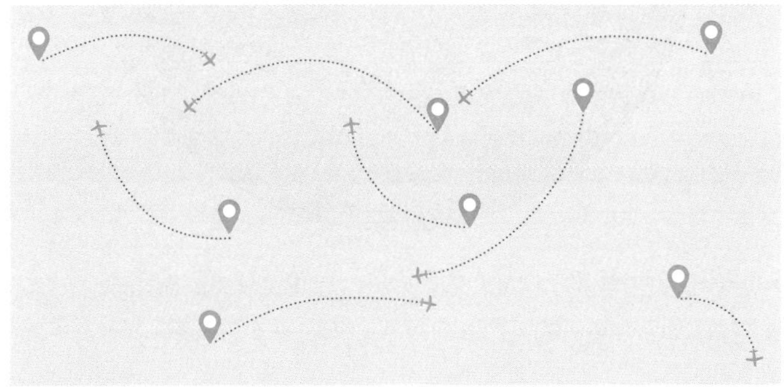

在地图上看，这些航线都是弧线，飞机真的是在绕路吗？实际上，飞机航线基本上都是沿着地球表面两点间的最短路径，它们被称为“测地线”。

球面上的测地线都是以球心为圆心的一段弧，也是连接两点间的最短路径（如果取较短的那段弧）。我们可以看出，在球面上沿“直线”出发，总是能“自然”地回到出发点。那么，在正多面体上的测地线会是什么情况呢？

人类自古以来就对有高度对称性的事物着迷，正多面体就是其中之一。古希腊人知道存在5种正多面体：正四面体、正方体、正八面体、正十二面体、正二十面体。

古希腊的哲学家柏拉图对这些正多面体很着迷，甚至认为宇宙中的基本元素就对应这五种正多面体，因此这些正多面体也被

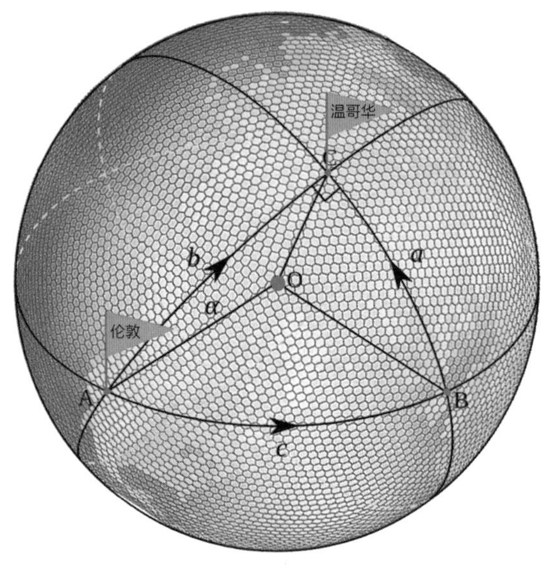

对球面来说，测地线总是以球心为圆心的一段位于球表面的圆弧

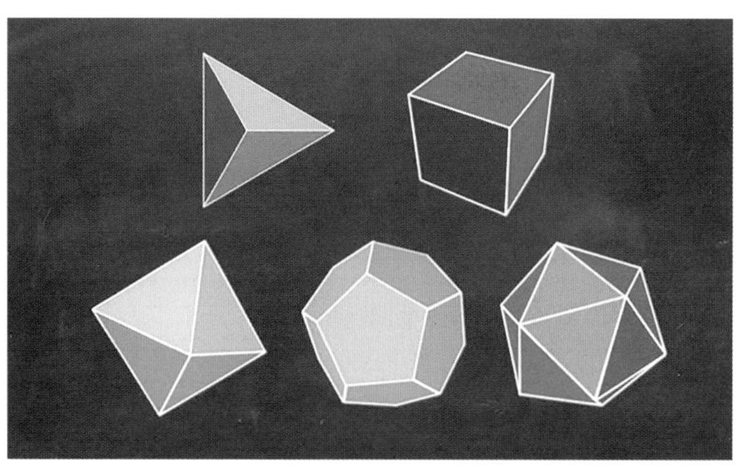

5种正多面体：正四面体、正方体、正八面体、正十二面体、正二十面体

称为“柏拉图立体”。

在这些多面体上，应该怎样定义“测地线”？“测地线”给人的直观感觉是沿“直线”前进产生的路径。这里，需要先定义怎样的路径算多面体表面的“直线”。一个显然合理的定义是利用多面体的展开图，当通过一个多面体的棱时，在展开图上体现为“直线”的方向，视作“直线”。比如，正方体的这种展开图：

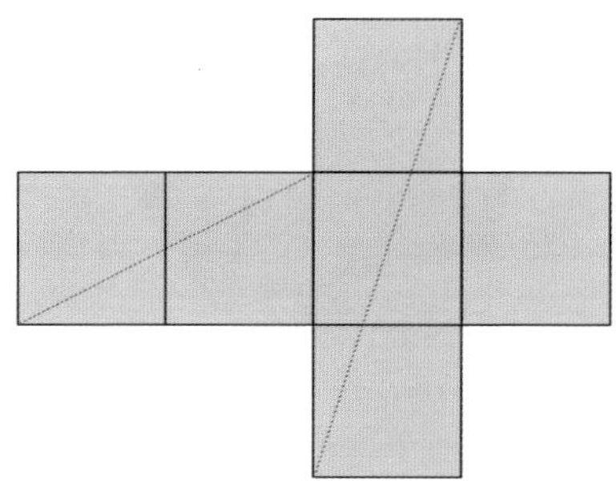

正方体的一种展开图，展开图上的任何一条（中途不经过任何顶点的）直线都是正方体上的测地线

我们可以得到两条连接两个顶点的测地线。显然，正方体上连接两点的测地线不一定是这两点的最短连线。比如，在正方体上，从一个顶点到相邻顶点有下图所示的“测地线”。

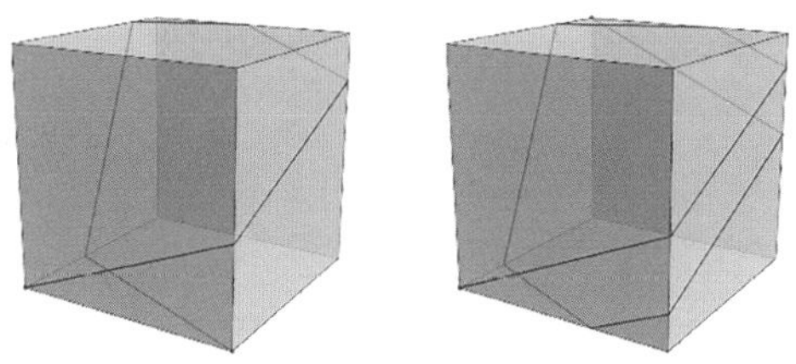

左图：正方体上从一个顶点到其相邻顶点的测地线。右图：正方体上从某个顶点到其同面上相对顶点的测地线

所以，测地线在数学中的定义是“空间中两点间的局部最短路径”。“局部最短”的意思是：把这条线“稍微”移动一点，长度就会变长。要注意的是，当一条测地线到达某个顶点时，怎样继续前进算作“直线”变得不确定了。

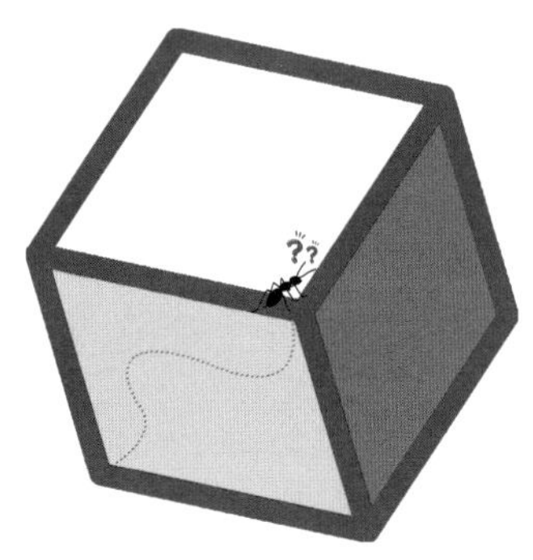

当一只蚂蚁沿着某条路径爬到正方体的顶点，之后沿哪个方向前进算直线前进，是一个不确定的问题。对正多面体来说，可以用某种方式定义“直线”方向，但这不在本书的讨论范围内

所以，测地线一旦到达某个顶点位置，这个顶点是一个“奇点”，不便于讨论。因此，我们规定，一旦测地线到达某个顶点，则不能再延伸，并且测地线不与自身相交。我们把符合以上性质的测地线，称为“简单测地线”。如果一条简单测地线的起点和终点是同一点，则称为“简单封闭测地线”，对正多面体来说，它就像一条环球旅行航线。让我们找找正多面体上有没有这样的环球旅行航线。

我们不妨从最简单的正四面体开始讨论，自然你很容易想到的还是“展开图”。这里的“展开图”与之前的“展开图”略有不同，它像正四面体在纸面上不断翻滚后留下的痕迹，可以无限铺展（它们在英语里的名称也不同，前者叫“unfolding”，后者叫“plannar development”）。无疑，这种展开图更适合用来对当前的问题进行讨论。

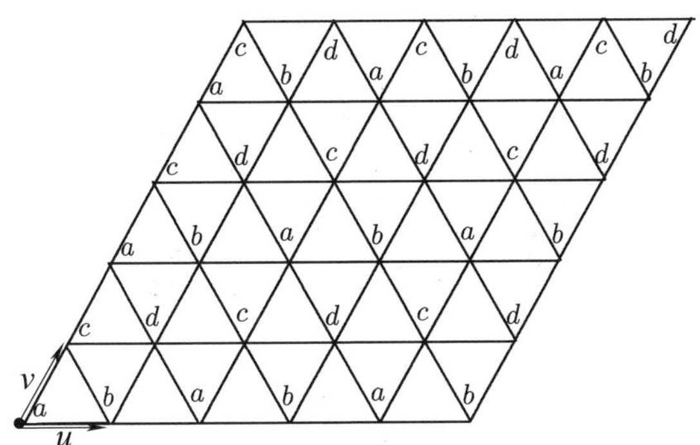

正四面体的一个平面展开图，每个字母代表一个顶点

在这张展开图上，从a点出发，显然有无数条直线通往其他的a点。而且，从一个a点到另一个a点，必然经过其他顶点。事实上，有这样一个定理：

正四面体上，从某个顶点出发的简单（不与自身相交）测地线必然与其他3个顶点相交，并且概率均等，都是1/3。

因此，很可惜，正四面体上不存在一条完美的（不通过其他顶点的）“环球旅行航线”。

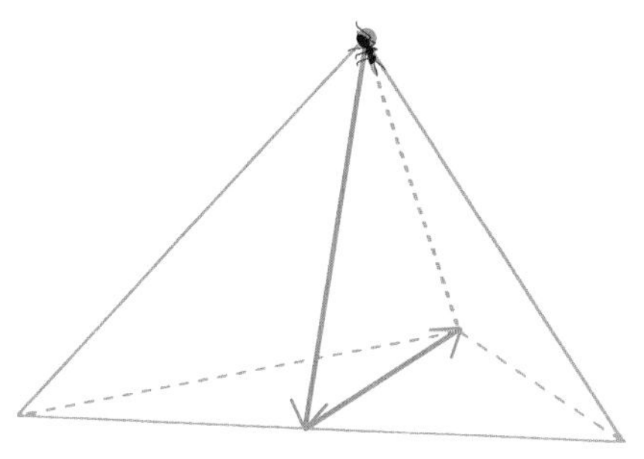

正四面体上可能的环球旅行航线，它总会先碰到某个其他顶点

正八面体与正四面体很像，也不存在“简单封闭测地线”。

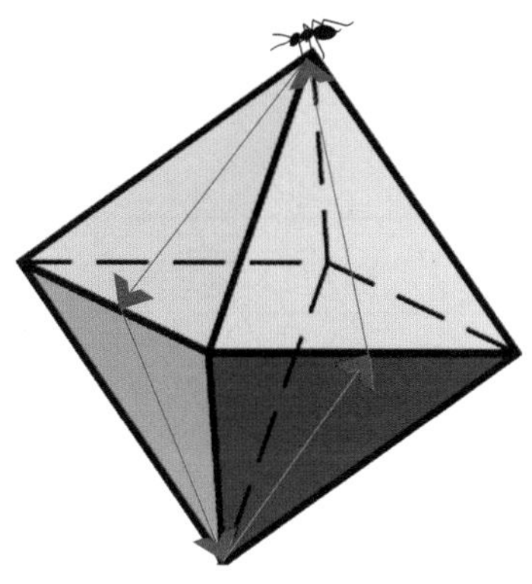

正八面体上可能的环球旅行航线，如同四面体，这条旅行线必然会路过某个其他顶点

对正方体，有如下一种展开图：

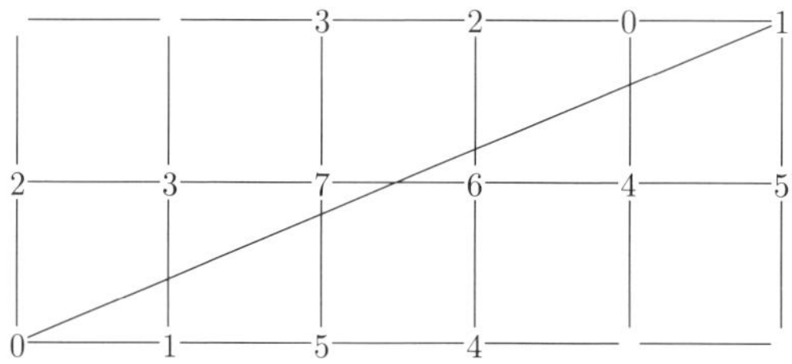

你会发现，从顶点“0”开始，以“0”结束的某条直线，中间必然经过某个其他顶点。然而，从“0”开始，确实可以找到一条连接到顶点“1”的直线，由此可以得到前面开始时提到的那幅正立方体上的测地线图。不管怎样，正方体上也没有完美的“环球旅行航线”。

正二十面体的展开图如下所示：

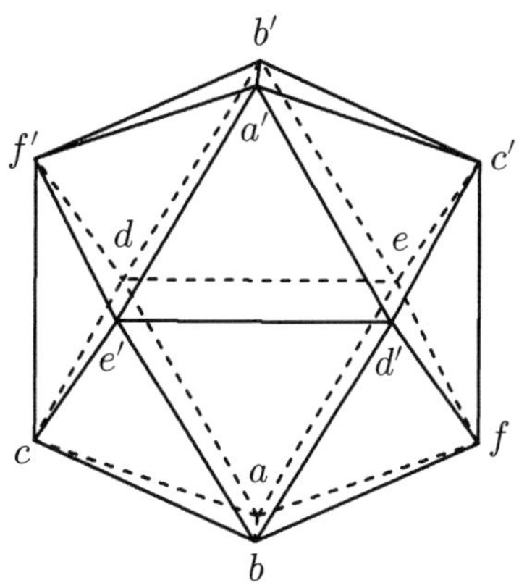

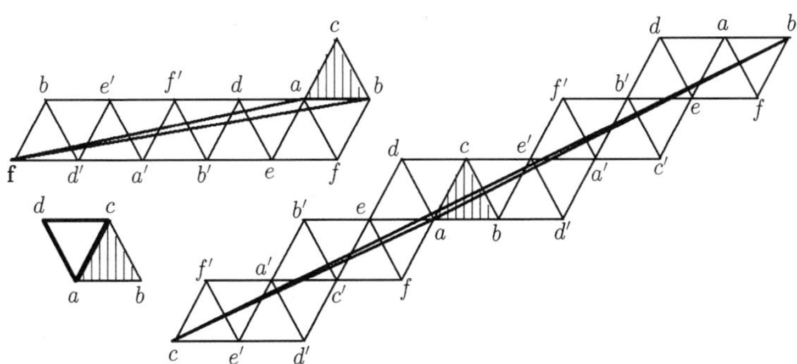

数学家同样证明，在正二十面体上，从某顶点出发的简单测地线必然终结在其他顶点上。那么，现在只剩下正十二面体了。

在正十二面体上，这个环球航线问题变得异常复杂，因为不同于以上几种正多面体，它的展开图是无法密铺的：

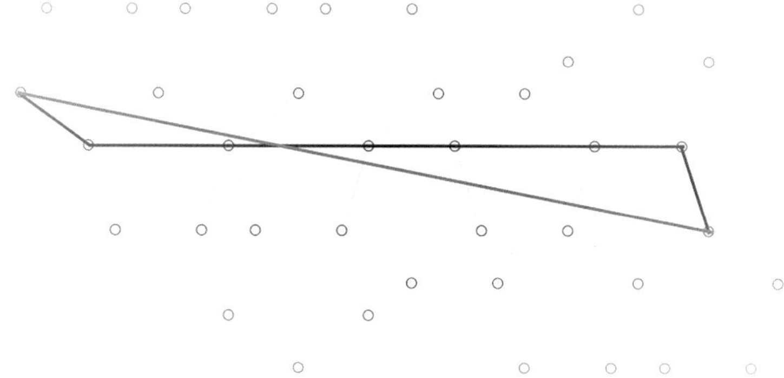

正十二面体的展开图是不能密铺的。图中的红线是正十二面体上一条起点和终点重合的测地线，它不通过任何其他顶点

长久以来，人们猜测正十二面体上应该存在这样的一条简单封闭测地线。2018年，这条人们期待已久的测地线终于被美国的两位研究者发现。

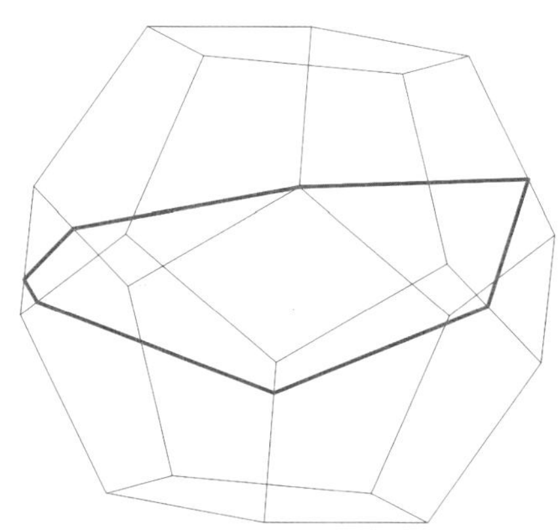

正十二面体上的一条简单封闭测地线，它经过了6个面

事实上，以上只是所有这种航线中最短的一条。研究者证明存在无数条（称为“平行族”）这种简单封闭测地线。如果你想

看看这些测地线长什么样子，不妨复印如下图案到纸上，将其剪下并黏合成一个正十二面体看看。

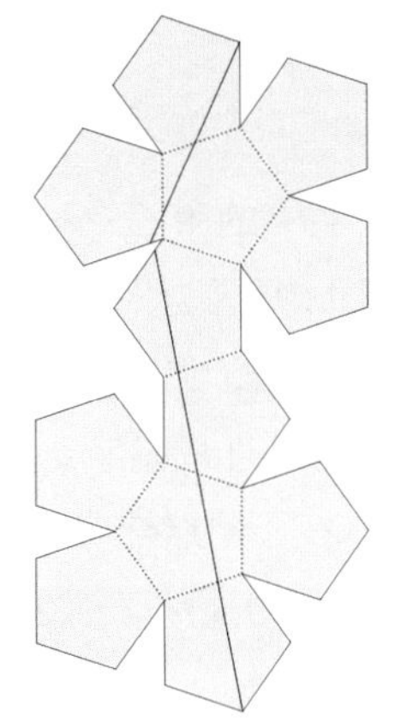
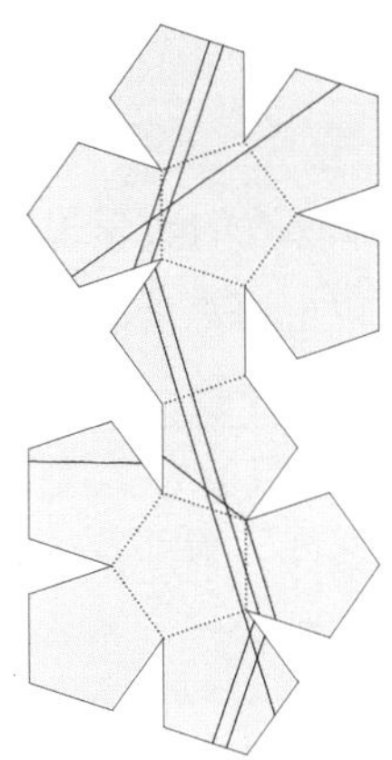

关于正多面体上的测地线就简单介绍到这里，我最大的感想是，一个看似简单的问题仍然要到最近才能解决。正多面体看似都很有规律，但正十二面体在这个简单封闭测地线的存在性上，与众不同。不过，住在正十二面体上的“居民”可以开心了，他们可以来一次完美的“环球旅行”，只要安心沿“直线”飞行，就不会打扰任何其他顶点上的“居民”。而平面展开图是一种非常有用的思考方式，可以让我们很方便地分析立体图形的性质。

“大自然的恩赐”

《老师没教的数学》一书中讲过数字中的宝石——梅森素数。之所以把梅森素数叫作数字中的宝石，是因为人们已经知道一个a^b-1这种形式的数字，如果是质数的话，那么这种数字必须是2^p-1，且p为质数的形式。但是，2^p-1只是它为质数的一个必要条件，不是充分条件。也许根本找不出这样一个充分条件，所以人们只能一个个去检查2^p-1是否为质数。而2^p-1不是质数的非常多，所以梅森素数才显得“珍贵”，称得上“数字中的宝石”。

本章要说的是图论中的一个问题——强正则图，强正则图也很珍贵，堪称大自然的恩赐和图论中的宝石。图论中的“图”，就是一些点和它们之间的连线构成的图形。而点的位置和连线的形状、长度等是完全不用考虑的。本章更简化到只考虑“无向简单图”，即连线是没有方向的，且两个点之间最多只有一条连线。

要理解什么是强正则图，我们还是从一道智力题开始。请问：能否找出9个人，使其中每个人都认识4个人，且如果任何两人互相认识，则恰好有另一人与他们认识；如果任何两人不认识，则恰好有另外两人与这两人互相认识。

这个题目听上去有点拗口，不过有经验的读者一听这种“几个人认识不认识”的题，就知道这是一道“画图题”。将其翻译成“画图题”就是：有9个点，每个点都有4条线连接到其他点，用术语说叫每个点的“度数”为4，也称每个点有4个邻居。

如果两个点之间有连线，则这两点恰好属于一个三角形，或称恰好有另一个点是这两个点的邻居，如果两个点之间没有连

线，则这两个点恰好属于一个四边形，或称恰好有另外两个点与这两个点是邻居。你现在可以试试画这个图，相信你稍有耐心的话，应该可以很快画出来。

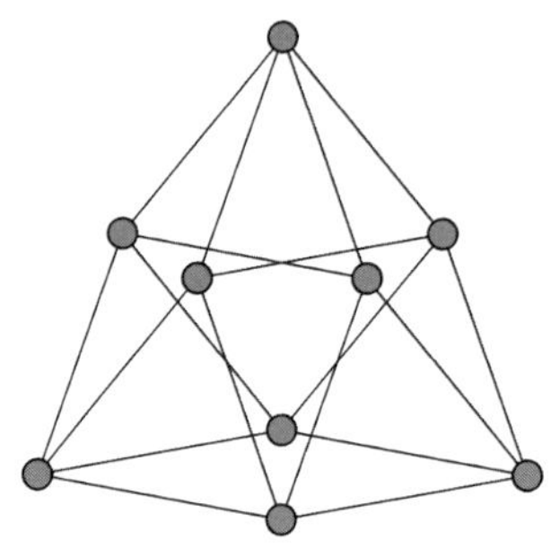

强正则图：图中每个蓝点代表一个人，连线代表两人认识

这幅图在图论里被称为“强正则图”。我先解释下什么是“正则图”。正则图的简单定义就是：如果一个图的所有点的度数，也就是所有点的邻居数量相等，则它就是正则图。正则图非常好画，比如一个图中任意两个点之间都有连线，也就是有n个点的图中，每个点的度数都是$n-1$，则它必是正则图。我们称它为“满图”，因为其中的连线数已经满了。

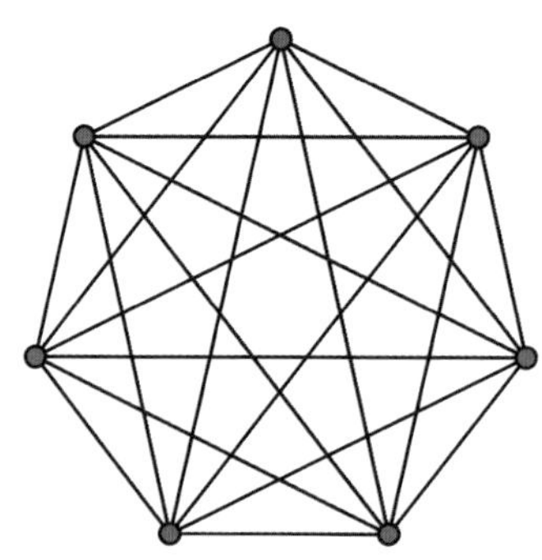

7个顶点的满图，任意两点间都有连线

另一种简单的正则图就是把所有点连起来，构成一个圈，这样每个点的度数为2，称为“环图”。这两种图都是很平凡的正则图，还有很多不那么平凡的正则图。有一道很好的智力题：对n个点的图，当n和每个点的度数k满足什么性质时，可以构成正则图？

这道题难度不大，大家可以思考一下。

因为正则图的数量有很多，所以不太好玩，但“强正则图”就好玩多了。强正则图，顾名思义，其要求比正则图强。它需要在正则图的基础上增加两个条件：

1. 对任意两个相邻的点，同时与这两点相邻的点的数目相等，这个数字通常记作希腊字母λ。
2. 对任意两个不相邻的点，同时与这两点相邻的点数目也相等，这个数字记作希腊字母μ。

我们通常把一个图的总的点数记作v，每个点的度数记作k，所以(v, k, λ, μ) 4个参数，决定了一个强正则图的基本特征。我们常把这四个数字连写，来称呼一个强正则图。比如之前9个点的图就被称为“(9,4,1,2)-强正则图”。

此时又有一个有意思的智力题：对一个强正则图来说，它的4个参数(v, k, λ, μ)是互相独立的吗？你稍微想一下，就会发现它们不是独立的，需要满足一定关系。我们可以从图中某个点A考虑。点A有k个邻居，对这k个邻居，每个点也有k个邻居。其中某个邻居B，它的邻居中必有一个是A点。另外还有λ个点是A的邻居。所以，B的邻居中有$k-1-\lambda$个邻居不是A的邻居，且到A的距离是2。总体而言，就有$k(k-1-\lambda)$个点到A的距离是2。这里，距离的定义就是两点之间最短的路径长度。

此外，A的邻居有k个，则图中有$v-k-1$个点不是A的邻居。而这$v-k-1$个点到A的距离都是2，一共有μ个这样的点，所以总共有 $\mu(v-1-k)$个点到A的距离是2。这个表达式与之前的表达式都表示与A距离为2的点的数量（其中有重复计算的点，但不影响结果），应该相等，由此我们得到了一个含有(v,k,λ,μ)的等式：

$$k(k-1-\lambda)=\mu(v-1-k)$$

所以，这4个变量不是独立的。我们一般先确定v，λ，μ，去计算k，你会发现根据其他参数计算k的过程，是一个解一元二次方程的过程，那意味着只有这个一元二次方程有正整数解，才表示这组(v,k,λ,μ)可能构成一个强正则图。

既然(v,k,λ,μ)满足如此强的条件，才能构成强正则图，那是不是这也是构成强正则图的充分条件？很可惜不是。接下来，我带大家浏览一下点数比较少的情况下的一些强正则图，你会发现这是一个不断有惊喜，也不断有意外的过程。

再说明一点，我默认排除完全图的情况，即任何两点之间都有连线的情况。因为n个点完全图必然是$(n,n-1,n-2,n-2)$的强正则图，这是一种很平凡的情况。另外，我还要排除μ等于0。当$\mu=0$时，图会断开，而我们只考虑连通图。

还有一点，如果一个图是强正则图，则它的“补图”也是强正则图。补图就是有一个图之后，看看还要添加哪些边可以补成一个完全图，添加的这些边就是原图的补图。你可以考虑一下，一个以v,k,λ,μ为参数的强正则图的补图，其几个参数分别是什么。总之，强正则图经常成对出现，除非它的补图就是它自身。

我们先看3个点，3个点的强正则图显然只有三角形，即3个点的完全图。4个点的强正则图，出现第一个非完全图的强正则图，即四边形，参数是$(4,2,0,2)$。五边形也是强正则图，参数是$(5,2,0,1)$。稍微思考一下，你会发现六边形及更多边形就没有环形的强正则图了。

有6个点的话，会出现两种其他类型的强正则图。构造方法如下：将6个点分成两组，每组3个点，然后把属于不同组的点互相连线，同一组的不连线，这样你就很轻易地得到一个$(6,3,0,3)$强正则图。这种图也被称作“完全双边图”，因为其中的点可以分成两组，同组的点不连线，不同组的点必连线。你也能发现，在任何完全双边图中，只要两边的点数一样，必然得到一个强正则图。

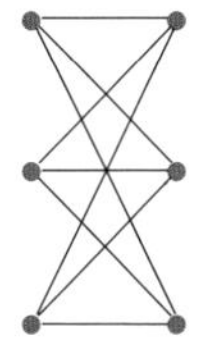
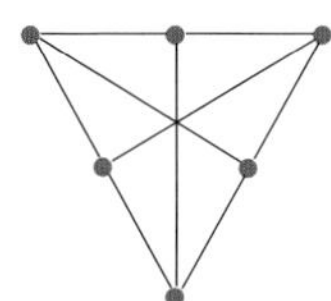
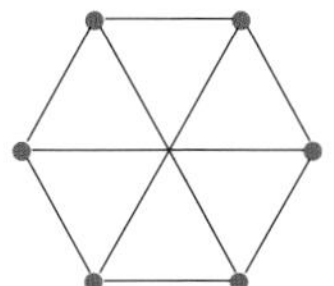
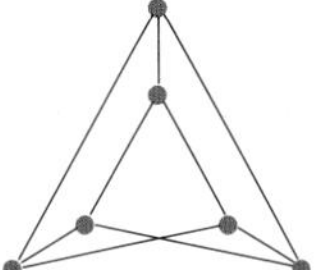

$(6,3,0,3)$-强正则图

与此类似，你可以将6个点分成3组，每组两个点。同样，同组的两点不连线，不同组的点都连线，又轻易得到一个$(6,4,2,4)$的强正则图。

你可以猜到这种图的名字——完全三方图。你可以发现，只要点数是合数，只要做质因数分解，把点数分解成若干相等的部分，我们总能搞出一个“完全n方图”，而且是强正则图。这种强正则图构造很简单，所以也无趣。幸好除这种图之外，还有很多强正则图。所以，在后面的介绍中，我就忽略这种“完全n方图”，把它算作一种平凡强正则图。

7个点就没有强正则图了，你可能认为这是因为7是一个质数，所以无法构造这种强对称性。11个点确实也没有强正则图，但13个点有！稍后你会看到8个点也没有非平凡强正则图。

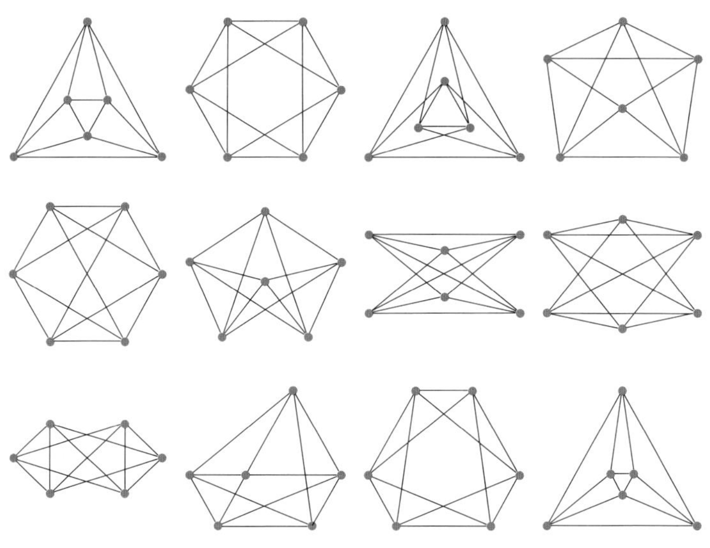

$(6,4,2,4)$-强正则图

9个点的情况，在前面已经介绍过，存在一个$(9,4,1,2)$的强正则图。而这个图也被称为“广义四边形”。我开始看到这个名词也很迷惑：四边形还不够“一般化”吗？它怎么还能“推广”？我们来想一下，四边形要推广，就要去掉四边形的一些性质，尽可能保留其他性质。显然，我们得去掉对4个点和4条边的要求，但去掉4个点和4条边，四边形还剩下什么？数学家说，四边形还有这个性质：如果两个点不相邻，则可以找到另外两个点与它们同时相邻，这样这四个点就构成一个四边形。如果一个图形符合上述性质，则是一个“弱广义四边形”。确切的广义四边形和广义n边形的定义，请各位自行查阅、思考。

接下来，我们看，在10个点的情况下，有一个很有意思的强正则图——$(10,3,0,1)$。这个图的形状是一个五角星外面套一个五边形，然后把五角星的角和五边形的角连接起来，两两连接起来。这个图又被称为佩特森图。佩特森是19世纪的丹麦数学家。佩特森图有一些很有意思的性质，最有意思的是，它必有哈密尔顿路，但没有哈密尔顿回路。也就是说，你可以在佩特森图中用一笔画的方法通过所有点，但无法找到用一笔画的方法通过所有点之后还能回到起点的路径。而且，在佩特森图里只要任意添加一条边，就可以找到哈密尔顿回路。

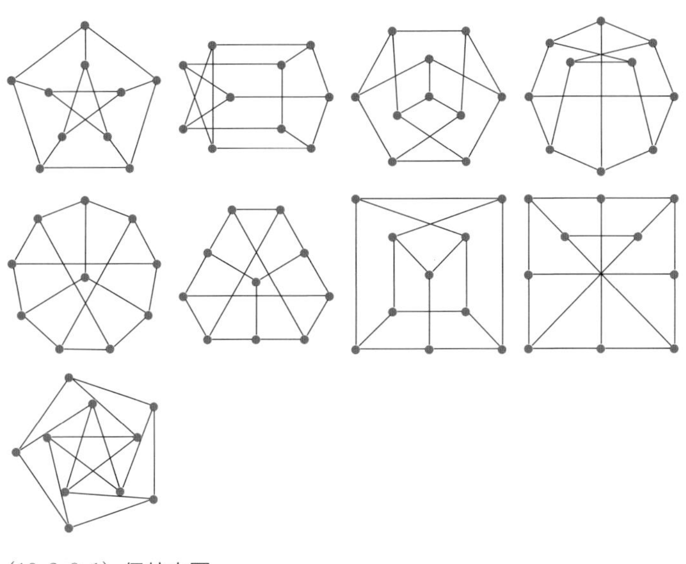

(10, 3, 0, 1)-佩特森图

接下来，我们跳到13个点的情况。前面说了7个点和11个点都没有非平凡强正则图，但13个点有一个，这就是(13, 6, 2, 3)图，它又被称为“佩里图”。雷蒙德·佩里是20世纪初的英国数学家。佩里图的特点是：点的个数必须是单个质数的幂次；此外还必须除以4余1。这个条件蕴含只要除以4余1的质数都可以，13正好是符合条件的。符合这一条件的点数，必然可以构造出佩里图，而佩里图必然是强正则图。它也是哈密尔顿图，即必然含有哈密尔顿回路。它必然是“自补图”，它的补图就是自身。以上就是佩里图的部分有趣性质。

13个点之后，我们再看看16个点的强正则图。这里又出现了一个有意思的情况。前面我们已经讨论了很多，不知你有没有发现一个问题：给定一组强正则图的一组4个参数，这4个参数如果可以构成强正则图，是否唯一确定一个图？我们在前面还没说这件事。当然，这里要排除那种把A点换到B点，把B点换到A点这种置换情况下构成的新图，术语叫“同构”。我们问的是：排除同构的情况，4个参数是否唯一确定某个强正则图？

强正则图对参数已经有很严格的要求了，所以你可能认为4个参数是唯一确定一个强正则图，但是错了，$(16,6,2,2)$就能确定两种强正则图，其中一种图中文可以叫“车（jū）图”。这里的“车”是象棋里的“车”的意思。不管是国际象棋还是中国象棋，车都是直线前进的。如果你在一个4×4的国际象棋棋盘上，把一个“车”移动的路线全部画出，就得到了$(16,6,2,2)$的“车图”。

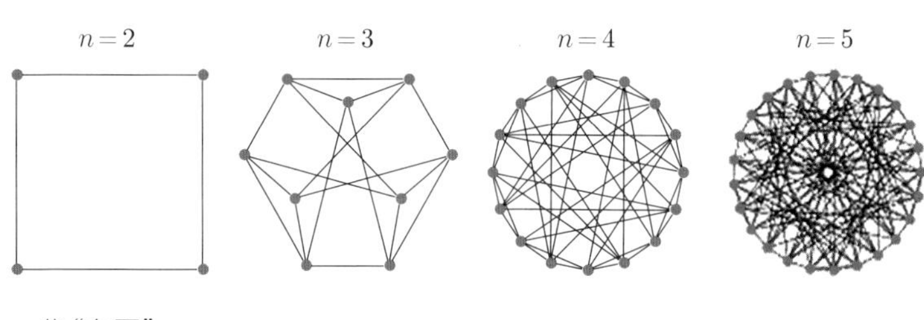

一些“车图”

另一种符合$(16,6,2,2)$参数的强正则图叫“西力克汉特”图，它是印度数学家西力克汉特在1959年首先发表的。

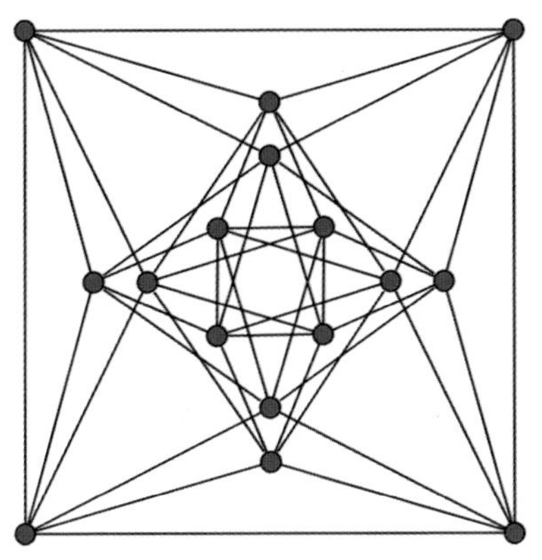

$(16,6,2,2)$-西力克汉特图

它是一种“距离正则图”，即在图中任取两点a，b，然后任意定两个数值，如2和3。你数一下与a距离为2的点和与b的距离为3的点数量，记录一下这两个数字。然后，换一对a，b，同样统计这两个数字。你会发现，无论取怎样的a和b，统计结果总是一样的，所以它叫“距离正则图”。

西力克汉特图又是一种“非距离传递图”。距离传递是指，从a到b的距离加从b到c的距离，就是从a到c的距离。所有距离传递图都是距离正则图，但它的逆命题并不成立。西力克汉特图不是距离传递图，但它是距离正则图，是这种反例中点数最少的一个（请观察一下反例在何处），所以是很特别的。

以上就是$(16,6,2,2)$的两种强正则图。16个点还可以构造一个强正则图——$(16,5,0,2)$，它又叫“克勒布施图”，因为它与1868年德国数学家阿尔弗雷德·克勒布施发现的四次曲面的16条线的配置有关。同时，它又是距离正则图和16个点的分圆图。而分圆图就是佩里图在三维空间里的一个模拟。

因为17除以4余1，所以存在17个点的佩里图，接下来，对17个点就不再详述了。

在21个点的情况下，又有一个新图——$(21, 10, 3, 6)$，名为克内泽尔图。这个名字来自数学家克内泽尔在1955年提出的一个组合数学猜想：对$2n + k$个元素的集合，取n个不相交子集，并把子集分为k类，则其中至少有两个不相交子集属于同一类。1978年，匈牙利数学家拉兹洛·洛瓦兹就用图论方法证明克内泽尔的这个猜想，其中图中的点代表一个子集，每条边连接两个不相交子集。因此，这个图就被叫作“克内泽尔图”，也许它更应该叫“洛瓦兹图”，但数学对象的命名是相当随意的，需要一些运气。

17个点之后，我们略过一些之前讲过的图，比如25个点，因为25是5的平方，且除以4余1，所以也有25个点的佩里图——$(25, 12, 5, 6)$。25个点可以构造一个5×5的象棋棋盘，所以必有一个“车图”，另外还有很多（不太有趣的）图必须略过。

36个点有一个非常令人吃惊的情况，关于$(36, 15, 6, 6)$强正则图。之前，我们说过一个强正则图的参数不一定只决定一个图，如$(16, 6, 2, 2)$就有两种图，但大多数情况下只有一种图。但是，$(36, 15, 6, 6)$对应的（互不同构）强正则图有32 548个！为什么强正则图会突然爆发，我完全不知道。你认为36这个数字因子比较多？但是，36个点之后，（已知的）再也没有哪个参数下的强正则图能达到这么多。

我一开始以为因为36这个数字基础因子只有2和3，所以强正则图种类多，但又看了看48个点和72个点的情况，在这两个点数下完全没有非平凡强正则图。当然，可能数学家没有办法去枚举更多点数的情况。总之，数学家用计算机枚举了参数为$(36, 15, 6, 6)$的互不同构强正则图的数量，确实有3万多种。之后，在很多参数下，数学家都不知道确切的强正则图的数量，因为使用计算机枚举，是无法穷尽的。

接下来一个有意思的图是$(50, 7, 0, 1)$强正则图，被称为“霍夫曼-辛格尔顿图”。这个图是唯一的所有点度数达到7，直径为

2，周长为5的图。我要解释一下图的直径和周长。其实很简单，这是对圆直径和周长概念的模拟。图的直径就是图中距离最远的两个点的路径长度。周长就是图中最短的一个环路长度。一般来说，一个图直径越短，它的周长越短。但是，霍夫曼-辛格尔顿图的直径只有2，也就是任意2点，只要走两条边，必可到达；但是，它的周长又达到5，也就是你在图中找个环路，必须走5条边。而且，图中每个点都有7条边相连，说明图中的边是很多的，所以这个图就更难得了。这绝对是非常有意思的一个图。

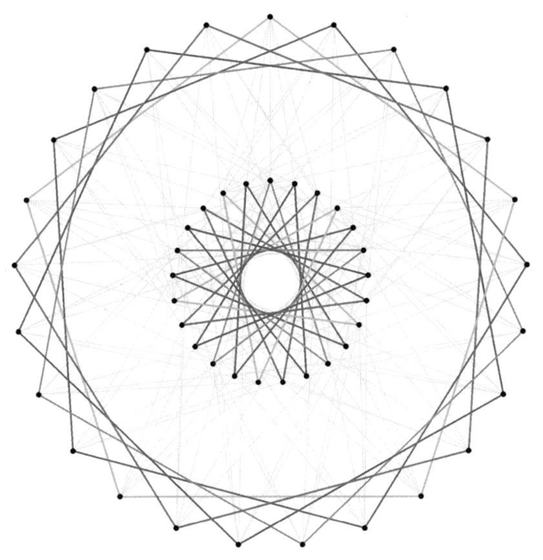

霍夫曼-辛格尔顿图

接下来，有意思的是(56, 10, 0, 2)图，名为格维兹图。这个图有趣之处在于，可以用以下方法来构造：画一个7×8的格子，在每个格子里填入如图的6个字母。检查任何两格之间的字母有没有重复的。如果没有重复的字母，就在两格之间连一条线。当你把所有格子的连线都完成后，你就画出了下面这幅格维兹图。

abcilu	abdfrs	abejop	abgmnq	acdghp	acfjnt	ackmos
ademtu	adjklq	aefgik	aehlns	afhoqu	aglort	ahijmr
aipqst	aknpru	bcdekn	bchjqs	bcmprt	bdgijt	bdhlmo
beflqt	beghru	bfhinp	bfjkmu	bgklps	bikoqr	bnostu
cdfimq	cdjoru	cefpsu	cegjlm	cehiot	cfhklr	cginrs
cgkqtu	clnopq	degoqs	deilpr	dfglnu	dfkopt	dhiksu
dhnqrt	djmnps	efmnor	ehkmpq	eijnqu	ejkrst	fghmst
fgjpqr	fijlos	ghjkno	gimopu	hjlptu	iklmnt	lmqrsu

格维兹图

有人还在7×11的格子里做过类似的事情，这样能够构造出$(77, 16, 0, 4)$这个图，而这个图又称M_{22}图。这个图就是后文将要介绍的“散在单群”的一种——马蒂厄群。这个强正则图恰好蕴含“散在单群”的结构。这也不奇怪，因为强正则图本身是高度对称的，而有限群就是体现对称性的一个最佳抽象，所以强正则图与群存在联系毫不意外。

最后，我说一个特定参数的图$(100, 22, 0, 6)$，人称“西格曼-西姆斯图”。这个图的点数正好是100，它的一种构造方法是利用M_{22}图和“施泰纳系统”——$(3, 6, 22)$。

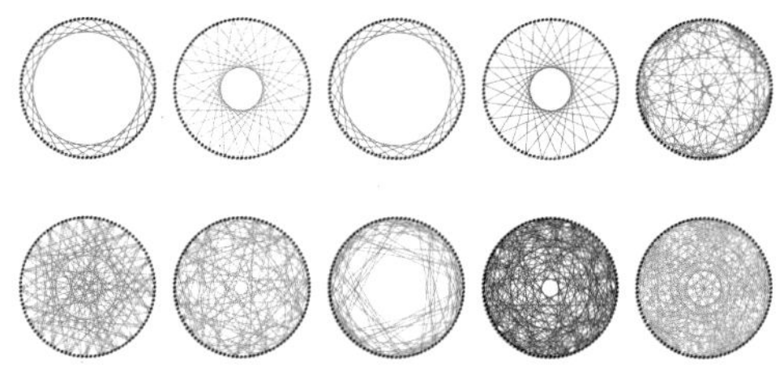

西格曼-西姆斯图及其构造过程将前面9个图叠加后，就得到最后的西格曼-西姆斯图

后文将会介绍施泰纳系统，这里简单说一下。M_{22}图有77个点，施泰纳系统$(3,6,22)$有22个点，每6个点连一条线，每3个点恰好在一条线上。此外，再加上1个独立点，像画龙点睛一般，就可以构造出完整的西格曼-西姆斯图。具体构造过程请大家自己思考。

讲到这里，我大概已经把点数在100以内，非平凡强正则图中最有意思和有特点的一些内容介绍给大家了。每个图我只能浮光掠影般地介绍一下，目前人们找到的最大非平凡强正则图已经有了几十万点数，但还有很多点数很少的参数组合，我们还不能确定是否存在。

当看这些强正则图时，我联想到了元素周期表。如果你把非平凡强正则图按点数从小到大排列，就很像一个元素周期表。而点数一样的不同的图，就像同位素。例如，$(16,6,2,2)$可以对应两种图的情况，就好比碳、石墨、金刚石的这种“同素异形体”。

更妙的是，跟化学元素一样，数学家预言在某些位置可能有强正则图。比如，$(100,33,8,12)$这组参数可能存在强正则图，甚至它的很多性质都能算出来了，但还不能证明它的存在。

这也正是强正则图神秘且珍贵的地方，除了少数几种强正则图，比如佩里图，我们知道它存在的充分必要条件。对其他的强正则图，数学家目前只知道其存在的必要条件，不知道充分条件，所以只能一个个去验证。所以，我把强正则图叫作“图中的宝石”。你知道在某个地方可能有宝石，但挖下去可能还是没有。

已故英国数学家约翰·康威曾悬赏1000美元去发掘一块“宝石”：

是否存在一个99点的图，如果图中两个点相邻，则这两个点恰好属于一个三角形；如果两个点不相邻，则这两个点恰好属于一个四边形。

你应该看得出来，这道题就是问是否存在这样的99个点的强正则图。但是，康威没有说明每个点应该有多少邻居，这个问题就留给读者自行计算了。这是一道非常好的智力题。

这道题相当于问：是否存在$(99,x,1,2)$的正则图？这个问题的答案至今无人知晓。

思考题

对n个点的图，当n和每个点的度数k满足什么性质时，可以构成正则图？

是否存在（$99,x,1,2$）的正则图？请你算一下x等于几？

三人行，必有排列组合题

1850年，在英国的一本名为《女士和先生们的日记》的杂志中，登载了这么一道数学题：15个女生每天出去散步一次，每次散步3人一组。请问如何安排散步方案，可以使一周七天内任何两个人恰好一起散步一次？

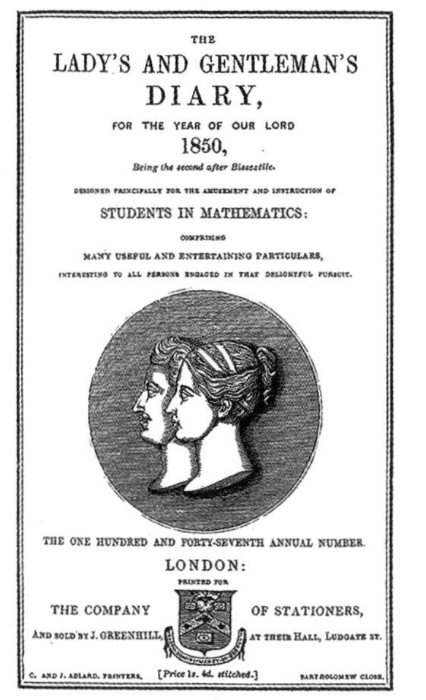

THE
LADY'S AND GENTLEMAN'S
DIARY,
FOR THE YEAR OF OUR LORD
1850,
Being the second after Bissextile.
DESIGNED PRINCIPALLY FOR THE AMUSEMENT AND INSTRUCTION OF
STUDENTS IN MATHEMATICS:
COMPRISING
MANY USEFUL AND ENTERTAINING PARTICULARS,
INTERESTING TO ALL PERSONS ENGAGED IN THAT DELIGHTFUL PURSUIT.

THE ONE HUNDRED AND FORTY-SEVENTH ANNUAL NUMBER.
LONDON:
PRINTED FOR
THE COMPANY OF STATIONERS,
AND SOLD BY J. GREENHILL, AT THEIR HALL, LUDGATE ST.
C. AND J. ADLARD, PRINTERS, [Price 1s. 4d. stitched.] BARTHOLOMEW CLOSE.

48 THE LADY'S AND GENTLEMAN'S DIARY. 1850

wheels alternately strike the protuberances of the pavement, the motion of the cart will cease for an instant, and the shilling will slide in the direction of the cart's motion, For, as in a ship under sail, if she strike a rock right ahead, everything moveable in her, by the laws of motion, goes on in the direction of the ship's course; so the shilling, partaking of the motion of the cart, does not stop during the indefinitely small portions of time in which the cart stops from the obstructions in the pavement, but will retain its communicated motion, and therefore slide in the same direction.

Third Answer, by Mr. JAMES HEWITT, *Hexham, Northumberland.*

Waiving all contingent circumstances, such as the peculiar gait of the horse, the form of particular carts, unevenness of the ground, &c., momentum is communicated to the shilling, or other body, by the motion of the cart, and the cart coming in percussive contact with a resisting body, a momentary stop is the result, and the shilling, in consequence, impelled by its acquired momentum, slides forward to a distance proportionate to its momentum, minus the friction against the bottom of the cart; while light bodies, being less susceptible of momentum, invariably slide backwards, till they fall off. In my experiments, the shilling or other body (and I tried many) never reached farther in either direction than the mean distance between the centre and the extremes (anterior and posterior) of the cart. It may be given as a general rule, that heavy or large bodies will *progress*, and that light or small bodies will *retrograde*.

Fourth Answer, by Mr. THOMAS MARTIN, *of Birmingham.*

An impetus being given to the coin, to move in the direction of the vehicle on which it rests, every successive jerk which the latter receives in its progress, and which is imposed in front of the wheel, causes it to recede from under the lighter substance, which consequently moves onward. This principle will be manifest on placing a piece of money upon a plate or tray, held loose in one hand and struck with the other; on which it will move towards the point of concussion: but if the vessel be fixed, and then struck in like manner, such motion will not be perceived.

It was also answered by Messrs. Chambers and Eddy.

I. QUERY; *by* MR JAMES LUGG, *Grampound, Cornwall.*

Required the origin of the custom of making fools on the first day of April?

II. QUERY; *by the* Rev. JOHN HOPE, *Stapleton.*

Does there seem to be anything prophetic in the names of the three sons of Noah, *Shem, Ham,* and *Japheth*?

III. QUERY; *by* Mr. JOHN ELLIOTT, *of Stanhope.*

What is the cause of the contraction of hemp and catgut strings in a damp atmosphere?

IV. QUERY; *by* Mr. JAMES HERDSON, *Tobermory.*

How is the saltness of the sea accounted for? And does the saltness increase or not?

V. QUERY; *by* Mr. THOMAS MARTIN, *Birmingham.*

Was the origin of the National Anthem, "God save the Queen," in any way connected with the Diary?

VI. QUERY; *by the* Rev. THOS. P. KIRKMAN, *Croft, near Warrington.*

Fifteen young ladies in a school walk out three abreast for seven days in succession: it is required to arrange them daily, so that no two shall walk twice abreast.

PRINTED FOR THE COMPANY OF STATIONERS.

1850年的《女士和先生们的日记》杂志

这本杂志的名称听上去有点像娱乐八卦杂志，但确实是一本数学杂志，每期都会有很多数学趣题，最出名的就是这道“柯克曼女生散步问题”。这个问题的名称来自出题者托马斯·柯克曼。

托马斯・柯克曼

托马斯・柯克曼是历史上一位很“不典型”的数学家，他在1806年生于英格兰的一个棉花商人家庭。他的家庭并不是那种很有文化背景的。14岁之前，他没有接受过正规数学教育，并在这时候结束学业到父亲的办公室工作。

柯克曼发现自己对数学很有兴趣，在23岁时，不顾父亲反对，前往爱尔兰的都柏林大学圣三一学院学习，并在27岁时获得学士学位。后来，他返回英格兰，成为一个教区的教长，此后便在教会工作长达50年。他始终对数学保持高度兴趣，在约40岁时发表了第一篇数学论文，并逐步证明自己的能力，1857年入选英国最高科学学术机构皇家学会，并且得到当时英国其他一些著名数学家的称赞，如凯莱和哈密尔顿等人。所以，柯克曼是很难得的大器晚成的数学家。

“柯克曼散步问题”在当时是引领潮流的一道题，引起了组合数学研究的一阵风潮。让我们先简单分析一下这道题。

15个女生，3个人一组的话，每天就有5组；一周就有$5 \times 7 = 35$组。而每组3人，如果用A，B，C表示的话，那么就会出现AB，BC，CA 3种两人组合。35组的话，就会产生$3 \times 35 = 105$种两人组合。题目要求任何两个女生恰好组合一次出去散步，我们计算一下15个人中取2个人的组合数$\binom{15}{2} = 105$，恰好等于之前计算出的两人组合数。那么，我们可以确认，这道题至少是设计过的，题目中的数字是合理的。

接下来，你不必马上动笔去寻找最终的组合结果。我相信，任何人只要有中学数学程度，哪怕是罗列所有可能的组合，最多3天，肯定能得到结果。但是，如果这道题只是纯消耗各位的时间，翻来覆去做排列组合也成不了百年名题。

所以，很多读者此时肯定在想：如何对这道题进行“一般化”。也就是不局限于这组数字，如果我们对所有数字组合都能找出答案，那就完美了。要“一般化”，我们就看看这道题里面有哪些参数可以改成变量。总人数“15”是一个变量，一般记作 v；分成“3”个人一组，“3”是一个变量，一般记作 k；一共出行“7”天，“7”是一个变量，一般记作 r。还有两个不太明显的变量：题目要求任何两人都恰好组合“1”次。而题目可以规定每两人恰好组合2次、3次等，所以这个“1”也是一个变量，一般记作 λ。前面算过一共产生“35”组，这个“35”也是一个变量，记作 b。所以，这里一共有5个变量。

你会马上发现，这5个变量不是独立的，它们之间有关系。比如，很明显，“总人数”×“出行天数”=“总的组数”：

$$rv = bk$$
$$r(k-1) = \lambda(v-1)$$

既然5个数里面有两个等式关系，那就大致说明，确定其中的3个数，就可以计算出另外两个数。但是，因为这5个数在讨论问题的过程中经常出现，所以数学家还是定义了这5个变量。请大家暂时记住“五变量两等式”，在后面还会多次提到。

接下来，我们说几个听上去“高大上”的名词，但理解起来非常容易。这类问题在数学里被称为“区组设计”，因为我们的目标是设计出女生散步的组合，也就是“区组”，或简称“块”。

另外，因为最终设计不需要用到所有15人中取3人的组合，所以叫“不完全区组设计”。再有，因为最终设计结果是高度对称的，每个人出去散步的天数一样，每两人的组合恰有一次，所以我们认为这种设计是“平衡”的。所以，总的来说，这个问题属于“平衡的不完全区组设计”问题，英文简称“BIBD设计问题”。特定参数的BIBD设计问题，通常记作 (b, v, r, k, λ)。

比如，柯克曼女生问题的5个参数值分别是：总块数35，共

15人，总共7组，每块3人，每两人恰好出现在1块。所以，这个问题也被称为(35, 15, 7, 3, 1)-BIBD设计问题。因为这5个参数之间有两个等式关系，我们可以省略两个参数，所以它也经常被简称为“(15, 3, 1)-BIBD设计问题”。有了15,3,1这3个参数，另外两个参数35和7是可以被算出来的。

$b=15, r=6, r=10, k=4, \lambda=6$

Block		Block		Block	
1	1 2 3 4	6	3 4 5 6	11	1 3 5 6
2	1 4 5 6	7	1 2 3 6	12	2 3 4 6
3	2 3 4 6	8	1 3 4 5	23	1 2 5 6
4	1 2 3 5	9	2 4 5 6	14	1 3 4 6
5	1 2 4 6	10	1 2 4 5	15	2 3 4 5

一个(15,6,10,4,6)-BIBD设计问题，图中的t通常用v来表示

我一下子定义这么多概念，是为了后面叙述简便。我们可以看到，当问题改为(15, 3, 1)-BIBD设计问题后，就容易记忆许多。原来的题目可以改成：

请给15个女生划分出若干3个女生组成的子集，要使任何两个女生恰好出现在一个子集中。

你会发现，在答案中，只能划分出35个子集，而且每个女生恰好出现在7个子集中。这意味着原题目中有两个条件是可以隐去的，如果你认识到这一点，那么你对原题的认识就升级了一步。

我们再考虑一下如何具体找出这种划分。用计算机编程求解，当然可以，但有一种画图的方法可能简便点。在纸上画上15个点，表示这15个女生。如果有3个女生分成一组，那么就将这3个女生连一条线，那么第一天的出行方案需要5条线。然后，

你可以重新画15个点，按同样的方法连线，但确保已经连过线的点不再相连。如此重复，如果能画出7幅这样的图，你就解出了柯克曼女生散步问题。

当你把所有图叠加在一起时，这幅图体现的结果被称为“施泰纳系统”，施泰纳系统就是一种BIBD设计问题中的一种解的形式。

说到施泰纳系统，简单介绍一下雅各布·施泰纳。施泰纳是与柯克曼同时代的数学家，1796年出生在瑞士。跟柯克曼相似的是，他小时候也没有得到很好的教育，没有进过正规学校，长期帮父母务农，甚至14岁前还不会写字。但是，他很早就表现出了很好的数学天赋。20岁时，他离开家乡，到瑞士西南部城市生活，进入由当时的教育家裴斯泰洛齐开办的学校，既当老师，又当学生。这段时间对施泰纳影响很大，他对很多数学教材里的命题提出了新的证明，而且师生都发现他的新证明既简洁又漂亮，从而开始使用他的证明。这使施泰纳对自己的数学才能有了信心。

终于，他在26岁时进入柏林大学学习了2年，之后成为职业数学家。可以说，施泰纳也是有点大器晚成的数学家。在柯克曼提出女生散步问题的前几年，施泰纳正好也在研究组合问题。施泰纳此时研究的问题后来被称为“施泰纳系统”，其中最基本的研究对象就是“施泰纳三元系”。

“三元系”就是3个一组的意思。之前女生出行问题正好问的是3个人一组。1个人一组或2个人一组的问题都太平凡了，只有当3个人一组时，这个问题才值得研究。所以，施泰纳三元系就是BIBD设计问题中最基础的一类问题。

雅各布·施泰纳

那么，在分组大小确定为3的情况

下，总人数是什么样的数字，可以存在施泰纳三元系？我们提到两个例子，分别是总人数为7和15的情况，其他数字能产生施泰纳三元系吗？显然有很多数字不行。你想到的第一条就是，这个总人数要满足前面说过的：5个参数要满足那两个等式，否则有些参数不是整数，肯定不行。所以，这两个等式是必要条件。

那是不是充分条件呢？不是。1844年，柯克曼证明施泰纳三元系存在的充分必要条件，就是总人数除以6的余数必须是1或3：

$$v \equiv 1 \pmod 6\text{或}v \equiv 3 \pmod 6$$

这是一个非常漂亮的结论，而且是充分必要条件。但是，问题还没有完，施泰纳三元系存在，不代表有一个柯克曼问题中的散步方案。比如，7个人，分3人一组出行，而7不能被3除尽，显然没有一个合适的散步方案。

我们可以推断，柯克曼是在研究过施泰纳三元系之后，发现有些三元系有更强的性质，即可以把分组结果分成数量相等的若干组，而且每组中的元素并集恰好是全体元素。而“15”是除“3”和“9”这两种比较平凡的情况外，第一个满足施泰纳三元系条件，且满足这种继续分解条件的数字，所以他才提出了柯克曼女生散步问题。

后来，人们把柯克曼的这种继续分解方案称为“可分解的平衡不完全区组设计”，简称“RBIBD设计问题”。如果一个施泰纳三元系存在一种RBIBD设计，那就被称为柯克曼三元系，即柯克曼三元系的定义比施泰纳三元系的条件更严格，是施泰纳三元系的子集。

现在问题又来了，怎样的施泰纳三元系是柯克曼三元系？这个问题比施泰纳三元系的存在问题要难许多。对于柯克曼三元系存在的必要条件，人们很早就发现两个：

一是总人数不能够被整除，这是显然的。二是总人数是奇数，因为前面说过，在施泰纳三元系中，总人数除以6的余数必须是1或3。这两个条件综合起来，就是人数除以6余3，即 $v \equiv 3 \pmod 6$。

以上这个条件是否就是充分条件呢？这个问题一拖就是100多年。

这里要介绍一位数学家——陆家羲。陆家羲于1935年出生在上海，家境贫困。1948年，父亲因病去世，家庭经济难以维持，他勉强熬到初中毕业。1950年，他进入一家五金行做学徒工。1951年，他考入东北电器工业管理局训练班，半年后以第一名成绩结业，被分配至哈尔滨电机厂工作。

1957年，22岁的陆家羲自学考入东北师范大学物理系。他看到一本孙泽瀛所著的科普书《数论方法趣引》，被深深吸引，特别是其中的“柯克曼女生散步问题”改变了他的人生道路。他曾说“物理是我的最爱，数学则是我的娱乐”。

1961年，陆家羲通过业余研究，证明柯克曼三元系存在的充分必要条件，就是之前提到的人数除以6余3这个必要条件。他写了一篇题为“寇克曼和斯泰纳系的制作方法”的论文，寄给了中科院数学研究所。也许是他的论文内容太超前了，中科院数学研究所过了两年才给他答复，建议他修改后重新投稿给其他单位。

陆家羲对自己的证明是充满信心的，于是1963年和1965年，两次重写他的论文，寄给《数学通报》和《数学学报》两本刊物，但杳无音讯。

1979年，陆家羲借到两本1974年和1975年出版的国外数学权威刊物《组合

陆家羲

作者注：寇克曼和斯泰纳均为当时的译法，即柯克曼和施泰纳。

论》，他发现国外有人已经在1971年和1975年分别解决了柯克曼三元系存在性的充分必要条件问题以及推广到n元组的情况。这对陆家羲的打击太大了，因为即使从1971年开始算，也比他的发现晚了7 ~ 10年。

但是，陆家羲并不灰心，他在国外研究者的基础上进一步拓展问题，并取得突破。于是，他直接写了篇英文论文，寄给《组合论》杂志社。1981年，他又寄了3篇论文给《组合论》杂志社，都得到发表。这些论文得到国外同行的高度评价。加拿大多伦多大学的教授门德尔逊说："这是二十多年来组合设计中的重大成就之一。"多伦多大学的校长还邀请陆家羲到多伦多大学讲学，而此时陆家羲只是包头一所中学的物理老师。

被国外同行认可后，陆家羲终于也被国内学术界认可。1983年10月，他作为唯一被特邀的中学教师代表参加了在武汉举行的第四届中国数学年会。大会充分肯定了他的成就。会议结束后，为及时返校上课，他随即返回包头家中。回家后，他就兴奋地对妻子说："这次可见过大世面了。"10月30日吃过晚饭后，他和家人聊了一下便说："太累了！太累了！明天再讲，早些休息吧。"疲劳和长期潜伏的疾病已经击垮了他的身体。当晚，陆家羲心脏病突发，猝然与世长辞，未留下一句遗言，年仅48岁。

1987年，陆家羲被追授国家自然科学奖一等奖。陆家羲的经历让人唏嘘，好在此后国内数学界进行反思，再也没有让类似悲剧重演。

我们再回到柯克曼三元系的存在性问题，前面提到了柯克曼三元系存在的充分必要条件就是人数除以6余3。

接下来，你可能还想问四元系和五元系等的存在性问题。我可以简单汇报一下：长期以来，对是否存在无穷多个施泰纳四元和五元系，数学家一直不能解决。2014年，彼得·基维什的一篇论文给出了一个积极且偏于肯定的答案。而是否存在六元系及以上的“非平凡的”施泰纳系统，更是区组设计问题中长期未解决的难题。施泰纳系统问题已经那么难了，一般的柯克曼系统问题就更不用提了。

$$
\begin{gathered}
(1,2,4,8)(3,5,6,7)\\
(2,3,5,8)(1,4,6,7)\\
(3,4,6,8)(1,2,5,7)\\
(4,5,7,8)(1,2,3,6)\\
(1,5,6,8)(2,3,4,7)\\
(2,6,7,8)(1,3,4,5)\\
(1,3,7,8)(2,4,5,6)
\end{gathered}
$$

一个施泰纳四元系——S(3,4,8)

最后介绍我的一位播客听众提出的BIBD趣题。署名“王本材”的听众曾给我发电子邮件，在其中提出这样一个“男生散步”问题：如果有n^2个男生，按n个人一组出去散步，能否构造出如同柯克曼女生问题中的散步方案？我们就来简单分析一下这个问题。

首先，我们能想到检验一下这两个参数的合理性。

有n^2个学生，n个人一组，那么一天就有n组。需要多少天呢？对某个学生来说，他出去散步一次，可以认识$n-1$个其他学生。那么$n+1$天后，他可以认识$(n-1)(n+1)=n^2-1$个学生，这是有散步方案的话，他应该认识的学生数。这样我们知道散步方案需要$n+1$天。

其次，我们再检查一下$n+1$天方案里是否满足每两个学生恰好出去散步一次。这部分留给读者去验证，结论是满足的。所以，我们知道在这位听众考虑的问题中，数字设定是合理的，用之前的术语说就是，$(n^2,n,1)$-设计问题。

数字设定合理，我们就可以考虑一下怎么构造方案。如果$n=3$，那么这个问题就是柯克曼三元系问题，而9除以6余3，符合柯克曼三元系存在的充要条件，所以我们确定9个人是肯定有4天散步方案的。

9个人（用0 ~ 8表示）4天散步方案

第一天	第二天	第三天	第四天
015	168	147	456
267	357	036	078
348	024	258	123

王本材听众在邮件中给出了一个$(n^2,n,1)$设计存在的充分条件（其在知乎上发表了完整证明），即存在某个特定性质的“$W(y)$”数列。若存在此数列，则可以直接用软件生成$(n^2,n,1)$设计［根据“$W(y)$”数列生成$(n^2,n,1)$设计过程比较复杂，故略去］。但是，这还不能证明此数列存在是$(n^2,n,1)$设计存在的必要条件。

简单介绍王本材提出的“$W(y)$”数列：

对某个整数n，若存在一个关于整数$y=n-2$的“$W(y)$数列”，则存在$(n^2,n,1)$设计。“$W(y)$数列”需要符合以下一些奇特的性质。

1. 数列$W(y)$由$2y$的连续自然数（共$y-1$项）组成。
2. 定义以下加法运算为通常加法求和后，再$\mathrm{mod}(y+1)$。则$W(y)$数列满足以下条件：

数列中任意起点连续z项相加，其和不相等，且不等于z，不等于0，其中$z \in \mathbf{N}, 1 < z < y-1$。

当$y=5$时，$W(5)$数列的例子：对$y=5$的情况，这个$W(y)$数列就要包含从2到5，即2，3，4，5四个数字。

考虑（3,2,5,4）这个数列，计算任意连续两项的和，并取模6的余数：

$$3+2=5 \bmod 6$$
$$2+5=1 \bmod 6$$
$$5+4=3 \bmod 6$$

因此，符合结果互不相等，且不等于0或2的条件。请自行验证上述序列连续3项的和（模6），符合互不相等，且不等于0或3的条件。

当$y=6$时（对应$n=8$），可以构造如下$W(y)$数列：

(3,2,4,6,5)

另外一个显然的性质是：将一个$W(y)$数列的各项逆序排列，仍然是一个合法的$W(y)$数列。

王本材听众还做出了有关$W(y)$数列的两个猜想：

猜想一（质方猜想）：观察$W(y)$数列的y值，猜测，当k满足$k=p^q$（p为质数，q为正整数）形式，则对$y=k-2$，一定能构造$W(y)$数列。

笔者写了个简单程序，确认k=4,5,7,8,9,11,13,16,17时，均能构造$W(y)$数列，并且数学家已证明$k=6$时，不存在这个数列，完全符合这个猜想。

猜想二（和对称猜想）：观察$W(y)$数列数字组合方式，猜想$W(y)$数列中任意$a_n+a_{y-n}=y+2$。

以上两个猜想，供有兴趣的读者继续研究。

无论如何，柯克曼女生散步问题可以用“出乎意料”和“别有洞天”来形容。说“出乎意料”，是因为它表面上是一道平平无奇的排列组合题，但深入挖掘下去内容博大精深，完全出人意料。说“别有洞天”，是因为这个问题牵涉的面很广，比如欧拉方、矩阵、仿射几何、数域、群等，这些只能留给有兴趣的读者去研究了。

另外，这道题牵涉的3位数学家都自学成才，大器晚成。现在还有业余数学爱好者在孜孜不倦地研究它，我非常推荐各位读者学习研究它。

最后，出一道简单的思考题，看看大家对本章内容的理解。有21个女生，分别按3人、7人分组出行，仅从数值上分析，能否找出BIBD设计问题？进一步，是否存在柯克曼散步设计？

在n为质数的情况下，有简单的方法构造$(n^2,n,1)$设计。请你尝试构造一个$(5^2,5,1)$设计。

思考题

有21个女生，分别按3个人、7个人分组出行，仅从数值上分析，能否找出BIBD设计问题？进一步，是否存在柯克曼的散步设计？

在n为质数的情况下，有简单的方法构造（$n^2,n,1$）设计。请你尝试构造一个（$5^2,5,1$）的设计。

打结也能用数学研究吗

数学的研究对象包罗万象，你有没有想过，能否用数学研究“打结”呢？还真有，数学中的纽结理论就是研究“结”的数学理论。

相信你小时候曾想过这样的问题：画出一个结的形状，怎么判定它是一个活结？也就是说，拉这个结的两端，最后是否能还原成一条直线？

这是最早的研究纽结理论的一个动机。但数学家发现，如果有两个开放端的话，对问题的描述不够简便，所以规定，数学里的结是把两个开放端连起来的。这样数学里的“结”就是一条封闭的绳环，在三维空间里缠绕构成的一个空间多边形。

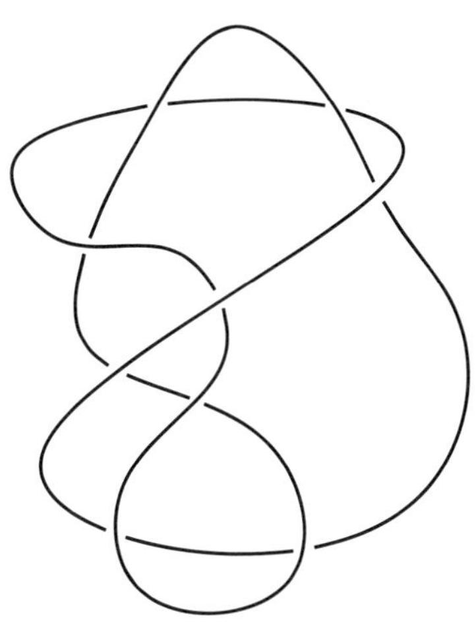

这个结看上去很复杂，但可以将其还原成一个环。是否存在某种简单的办法，判定一个结是否是一个环，就是一个值得研究的问题

很多纽结形状很漂亮，所以很多公司的logo就是采用纽结图形。下面这张图中就是一个很标准的数学中的纽结。

亚洲电视台2010年前的logo中就有一个标准的“三叶结”。

我们可以想象，一个绳环所能构成的最简单的形状当然就是一个圆环，这是最简单的一种结。这种形状被称为“unkot”，中文叫“平凡结”。

动视暴雪旗下的游戏工作室Treyarch的logo很像三叶结，仔细看，你会发现它是平凡结

但是，显然不是所有的绳环最后都能还原成一个圆环，所以，问题就是：给定一个结的图形，怎么判定它是不是“平凡结”？或者，更一般的问题是：给定两个结，怎么判定它们是同一种结？

当然，对简单的结，你可以目测判定，但对很复杂的形状，目测就会失效，所以数学家希望找到合适的数学方法去研究纽结。

这里的一个难点是，同一个纽结，形状可以千变万化。我们需要忽略绝大多数变化，只关注我们需要的变化。所以，数学家需要寻找“不变量”，就是变化中的对象的某个不改变的属性。就像我们再次见到几十年没见到的朋友，也许他的外貌发生了很大的变化，但你可能发现他的声音、神态、气质没有变化。那么，这些属性就是“不变量”，这些属性可以帮我们识别一个人。对于纽结，我们也需要找到这类属性。

高斯曾经想出一个办法，可以对一个“结”用数字串表示出来。当别人看到这串数字后，可以还原出对应的结。但是，在他的方法中，同一个结可以有多种不同的表示，也没有简单方法判定两个数字串是否表示同一个结，所以对结的分类不太有用。

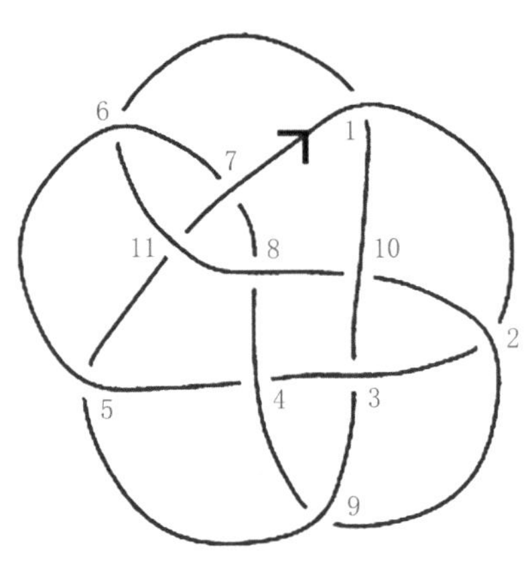

高斯的结的数字表示法

把结画在平面上，从一个结的任何一个位置开始，给定一个方向，沿线“游历”这个结。当第一次穿过某个“交叉点”时，对这个交叉点递增编号。并且，如果从上方穿过交叉点，编号取正，如果从下方穿过交叉点，编号取负。那么上图的结的“高斯数字表示”就是：

1,-2,3,-4,5,6,-7,-8,4,-9,2,-10,8,11,-6,-1,10,-3,9,-5,-11,7

此法并不能确保还原出同样的结，因此有一种稍有变化的“扩展的高斯表示”：当第二次穿过某个交叉点时，数字的正负由构成交叉点的两条线段的“手性”确定，右手手性为正，左手手性为负。如此，上述结的“扩展高斯表示”就是：

1,-2,3,-4,5,6,-7,-8,-4,-9,-2,-10,8,11,6,-1,-10,3,9,-5,-11,-7

那么，对一个纽结来说，有什么样的不变量？你能想到的第一个属性应该是交叉点数。你把一个纽结平放在桌上，通过整理，可以把绳与绳之间的交叉点减少若干，到一定程度后，就无法继续减少了。那么，交叉点数就是一个结的不变量。

这个交叉点数确实是一个纽结的不变量，比如平凡结，它的交叉点数就是0。而最简单的非平凡结“三叶结”，它的交叉点数就是3。

可惜的是，交叉点数并不是一个很有用的纽结不变量。给定一个结的形状，如何判定这个形状里的交叉点数已经最少，没有一个确切的方法。

比如，联通的logo，图形上一共有9个交叉点，但其中有5个交叉点并没有画出确切的上下关系。你可以发现，最左边和最右边的那两个交叉点显然是可以去掉的，也就是那两个圈可以去掉。

如果允许随意安排剩下3个交叉点的上下关系，中国联通logo能还原成一个平凡结吗？你稍微看一下就会发现，是可以的。但是，如果问是否存在对3个交叉点的某种安排，使它不能还原成圆环，你会发现这3个交叉点的上下关系有8种组合。每一种组合都考虑一遍的话，相当麻烦，更不用说更复杂的结了。

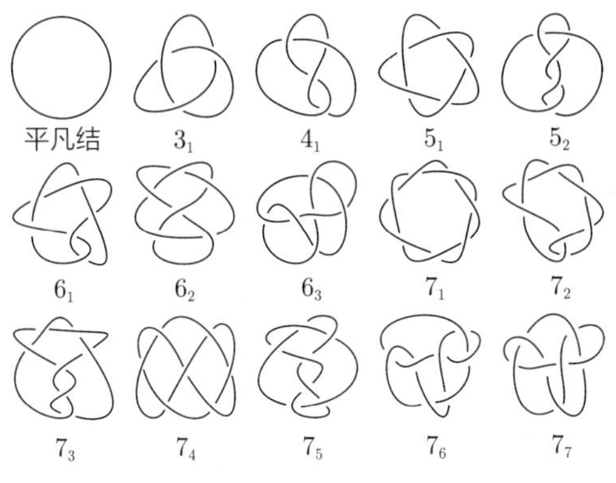

7个交叉点以内的一些结

所以，无法简便地判定一个结的最少交叉点数，是“交叉点数”作为纽结不变量的一个重大缺陷。

在相同的交叉点数下，存在很多不同的纽结，而且交叉点越多，不同的纽结越多。这意味着交叉点数并不能很好地区分纽结，这是另一个缺陷。

在纽结理论历史上，有两次重大的关于纽结理论的研究突破。第一次是1928年，美国数学瓦德尔·亚历山大提出一个纽结不变量，称为“亚历山大多项式”。他证明，如果两个结可以互相转化，那它们的这个特征多项式就可以互相转化。这样判定两个结是否“等价”就容易多了，因为多项式化简大家都会，比直接看图形方便多了，所以这是一个重大的突破。亚历山大本人也对很多纽结进行了分类，给出了一个列表。

20世纪70年代，英国数学家，约翰·康威又独立发明了一种“亚历山大多项式”的变体和另一种表示法。这个多项式有时也被称为“亚历山大-康威”多项式。康威表示法书写起来比较简单。

亚历山大多项式的计算方法

将一个纽结画在平面上：

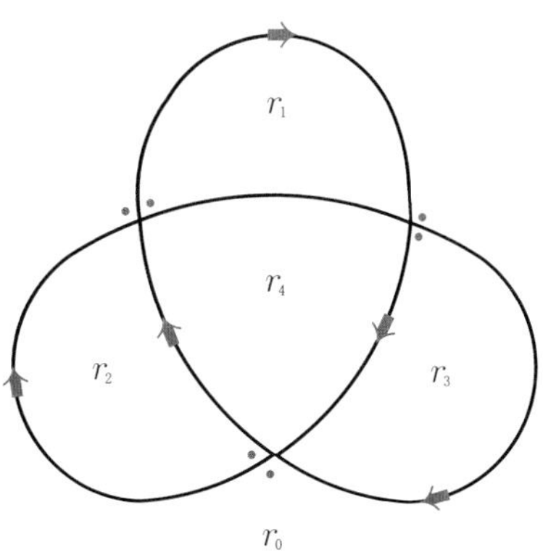

交叉点的附近会有两个红点，表示这两个红点右侧的那条曲线从另一条曲线下方穿过。红点也起到定向作用：在某个交叉点附近，总是以两个红点在左侧的方式，穿过交叉点，作为向前的方向。如此，可以为整个结“定向”(见上图)。

有 n 个交叉点的结会把整个平面分割为 $n+2$ 个区域。对每个交叉点以从 c_1 到 c_n 编号，对每个区域分别以从 r_0 到 r_{n+1} 编号。

现在构造一个整个结的 $n\times(n+2)$ 的“索引矩阵”。矩阵每行对应一个交叉点，每列对应一个区域，矩阵的元素为 $0, 1, -1, x, -x$ 其中之一。

矩阵的元素按如下规则确定：

依次考察结的某个交叉点和其他区域的关系。若某个区域与这个交叉点不相邻，则该列的元素为 0；若相邻，则有如下规则：

区域在通过交叉点前的左侧：$-x$

区域在通过交叉点前的右侧：1

区域在通过交叉点后的左侧：x

区域在通过交叉点后的右侧：-1

比如，对 c_1 交叉点，r_0 出现在通过交叉点前的左侧，取值为 $-x$；r_1 不相邻，取值为 0；r_2 出现在通过交叉点后的左侧，取值为 x；r_3 出现在通过交叉点前的右侧，取值为 1；r_4 出现在通过交叉点后的右侧，取值为-1。因此，整行元素为$-x, 0, x, 1, -1$。

考察所有3个交叉点后，每行表示一个顶点，每列表示一个区域，可得最终的表格：

交叉点\区域	0	1	2	3	4
1	$-x$	0	x	1	-1
2	$-x$	1	0	x	-1
3	$-x$	x	1	0	-1

对应的索引矩阵为：

$$\begin{bmatrix} -x & 0 & x & 1 & -1 \\ -x & 1 & 0 & x & -1 \\ -x & x & 1 & 0 & -1 \end{bmatrix}$$

现在要从这个矩阵中删去两列，得到一个方阵，以便计算行列式值。选择的规则是，选择任何相邻的两个区域。比如，区域0与区域1相邻，则从矩阵中删除代表区域0和区域1的第1列和第2列，得到方阵：

$$\begin{bmatrix} x & 1 & -1 \\ 0 & x & -1 \\ 1 & 0 & -1 \end{bmatrix}$$

计算其行列式值，结果为：

$$-x(1-x+x^2)$$

如果选择区域2和区域4，则从矩阵中删除第3列和第5列，得到方阵：

$$\begin{bmatrix} -x & 0 & 1 \\ -x & 1 & x \\ -x & x & 0 \end{bmatrix}$$

计算其行列式值，结果为：

$$x(1-x+x^2)$$

可以证明，从该矩阵中删除任何相邻区域所代表的列之后，所计算的行列式值都会有公因子$1-x+x^2$，而另一个因子的形式为x^n（n为整数）。

多项式$1-x+x^2$，就是三叶结的“亚历山大多项式”。

但是，亚历山大多项式也有一个缺陷：在少数情况下，不同的结仍然会具有相同的亚历山大多项式，特别是一个结和它的镜像，必然有相同的亚历山大多项式。比如，你打一个三叶结，再拿面镜子，你会看到镜子里的三叶结的镜像。它们肯定有许多相同的性质，但一个三叶结怎么变换，你也没法把它变成它的镜像。所以，从这个意义上说，三叶结和它的镜像是两种结，而亚历山大多项式是无法区分它们的。

一个更极端和让人吃惊的例子是平凡结。平凡结的亚历山大多项式是“1”，但还有一些其他看上去相当复杂的结，它的亚历山大多项式也是1。这也是亚历山大多项式的一个缺点。

纽结理论的再一次重大突破是在1984年。新西兰数学家沃恩·琼斯发现了另一个纽结不变量，现在称为“琼斯多项式”。这个多项式在区分和表达纽结的能力上比亚历山大多项式更好。

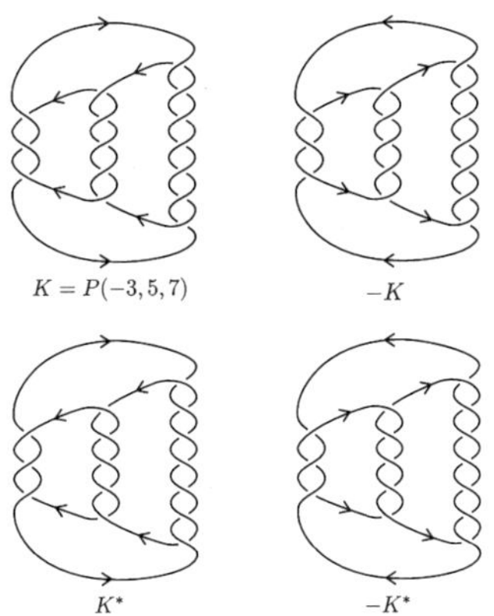

“Pretzel knot (−3 5 7)”的亚历山大多项式也是“1”，它有很多有趣且出人意料的特点

结	亚历山大多项式	琼斯多项式	康威多项式	名　称
	$1-t+t^2$	$t+t^3-t^4$	$1+z^2$	3_1/三叶结
	$1-3t+t^2$	$t^{-2}-t^{-1}+1-t+t^2$	$1-z^2$	4_1/8字结
	$1-t+t^2-t^3+t^4$	$t^2+t^4-t^5+t^6-t^7$	$1+3z^2+z^4$	5_1/梅花结
	$(1-t+t^2)^2$	$t^{-1}-1+2t-2t^2+2t^3-2t^4+t^5$	$1-z^2-z^4$	6_2/平结
	$(1-t+t^2)^2$	$-t^{-3}+2t^{-2}-2t^{-1}+3-2t+2t^2-t^3$	$1+z^2+z^4$	6_3/老奶奶结

更为奇妙的是，在琼斯发表琼斯多项式之后不久，美国物理学家爱德华·威腾发现了琼斯多项式与量子场论之间有奇妙的联系。爱德华·威腾的名字，相信很多读者是很熟悉的，他是弦理论和量子场论领域的顶尖科学家，并且是“M理论”的创立者。“M理论”是目前一种比较有希望的“大统一理论”的候选者。

爱德华·威腾发现琼斯多项式可以运用于量子场论，这个发现让人遐想：难道宇宙的微观结构中存在一个个纽结?

不管怎样，琼斯和威腾的发现如此重要，使二人双双在1990年获得数学界的最高荣誉之一——菲尔兹奖。该届菲尔兹奖不同寻常：威腾是目前仅有的，以物理学家身份获得数学领域菲尔兹奖的人。琼斯则被认为是以最短的论文获得菲尔兹奖的人。琼斯的关于琼斯多项式的论文一共8页，其中有4页是一些纽结的多项式数据表格和引用之类。论文实际内容只有4页左右。仅凭4页篇幅的论文获得菲尔兹奖，是绝无仅有的。

以上我们简单聊了纽结两种多项式表示的不变量——亚历山大多项式和琼斯多项式。下面我再简单聊聊纽结的其他有趣的性质——纽结的分解和加法组合。

这里先得定义结的组合，其经常简称为“加法”。其实，我们可以想象，结的加法就是设法把两个结连接起来。把结连起来的方法有很多种，我们需要精确定义，避免产生歧义。数学中结的加法大概是这样的，假设对以下两个结实施“加法”：

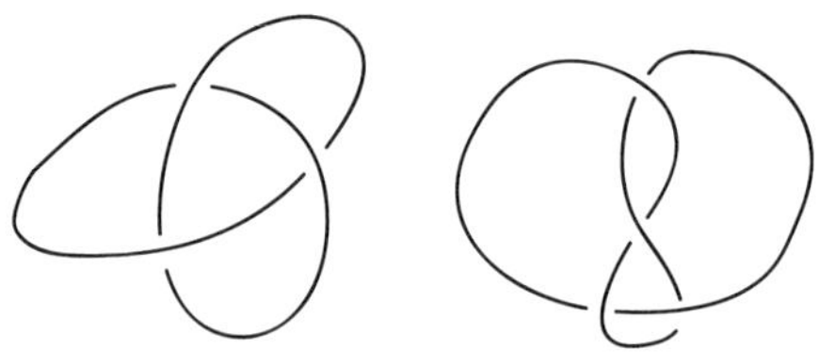

把两个结靠近放在一起，但不要互相重叠。在两个结之间找

到任意一个四边形区域，这个四边形的两条边分别是两个结的某部分，四边形不能覆盖任何结的部分，如下图深色区域所示。

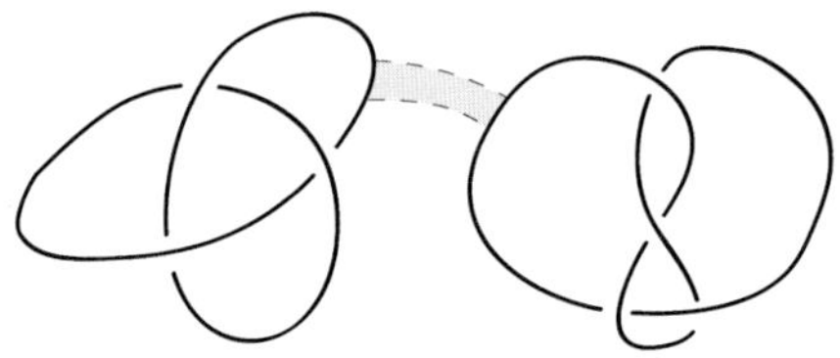

在四边形两对边处各剪一刀，得到4个开放端，上面的两个开放端连在一起，下面的两个开放端连在一起，就得到了一个新的结。这个结称为原先两个结的“连接和”：

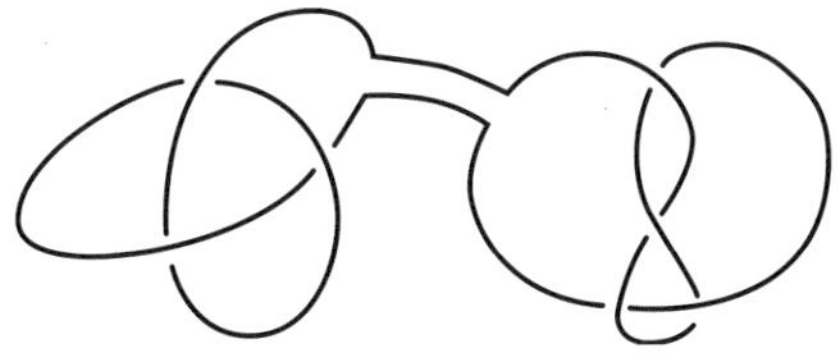

这个加法定义带来的一个有趣的问题是：两个结的加法结果是否是唯一的？以上定义只说选择靠近的两部分进行连接，所以连接的位置可以任意选择。那么连接不同的部分，所得的结是否仍然一样？数学家证明，在严格的定义下，这种加法的结果是唯一的。

结的加法有了，那么它的逆操作就是结的分解。有了组合和分解操作后，我们一下子就可以考虑很多有意思的问题。例如，结的加法有没有交换律和结合律？答案是肯定，你可以自己做实验验证。

还有一个“显然”的结论是：一个结加上平凡结，所得结果是其本身。那么是否存在两个或多个非平凡结，它们相加后变为平凡结呢？可能有人有这种想法：一个结加上它的镜像，两者就会互相“抵消”，最后变成一个环。答案有点令人意外，是否定的。1949年，数学家舒伯特证明，一个非平凡结，无论给它加上怎样的结，也没法对它“抵消”，最后变成一个环。

我们再说两个有关结的加法的有趣例子。三叶结是最简单的非平凡结。三叶结加三叶结所得的图形被称为“granny knot”，我叫它“老奶奶结”。

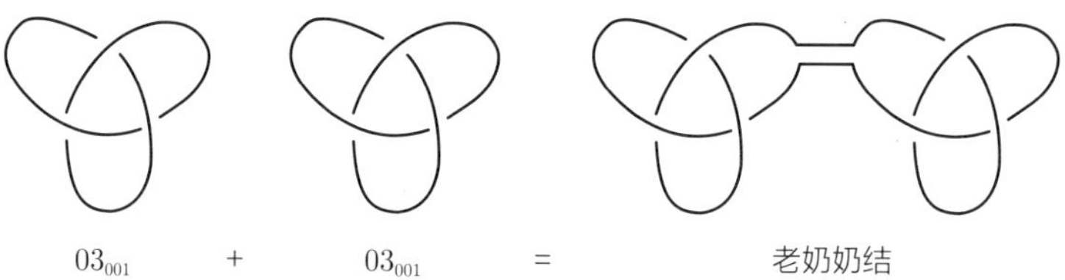

三叶结+三叶结的镜像所得的结，称为“平结”。对“平结”知道的人应该更多些，因为这是很实用的一种捆扎方式，急救时经常用来固定绷带。老奶奶结和平结也是在攀岩运动中非常实用的两种结，我相信攀岩爱好者和海员对这两种结很熟悉。

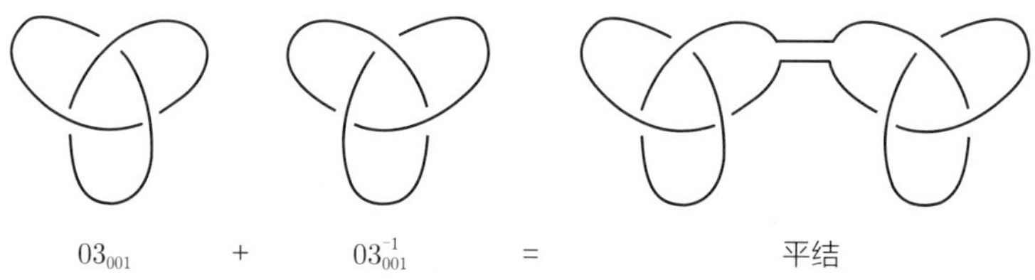

在纽结理论中，平结和老奶奶结具有相同的亚历山大多项式，而琼斯多项式可以区分它们。

结的分解就更有意思了。结的分解就是结加法的逆运算。显然存在这样一些结，对它们没法分解。如果继续分解，也只能分出平凡结，如三叶结。对这种没法分解的结，数学家给它起了个名字（也许你猜到了）——“素结”。

这里，我们可以把结想象成整数，把平凡结想象成数字1，将结的分解比拟成质因数分解，那么“素结”就像素数，所以被命名为“素结”。

这带来一个有意思的问题：在结的世界中有“唯一因子分解定理”吗？也就是说，当一个结不是素结，而是一个“合结”的时候，把这个合结分解为若干素结的组合，分解结果是唯一的吗？

答案是肯定的。1949年，数学家舒伯特证明（把结的方向定向之后），合结的分解结果是唯一的。

还有一个有意思的问题：是否存在无穷多的素结？答案也是肯定的。在不同的交叉点数下，素结的个数如下表所示：

n	n个交叉点的素结数（不含镜像）
1	0
2	0
3	1
4	1
5	2
6	3
7	7
8	21
9	49
10	165
11	552
12	2 176
13	9 988
14	46 972
15	253 293
16	1 388 705
……	……

有没有一个办法判定一个结是素结或分解一个合结呢？答案如同质因数分解一样，目前没有一个简单快捷的算法，可以判定一个结是否是素结或将其分解成一个结。所以，给定一个结，如何对其“素结分解”是一个比较困难的问题。因此，甚至有人设想用“结”构造一个非对称加密体系。

以上就是我给大家讲的纽结理论的一些入门知识，主要是亚历山大多项式和琼斯多项式，它们都是“纽结不变量”，而琼斯多项式还与物理中的量子场论有关。纽结如同数字，可以对其进行加法和分解操作，纽结在这方面的很多性质与整数的质因子分解很像。纽结理论的起源非常简单，就是源于人们希望对“结”进行分类和整理，但衍生出的话题非常多，甚至与物理学中最前沿的理论联系起来，不得不令人叹为观止。

思考题

计算老奶奶结或平结的亚历山大多项式。

第五章

人工智能怎么丢骰子

数学家的纸上计算机

2014年，名为《模仿游戏》的电影上映，这部电影的内容就是根据英国科学家艾伦·图灵的生平改编的。

艾伦·图灵，被称为“计算机科学之父”

你也许听说过“图灵机”，这是一种以图灵的名字命名的概念中的机器。虽然图灵机开始只是理论上的一种机器，但后来这种机器被用现代计算机模拟出来了，甚至有人真的制造了一台图灵机。本章就给大家说说什么是图灵机。

在理解一个新概念之前，我们最好问一下：为什么要有这个概念？图灵为什么要提出图灵机这个概念呢？图灵是为了回答希尔伯特和他的学生威廉·阿克曼在1928年提出的一个问题：

是否存在一个算法，对某种形式化语言中的逻辑命题，能够判断该命题的真假，并最终输出判断结果。这个问题后来被称为“可判定性问题”。

你在看了这个问题后，可能还是一头雾水。什么叫形式化语言，这里的“逻辑命题”和“算法”又是什么？慢慢来，让我们继续回溯历史。这个问题最早可以追溯到17世纪的著名数学家莱布尼茨。当时，莱布尼茨在帕斯卡的发明基础上，改进设计并制造了一台用机械装置驱动的计算机械。

莱布尼茨设计制造的机械计算装置的复制品

莱布尼茨还进一步设想：如果将来有一个机器不仅能做数学运算，还能做逻辑推理就太棒了。只要“告诉”机器某个数学命题，机器就能输出这个命题正确与否。莱布尼茨还意识到，要达到这一目标，第一步是需要一种机器可以读取的“Formal

Language”，现在被翻译成“形式化语言”。

读者可能有过这种设想：如果数学证明的过程全部用符号表示出来，似乎就是一种符号游戏，甚至不需要理解符号表示的实际意义。如果能把数学命题的证明过程变成一种有规律可循的符号游戏，就可以让计算机去全权处理，数学家就都下岗了。

但是，目前人类离这一目标还相差很远，现在最好的结果就是让机器去检查一个“证明”。在本书后面介绍的“开普勒猜想”的证明过程中，黑尔斯为了证明他的常规书面证明完全正确，不惜用11年时间，用群体协作的方法，把原来的证明用形式化语言重写了一次，然后交给机器证明检查软件进行检查，最终确认他的证明是正确的。

总之，莱布尼茨提出了有关机器证明的初步设想，并提出需要确立一种形式化语言。到19世纪末、20世纪初，数学家在数学公理化方面做了很多工作，主流数学家接受以策梅洛-弗兰克尔集合论，外加“选择公理”所构成的“ZFC公理系统”，作为数学的逻辑推理规则基础，把皮亚诺算术公理作为数学研究对象的定义起点。这两套公理构成了数学大厦的地基。

1900年，德国数学家希尔伯特发布著名的“20世纪重大的23个数学问题”。从发布的问题来看，希尔伯特对构建完美的数学基础是充满希望的。其中第10个问题是：

对于一般的丢番图方程，能否通过某个确定的算法，经过有限的步骤，判定这类方程是否有整数解。

丢番图方程就是那种未知数比方程数多的方程，一般这种方程都有无穷多个解。但是，我们经常只考虑整数解，那么这类方程就可能只有有限多的解，甚至无解。比如，“费马大定理”就是这样一种无解的丢番图方程。我们看得出，希尔伯特的这个问题就是对机器证明问题的一个特例。

丢番图方程

简单来讲，丢番图方程就是那种未知数数量多于方程数量的方程（组），又称“不定方程”。在一般情况下，当未知数数量多于方程数量时，方程（组）有无穷多个解。“丢番图”方程经常对解的范围加以限制，通常限制解为整数或有理数，从而使方程有更深刻的含义。以下两个方程就是丢番图方程的例子：

$$3x + 4y = 100$$

$$x^2 + y^2 = 125$$

考虑一下，以上方程有正整数解吗?

1901年，“罗素悖论”被提出，但希尔伯特认为无伤大雅，毕竟“罗素悖论”里这种“自我指向”的命题，怎么看都不像数学里正经需要研究的命题。所以，1928年，希尔伯特还把1900年提出的第10个问题一般化了：

有没有一种算法，可以在有限步骤内，对任意的形式化的数学命题进行真或假的判断?

这里关于“形式化”的命题，我再举个例子，便于大家理解。想必各位都有体会，数学里的命题都有“题设”和“结论”两部分，一般逻辑形式为：因为有了某个“题设”，所以导致某个“结论”。而“题设”和“结论”部分往往是由若干以“存在”或“对任意”这两个词开始的句子。比如，哥德巴赫猜想：

对任意大于2的偶数，存在两个质数，其和等于这个偶数。

我们可以发现，只要把“存在”和“对任意”两个词用符号表示出来，那么数学命题就很容易全用符号表示出来了。数学家确实发明了两个符号去表示这两个词，谓词逻辑中称为“量化符号”。∃表示“存在”，∀表示“对任意”。比如，哥德巴赫猜想就变成：

∀偶数 $a > 2$，∃质数 c,d，满足：$c + d = a$。

这里我还是用了一些文字，如“偶数”和“质数”。其实偶数和质数的定义很容易用其他符号表达出来。你把这些符号全部输入计算机，计算机是可以处理的，虽然计算机完全不理解符号所表达的真实含义。

以上这种用符号表达出来的命题，就是形式化的一阶逻辑命题。

我再插个题外话，解释一下什么是“二阶逻辑”。在一阶逻辑中，“存在”和“对任意”这两个量化符号后面只能跟一个一般的陈述语句，术语称为“断言”。但如果允许“存在”和“对任意”两个谓词之后嵌套一个一阶逻辑语句，那么整个命题就是一个二阶逻辑命题。例如：

对任意 a（对任意 b……，使得对任意 c，有 a,b,c 满足……），存在 d（对任何 e，使得 a,d,e 满足……），使得（其他一阶逻辑语句……）

上述语句看上去就像一阶逻辑的递归。当然，你大概从没有看到过这种形式的数学命题。确实，数学中的命题99%以上都可以用一阶逻辑描述出来。倒是有些用一阶逻辑可以描述的命题，必须用二阶逻辑才能证明，就如《老师没教的数学》一书中介绍过的“加强的有限拉姆齐定理”。

说了那么多背景，现在我们终于可以介绍什么是图灵机了。图灵机是有这样一种性质的数学概念：

所有一阶逻辑命题真伪性的判定问题都可以转化为判定一个图灵机是否在有限时间内“停机”的问题（图灵机的能力并不限于一阶逻辑）。

进而图灵又证明不存在一个一般的可以判定图灵机是否停机的算法，从而否决了希尔伯特寻找一种通用算法进行命题真伪判断的梦想。

在理解图灵机之前，我们要先确立一种观念：图灵机不是一种机器，它是完全用合法的数学语言定义出的数学概念。之所以说它是一种机器，是为了方便人们理解。但在本质上，它是用数学语言定义的一种概念。有些媒体把图灵在第二次世界大战期间发明的破解德军“恩尼格玛密码机”的装置称为“图灵机”，这就错得太离谱了。事实上，图灵发表有关图灵机的论文是在1936年，第二次世界大战在欧洲战场三年后才开战。

德国在第二次世界大战期间使用的恩尼格玛密码机，被图灵领导的团队破解

尽管图灵机是一种抽象概念，但为了便于理解，图灵一开始就给出了一种设想中的图灵机外观。后来，有很多人对其外观做了更充满细节的描绘。图灵机可以是下面这种样子：

一个机器人在操作一条长长的纸带，纸带在理论上是无限长的，纸带上划分了很多小方格子。你可以把这条纸带想象成计算机硬盘，每个格子就是图灵机每次操作可以存取的单元大小。

机器人有一个读取格子内信息或写入信息的装置，称为“读写头”。读写头可以在纸上移动，但只能一格格移动。如果纸带算是硬盘的话，那这种硬盘的读写效率是极低的。没关系，图灵机的设计目标并不是提高计算效率，而是对计算过程的抽象和简化。

机器人内部保存一个名为“状态”的信息（如同图中所示的时钟时刻），而图灵机能根据当前纸带位置上的信息及内部状态，来决定读写头在当前纸带的格子上怎样输出，然后决定读写头向哪个方向移动，以及内部状态如何变化。

下面说说图灵机在数学中的定义。

数学里用7个属性描述图灵机，就是这7个属性唯一地决定了一台图灵机。7个属性看上去有点多，但主要是两个属性。

第一个属性：符号集合，即这台图灵机可以在纸带上读取和写入的符号种类，必须是有限的。所有的符号种类数量称为图灵机的“符号数”或者“颜色数”，简称“色数”。这里，符号具体的样子无所谓，我们只关心有多少种符号。我们还默认有一种名为“空白”的符号，就是纸带上是空的。这种“空白”也算一种符号，在符号集合里。所以，一般符号集合至少有两个元素，其中一个是空白符。

第二个属性：状态集合，即图灵机内部处于哪种状态，必须是有限的。所有的状态种类数量称为图灵机的“状态数”。同样，具体每个状态表示什么含义无所谓，我们只关心有多少种状态，只有一种状态的图灵机也是允许的。与“空白符”类似，默认有一种名为“停机”的状态，就是图灵机运算结束，机器停下来的状态。但这种状态一般不包括在状态集合里。

以上就是图灵机最主要的两种属性，其他5种属性是这样的：

第一个属性就是前面提到的空白符。空白符的存在是有必要的，它可以帮我们区分纸带上每个部分信息的边界在哪里。本书之前在讲“信息熵”的时候提到过，如果只有一个符号，那是传递不了信息的。

第二个属性是初始输入，即图灵机运行前纸带上的符号状态。

第三个属性是初始状态，即图灵机运行前内部所处的某种状态。在任何时刻，图灵机只能处于一个状态。

第四个属性是“接受状态”，或者叫“终止状态”，即图灵机进入这种状态后停机。在很多情况下，接受状态只有一种，就是之前提到过的停机状态。

第五个属性是转移函数集合。转移函数很像计算机程序，它决定图灵机的变化过程。在任何时刻，图灵机所处的情形是由两个属性确定的：当前读取头下小方格内的符号和内部状态。转移函数是函数，它有输入参数和输出参数。它的输入参数就取这两个属性的值，它的输出参数有3个：

1. 对当前格子输出的符号。
2. 内部状态的变化。
3. 读取头移动方向，或者不动。

所有转移函数的集合就决定图灵机从启动到停机的过程，如果它会停机的话。当然，有些图灵机是不会停机的，如它进入某几个状态的循环或者读取头永远向右移动等。

以上就是图灵机全部的7个属性。我们来看一个具体的图灵机例子，就容易理解了。

考虑有这样一台图灵机：

它只有两个符号："_"和"1"，其中的"_"就是空白符。

它只有两种状态：用"0"和"1"表示，还有一种"停机"状态，记作"halt"。

它的转移函数集合如下表所示，其中"当前状态"和"当前符号"为函数的输入，其余3列为函数的输出。

当前状态	当前符号	输出符号	读写头移动方向	新状态
0	_	1	右	1
0	1	1	左	1
1	_	1	左	0
1	1	1	左	halt

纸带的初始状态为全空，机器的初始状态为0，如下图所示。

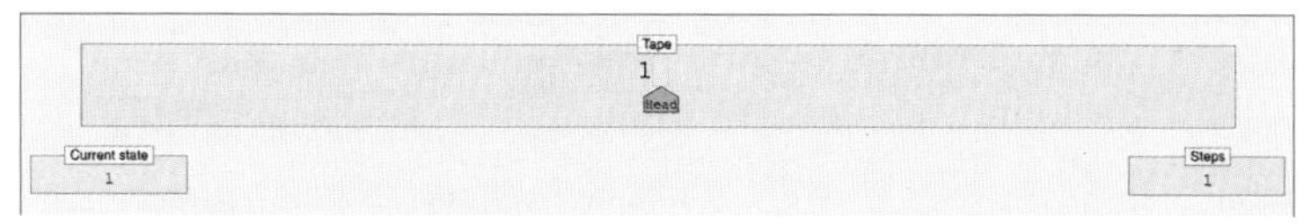

一个图灵机模拟器。Tape是纸带的意思，“Head” 是当前读写头位置。“Current State”指当前内部状态，“Step”指机器已经运行的步数

以下来模拟一下这台图灵机的运行过程。

第一步，机器内部状态是0，当前读写头所指向的纸带位置上的符号是“_”（空白符），此时应该执行“转移函数”表的第一行，所以，图灵机应该在当前位置输出“1”，读写头向右移动一格，内部状态变为“1”，执行结果如下图所示。

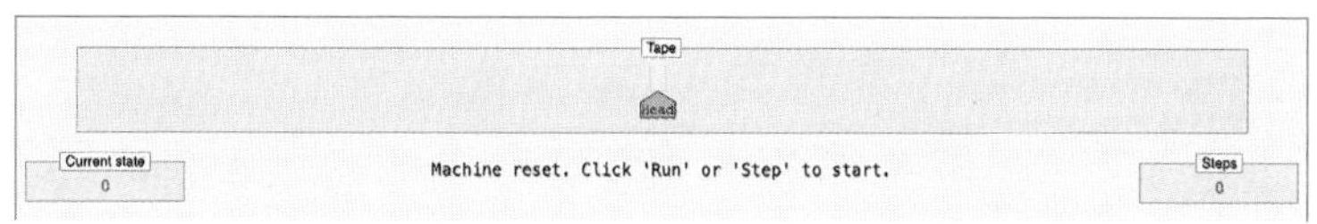

第二步，机器内部状态是1，当前读写头指向的纸带位置上的符号是“_”，此时应该执行“转移函数”表的第三行，所以，图灵机应该在当前位置输出“1”，读写头向左移动一格，内部状态变为“0”，执行结果如下图所示。

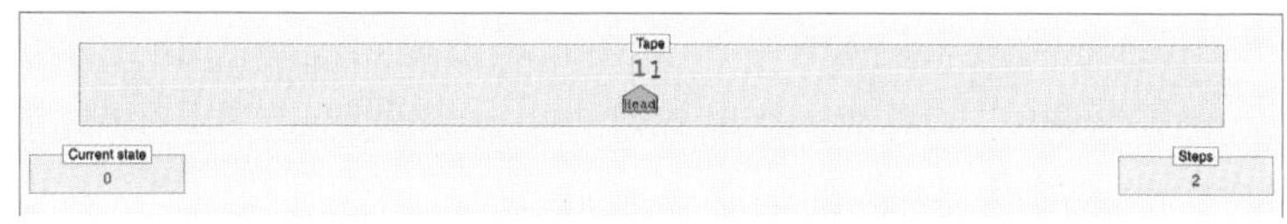

依次类推，后续的图灵机演变情况如下列的图所示。

这台图灵机在运行6步后，进入“Halted”状态，也就是停机状态，运行结束。

你能看出来，图灵机的计算能力是非常低的，要让它完成有意义的计算，设计出有意义的转移函数集合难上加难。但妙就妙在，图灵证明了，所有一阶逻辑下的数学命题，都可以转化为一个图灵机的停机问题。命题的真与假取决于这个图灵机能否进入停机状态。如果停机了，我们就能从这个图灵机的输出中得知这个命题是真是假。

在《老师没教的数学》一书中，笔者提到过哥德尔证明了“万物皆数字”，所有数学命题都对应一个数字，而图灵有点像证明了“万物皆图灵机”。

证明“万物皆图灵机”之后就好办了，希尔伯特的“可判定性问题”就变为是否存在一个算法，对任何一个图灵机，在给定输入的情况下，在有限步骤内，可以判断其是否停机？图灵证明了这样的算法是不存在的。证明方法是大家熟悉的“罗素悖论”模式。

假设有这种通用判别算法，叫它算法P。那么定义一种这样的图灵机，将其称为U，这台图灵机接收另一台图灵机T和某个输入作为自身的输入。

U的运行模式是：

调用P，把U接收到的图灵机T和输入传递给P。如果P判断T不会停机，则U停机。如果P判断T能停机，则U进入死循环。

既然U也是一台图灵机，则把U本身传递给U作为参数会如何？你自己稍微想下，就会发现这里面的矛盾，U停与不停都不行，所以不能有这样的算法。以上这个问题就是著名的“图灵机停机问题”。

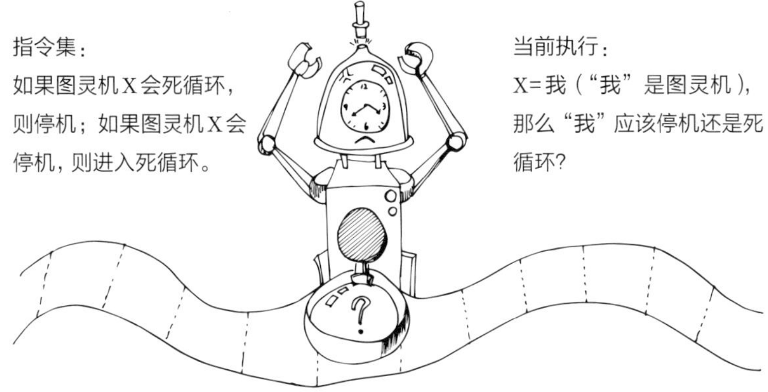

如果有一台可以判定任何图灵机是否停机的图灵机，则这台图灵机在执行上述指令集，且判定自己是否停机时，就会出现悖论

总之，图灵用图灵机作为工具，证明希尔伯特希望的通用命题真伪判断算法是不存在的。要注意的一点是，虽然一般的图灵机停机问题是不可判定的，但不表示所有图灵机的停机问题是不

可判定的。

数学家现在已经证明，具有4个或更少状态数的图灵机，都是可判定的（因为已经确定了4个或更少状态数下可以停机的图灵机的最大运行步数。若某个图灵机运行超过该步数仍未停机，则可以肯定它不停机）。如果你将一个已经被证明为真的数学命题编码成图灵机程序，停机条件为该命题为真，则不管这台图灵机有多少状态，需要运行多久，它必然会停机。

以上就是关于图灵机的一些简单介绍，它很简单，计算能力非常低，却是数学家的一个好帮手。数学家用它证明了一些逻辑和算法领域中最为基本和具有深刻意义的命题。

思考题

$3x+4y=100$

$x^2+y^2=125$

考虑一下，以上方程有正整数解吗？

八维空间好砌墙

想必你看到过用砖砌的墙。用砖砌墙时，有个基本规范是，总是让某层砖的左右两边与上下层砖的中间对齐，而不是边与边对齐。如果有人把墙砌成像“田”字形，那他砌墙的水平不但业余，而且墙很危险，容易塌。

一堵砖墙，每块砖的左右位置总是与上下层错开的

数学家问你：有没有办法砌一堵墙，使每块砖的每条边都与其他砖错开呢？这里，我们需要先对“错开”这个词下个科学定义。

既然是墙，我们就先限制在二维平面上，这样砖就被看作矩形。我们可以这样定义二维平面上的“错开”：

在完全密铺平面的情况下，没有任何两个矩形的边是完全重合的，或者说，不存在两个矩形的等长边互相贴在一起。

对砖来说，能否做到这一点呢？答案是可以的（见下图），关键在于砖的长宽不同。实际上，很少有人用这种模式砌墙，因为这种方式单块砖的承重更大，更不坚固。它倒是经常被用作地砖的铺展模式。

一种矩形密铺模式，英语称为“herringbone”（鲱鱼骨），中文俗称“人字纹”。其中没有任何两块砖的等长边互相贴合在一起

数学家又问：既然长方形可以，正方形的砖怎样呢？稍作思考，你就会发现无法对正方形做到全错开的平铺，因为没法做到水平和垂直方向同时错开。

数学家又问：二维空间不行，在三维空间下可以吗？这时，我们需要把三维空间的问题精确定义一下：

用正立方体填充空间，是否可能避免所有立方体的两个面重合？也就是没有“面贴面”的情况。

在三维空间，问题略微复杂点，你可能需要找来七八个正方体骰子来试试。很快你会发现，在三维空间填充也做不到以上的全错开要求。

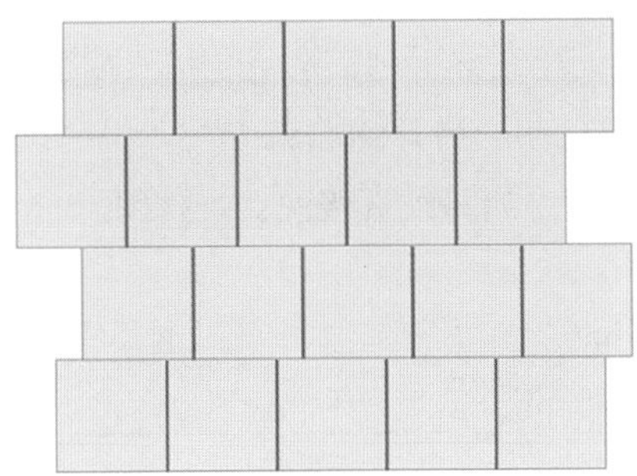

正方形左右都错开了，但蓝色的竖直边无法错开。正方形无法做到“全错开”密铺，无法用在“人字纹”中

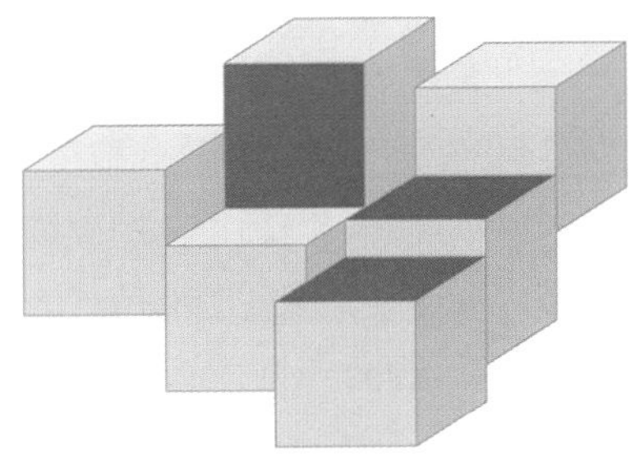

三维空间立方体填充的一个可能模式，你必然会在某个蓝色的面上出现无法错开的情况

当然，数学家又问了，你也能猜到数学家的问题了：以上这种问题，对n维空间的一般结论如何？

这个问题最早是1896年，由德国数学家，爱因斯坦的老师闵可夫斯基提出的。不知道他是不是在砌墙时（开玩笑）想到了这个问题：

用n维的超立方体去填充空间，是否存在可以使不存在的两个立方体共享某个$n-1$维的“面”？在这里，他考虑的填充是

“晶格填充”，意思就是有周期性和对称性的填充。

闵可夫斯基认为，不存在这样的填充方案，这符合我们的直觉。在前面，我们已经分析过二维空间和三维空间的情况，很难想象在高维空间存在全错开的填充方案。闵可夫斯基开始很自信，他发表这个猜想的时候直接说：“这会是一个定理，证明我稍后给出。”

但是，在1907年出版的一本书中，他还是把以上命题作为一个猜想，没有给出证明。这说明他考虑过这个问题，但没能找出完美的证明，所以这个问题没有看上去那样简单。

1930年，德国数学家奥特-海因里希·凯勒把闵可夫斯基的猜想稍微进行一般化，把“晶格填充”里的“晶格”两字去掉了，意思就是用任何方式填充都可以。他同样猜想，用n维立方体填充n维空间，至少有两个立方体会“共享”一个$n-1$维的“面”。这个猜想后来被称为“凯勒猜想”。

这个猜想看上去很像真的。1940年，德国数学家奥斯卡·佩伦证明，凯勒猜想在六维及更少维度下都是对的。

但是，万万没想到，1992年数学家（Lagarias和Shor）证明，凯勒猜想在十维空间上是错误的！

这两位数学家找到了凯勒猜想在十维空间中的一个反例，也就是在十维空间中，你可以用十维立方体填充空间，并且确保没有任何两个立方体共享九维的面。之前有其他人证明过，如果凯勒猜想在n维上有反例，就可以构造大于n维的所有维度上的反例。所以，十维空间有了反例后，在十维以上的空间中，凯勒猜想都不成立了。

那么，还剩下7，8，9这三个维度的情况不清楚。2002年，数学家麦基找到了凯勒猜想在八维空间的一个反例，同理，在九维空间中，凯勒猜想也不成立。

所以，现在只剩七维空间的情况。2020年，来自斯坦福和卡内基梅隆大学等高校的4位数学家，把七维空间的情况解决了，他们证明在七维空间，凯勒猜想是成立的。凯勒猜想由此被彻底解决，结论就是：凯勒猜想仅在七维及以下空间成立。

1990年以后，对凯勒猜想的证明进程被大大加速。这个加速的原因在于，1990年，数学家科拉迪和萨博提出了一个被称为“凯勒图”的概念，可以将凯勒猜想转化为一个离散数学中的图论问题，并且可以借助计算机去搜索这个图，从而帮助我们解决问题。下面简单介绍一下这个思路。

n维空间的凯勒图由4^n个点构成，每个点用n个元素的向量标识，向量可以视为元素在坐标系中的坐标。

向量的元素为集合{0，1，2，3}元素之一。两个点之间有连线，两个点至少在两个坐标点上不同，且在至少一个坐标点上的差为2（模4）。其实能连线就表示那两个立方体能“错开”。

比如，二维凯勒图有16个点。如果用颜色表示数字：黑/B=0，红/R=1，白/W=2，绿/G=3。则16个点的标识为：
[(‘B’,‘R’),(‘B’,‘W’),(‘B’,‘G’),(‘R’,‘B’),(‘R’,‘W’),(‘R’,‘G’),(‘W’,‘B’),(‘W’,‘R’),(‘W’,‘G’),(‘G’,‘B’),(‘G’,‘R’),(‘G’,‘W’)]

根据之前对凯勒图的定义，二维凯勒图只能在一个坐标上相同，在另一个坐标上“配对”（差为2，则黑与白是一对，红与绿是一对）。

不同点的坐标关系可以看下图的解释：

研究者通过将凯勒猜想“翻译”成一对具有不同色点的骰子，解决了凯勒猜想。以下是这种“翻译”的工作机制。

骰子的配置	对应凯勒猜想中正方形板块的位置关系
相同颜色 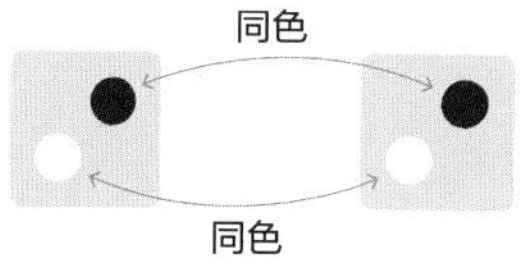 同色 同色	板块重叠在同一位置
两个骰子没有相同的颜色，且没有互相配对的颜色 不同色 不同色 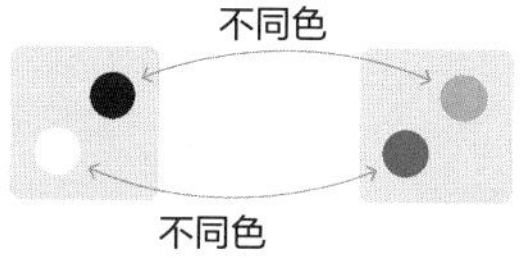	板块部分重叠（不应该出现的一种秘铺模式）
有一对配对的颜色和一对相同的颜色 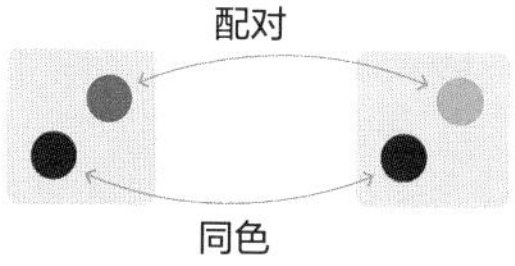 配对 同色	板块共享一整条边 
有一对配对颜色和一对不同的颜色 配对 不同色 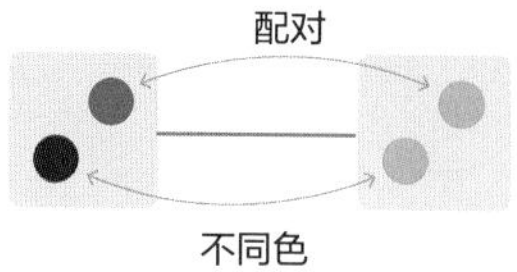 骰子之间有连线	板块在一条边上接触，但不完全对齐

二维凯勒图的绘制规则

根据这个绘制规则，可以画出二维凯勒图，如下图所示。

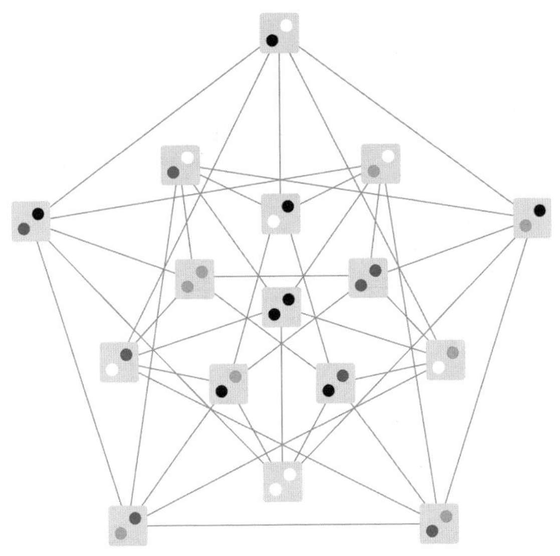

二维空间中的凯勒图

根据对凯勒图的定义，如果可以在上图中找到4个两两连接的点，则表示可以用这四个正方形填充平面，且互相错开，这就推翻了凯勒猜想。这种若干个两两相连的点，术语称为“小圈子”。显然二维凯勒图中找不到这样的小圈子。

科拉迪和萨博在1990年证明，n维图中最多有2^n个点构成的小圈子，而如果存在这种2^n个点的小圈子，则可推出n维的凯勒猜想不成立。但是，小圈子不存在，不能证明凯勒猜想正确。

1992年，Lagarias和Shor利用计算机发现了在十维凯勒图中能找到$2^{10}=1\ 024$个点构成的小圈子，所以在十维空间，凯勒猜想不成立。

之后，八维空间的情况也类似，数学家找到了一个256个点的小圈子，如下图所示。

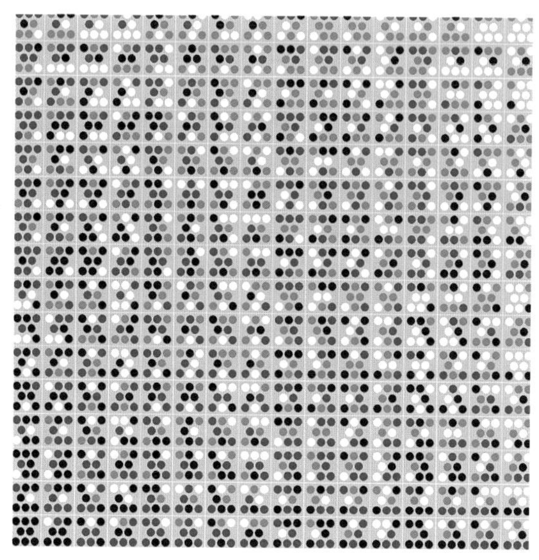

在八维空间中，凯勒图中的一个256个点构成的“小圈子”，这些点在凯勒图中都可以连线，表明如果将这些点看作八维的砖块，它们的边都是错开的

按理说，七维空间，凯勒图的点更少，需要找的小圈子只有128个点，看上去更容易，那为什么是最后一个解决的呢？一个主要原因是，7是一个质数。而8和10都是合数。在高维空间，凯勒图的点数是很多的。比如，在七维空间，凯勒图有约4^7个点，要对其中每2^7个点的组合一一检查，可能的组合数有10^{323}数量级，完全枚举的话太大了。

在八维和十维的情况下，利用对称性，可以把高维问题转换成低维问题，从而节省时间，但对七维就需要一些新的优化搜索方法。

这次，研究者使用一些全新优化方法，使用40台计算机对七维凯勒图进行搜索，仅30分钟后，计算机就输出了200G的数据，确认没有找到128个点的小圈子。当然，如前所述，找不到小圈子不代表凯勒猜想成立。所以，研究者还必须提供其他一些辅助证明，来说明结论正确。研究者最终的论文有24页，确认在七维空间中，凯勒猜想是成立的。

至此，一个有90多年历史的数学猜想被完全解决。我最大的感想是宇宙构造的奇妙，在七维以上的空间，你可以用正方体的砖完美填充一个空间，且每块砖都错开，但为何分水岭是从七维到八维呢？

凯勒猜想还有一些延伸内容。比如，闵可夫斯基是在思考一类丢番图不等式时（而不是砌砖时）提出这个猜想的。凯勒猜想还有一个群论中的等价版本，读者可以自行去研究。

计算机怎么丢骰子

在之前的章节中，我们讨论了什么是计算机里的“伪随机数生成算法”，可以看到各种随机数生成算法本质上都是生成随机二进位，即一半的概率输出“0”，另一半的概率输出“1”。那么，问题来了：如何用这些算法产生各种实际需求中的随机数呢？

“离散概率分布采样”就是解决这种问题的。例如，怎么用软件来模拟丢骰子？我需要一系列从1到6的数字，我希望这些数字就好像一个人丢骰子得到的。

当然，用各种编程语言中自带的随机数生成函数，生成1与6之间的随机整数，作为输出就可以达到目的。现在的问题是：请你来设计这样的随机数生成函数，你会怎么做？

完成此事，肯定需要利用伪随机数生成算法。标准的伪随机数生成算法本质上都是生成一系列随机二进位——0和1，且两者概率相等。

现在的问题就变为，利用一串随机二进位来模拟产生其他概率分布的问题，如模拟一个6面的骰子。

其实答案也不难，相信很多人能想到这个算法：用伪随机数算法获得3个随机二进位。3位随机二进位有$2^3=8$种组合。取其中6种，分别表示骰子的6个面的结果，如果不幸产生了另外两种组合，那只有重新来了。这个思路很好，我后面介绍的“拒绝采样”就是这种思路的一般化。

现在问题又来了，以上这种算法是模拟丢骰子过程的最佳算法吗？这里又要引出另一个问题：“最佳”的衡量标准是什么？

一般来说，算法的最重要指标是时间复杂度，其次是空间复杂度。另外，在随机数算法中，还有一个评价标准是随机二进位的消耗量。比如，对上述模拟丢骰子的算法，我们至少要消耗3位随机二进位。每次算法执行是消耗的随机二进位数量的“平均值”，或者叫“期望值”，也是一个衡量算法好坏的指标，因为我们希望消耗的随机二进位越少越好。

对计算机来说，随机二进位也是一种资源。伪随机数算法生成二进位本身需要时间，而且连续使用越久越不安全。虽然现在的计算机多数也有一些从外部噪声获取“熵”来生成随机数的机制，但那种生成方式速度相对很慢，而且连续使用外部熵的话就更不安全了，因为谁都不能保证那些外部噪声中不存在人们可以掌握的规律。

综上所述，现在产生这样一个问题：如果用随机二进位去模拟各种离散的概率分布，如均匀或者不均匀的骰子，最佳算法为何？这个问题被称为“离散随机分布采样问题”。

什么是采样?

“采样”是英语“sampling”的一个翻译

医学上，化验标本采集的过程就是一次“sampling”

"sampling"的本来意思是"标本采集"。我们可以这样理解，假设你已经掌握了某种随机分布规律，比如一个二项分布。当你想模拟产生一系列这样的随机事件结果，以获得这个随机分布的样本时，这个过程有点像采集标本，所以用"sampling"这个词，中文被译作"采样"。当然，这里的"sampling"其实采集的是"假"的标本，真正对随机事件的标本进行采集应该到现实世界中去记录和统计。

关于"离散随机分布采样问题"，高德纳和姚期智两位科学家在1976年发表过一个经典结论，他们给出了这类采样问题需要消耗的随机二进位期望值的上下限，同时等价给出了可以达到的最优的时间复杂度。

两位科学家在1976年证明，对某个离散概率分布 $p := (p_1, p_2, \cdots, p_n)$ 进行采样时，每次消耗的随机二进位数量期望值记作 $E[L_T]$，有：

$$H(p) \leqslant E[L_T] < H(p) + 2$$

其中 $H(p)$ 为概率分布 p 的熵。

本书之前介绍了信息熵的概念。这里的熵其实本质上是一样的，也可以被叫作"香农熵"，因为这是香农提出的。给出一个概率分布时，我们就能算出这个概率分布的"熵"。在信息熵中，这个概率分布是以文字出现的频率给出的。而计算信息熵时，我们其实并不在意这个概率分布的来源。

给定一个离散概率分布，$p := (p_1, p_2, \cdots, p_n)$，其信息熵为：

$$H = -\sum p_i \log_2 p_i$$

比如，一个标准的六面骰子，每面的概率是均等的，其信息熵为 $\log_2 6 \approx 2.584$。根据高德纳和姚期智的结论，模拟一个骰子消耗的随机二进位在2.584与4.584之间，也就是3 ~ 5位，这是符合我们的直觉的。

再比如，中文书面文字的信息熵约为9.56。所以，如果要写一个算法，随机生成汉字，且生成的概率分布符合汉字在文中出现的频率，那么每产生一个汉字，需要消耗10 ~ 12位随机二进位，这个数字应该也是符合直觉的。其实，信息熵实际就是对这个概率分布编码的最短平均长度，它就是用二进位采样的平均效率。

实现以上最少二进位消耗目标的具体算法是怎样的呢？这个问题对熟悉计算机数据结构的读者还是比较简单的，就是用“二叉树”。一位随机二进位只有0和1两种取值，反映在二叉树上，我们可以用它来决定向左还是向右遍历。

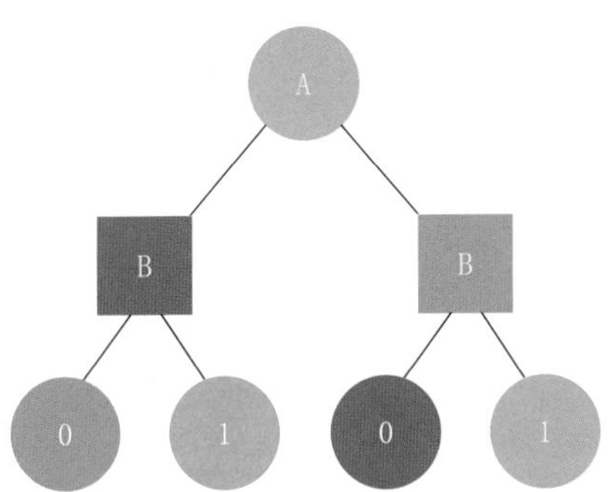

“二叉树”是计算机数据结构中的一个概念，它的基本形态是一棵“树”，“树”的每一层恰好有两个分叉，每个分叉上储存特定的数据。它的特点是便于根据每个分叉上的数据查找底层的数据

从二叉树的根节点开始，根据一个随机二进位决定访问左边还是右边的分叉。我们可以知道，第 n 个二进位之后，你会达到

这棵二叉树的第 n 层，且恰好达到这个节点的概率是 $\frac{1}{2^n}$。

所以，思路就是构造一棵二叉树，对其中的每个叶子节点编号，使你按以上方法到达每个叶子节点的概率之和，是你需要的概率值。

比如，要构造一个 $(3/10, 7/10)$ 的二项分布，先把这两个数字写成二进制小数形式：

$$p_1 = \frac{3}{10} = 0.0\overline{10\ 01}_2$$

$$p_2 = \frac{7}{10} = 0.1\overline{01\ 10}_2$$

然后构造二叉树，方法是：小数点后第 n 位出现 1，则在第 n 层的右叶子标记该叶子为该概率事件，并输出，否则继续向下，直至出现循环小数后回退。比如：

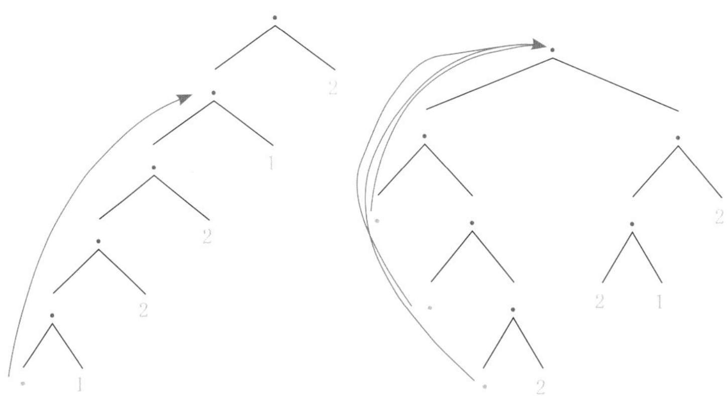

左边为最优二叉树。因 p_1 在小数点后第 2 位和第 5 位是 1，所以将该树第 2 层和第 5 层的右叶子标记为 p_1 事件，对 p_2 同样处理。红色箭头表示循环小数的发生，从而可以退回，重用之前的树结构。

右图为次优二叉树，层数较少，但红色返回箭头更多，从而需要消耗更多的二进位。

这种二叉树被称为离散分布生成树，简称“DDG树”。DDG树就是用$\frac{1}{2^n}$逼近概率值。理论上，除非概率分布值恰好分母都是2的幂次，否则需要无穷深度的二叉树。当然，在实际应用中，因为有循环小数的关系，不需要真的存储一棵无穷深的二叉树，可以部分重用之前的树结构，所以这种树还有些自相似和分形的特性。

每次访问DDG树的平均深度，就是每次采样平均需要消耗的二进位数量。高德纳和姚期智证明，平均访问的深度是概率分布的熵值与熵加2之间。这也是时间上最优的算法。

这个算法的一个缺陷是，存储空间效率比较低。其需要的存储空间不仅与概率分布取值数量有关，还与概率取值的二进制小数位数有关。如果小数循环有10位，那么就需要10层深度的树。这样，对那些熵很小的分布，树的最下面几层很可能是用不到的，但又不得不存储，这是很浪费存储空间的。

举个极端的例子，假如采样一个二项分布$\left(\frac{1}{\pi}, 1-\frac{1}{\pi}\right)$。理论上，用DDG树对这种概率分布进行采样的话，需要无穷深度的树。所以人们开始思考可能的改进方法。

有一种改进方法，称为“拒绝采样”，基本思想就是用一种比较容易采样的方法去模拟比较困难的概率分布。每次采样后，看输出结果是否在需要的概率分布内，如果不在范围内就丢弃，重新开始采样，而这部分结果被“拒绝”，所以称为“拒绝采样”。

以下是一个“拒绝采样”的例子：

对$\left(\frac{1}{\pi}, 1-\frac{1}{\pi}\right)$这样的概率事件，因为其中含有 π，我们就会想到利用“圆”。

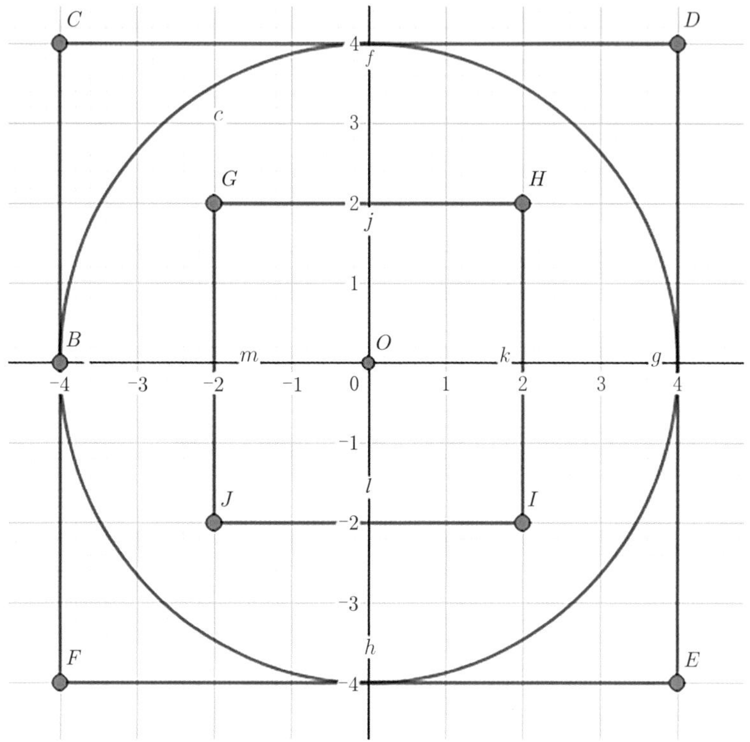

一个半径为1的圆，它的面积是 π。在这个单位圆内，考虑一个边长为1的正方形，它的面积为1。如果我们可以均匀地生成单位圆内的点，根据这个点是否在这个圆内部的正方形内，我们可以决定这个概率事件的输出。这个采样的分布恰好是 $\left(\frac{1}{\pi}, 1-\frac{1}{\pi}\right)$。

但是，直接生成均匀分布在一个圆内的点是很困难的，所以我们改成均匀生成这个圆的外接正方形内的点。判断生成的点是否在这个圆内，如果是就接受这个结果，并产生输出；如果不是就拒绝这个结果，重新开始。

均匀产生一个正方形内的点是比较容易的，你只要均匀地在某范围内产生两个数字，作为这个点的坐标就可以了。

这样，用相对简单的方式，就可以对$\left(\frac{1}{\pi}, 1-\frac{1}{\pi}\right)$概率分布进行采样，代价是在采样过程中丢弃一些结果，导致总体执行时间变长。这就是“拒绝采样”理念。

有没有时间上不增加太多，又节省空间的两全其美的算法呢？2020年，麻省理工学院的研究者发表了一种新随机采样算法，在某种程度上达到了两全其美。这种算法的名称为“Fast Loaded Dice Roller”，简称“FLDR”，字面意思是“快速丢一个灌铅的骰子”，也就是不均匀骰子。当然，这个名称并不是说这个算法只能用来模拟骰子，它只是形象地说明这个算法的用途。

FLDR的思路其实很简单，它就是在DDG树的基础上，引入“拒绝采样”。在DDG树中，我们会发现，如果概率事件的概率值分母都是2^n的形式，那么它只需要有限的深度，而且是最理想的一种情况，因为此时没有任何存储空间的浪费。那么我们就可以考虑把概率事件的概率值都写成分母是2的幂次的形式，再增加一个余项补齐，把这个余项作为后来的“拒绝采样”过程中被拒绝的部分。

比如，采样的二项分布的概率是$(1/5, 4/5)$，把分母向2的幂次对齐，所得就是$1/8$和$4/8$，也就是$1/2$。但这两个概率值相加不为1，需要补一个$3/8$。于是，将其改成对$(1/8, 1/2, 3/8)$进行采样。对这个3项分布，你很容易构造出一棵深度为3的DDG树，如果采样结果落到了额外增加的那个$3/8$上，则放弃这次采样，重新开始。

使用DDG树和FLDR树对(1/5,4/5)分布采样的例子：

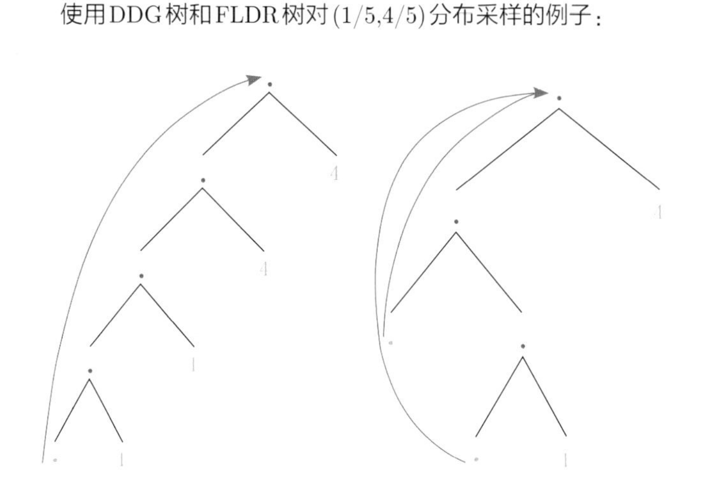

左图为最优DDG树，需要4层。

右图为FLDR树，改为对(1/8,1/2,3/8)分布构造树结构，只需3层，但会发生更多的回溯

再比如，如果用FLDR算法模拟一个正六面骰子，FLDR不是采样6个1/6，而是采样6个1/8，一个2/8等于1/4，也就是7项的一个分布。同样，你只需要一棵3层的DDG树。如果结果落到那个增加的1/4，就重新开始。你会发现这个方法其实与直觉中用计算机模拟骰子的思路是一样的，所以FLDR的思路还是很容易理解的。

论文作者其实是把我们直觉中的这种思路一般化，并且做了数学分析。他们证明，在这种情况下，他们的算法在空间消耗上是与概率小数点后位数的对数成正比的。而原版的DDR则是与小数点位数成比例地增加，所以FLDR在空间上比较节省。

时间效率上，因为需要丢弃一些采样结果，这种方法比原版

DDG树需要多消耗一些二进位，但增加的二进位消耗不超过4位，所以是一个可以接受的结果。

以上就是用计算机怎么模拟丢骰子，以及模拟各种概率分布。我感觉比较意外的是，信息熵在此处不经意地出现，以及二叉树在此处的经典运用。而拒绝采样的理念也是值得我们好好玩味的。

思考题

如果用FLDR对(2/9, 7/9)概率分布采样，其时间和空间效率如何?

盒子里怎么装球

在历史上，曾出现过许多著名的数学猜想，有些已经解决（比如“费马大定理”），有些还未解决（比如“哥德巴赫猜想”）。本节将要介绍的“开普勒猜想”，也是历史十分悠久的一个猜想，而它在历时400多年后，在2017年被宣告正式解决。

“开普勒猜想”最早出现在德国天文学家兼数学家开普勒在1611年写的一本科普小册子《论六角形的雪花》里。对开普勒这个名字，多数人当然是从“开普勒行星运动三大定律”得知的，但开普勒的兴趣爱好非常广泛，对天文、地理都有研究。他曾研究过雪花的形状，然后写了这本关于雪花的小册子。

在这本小册子里，开普勒提到了他与英国数学家托马斯•哈利欧特曾有过通信。在信件中，他们讨论过当时英国著名冒险家沃尔特•雷利提出的一个问题：怎么堆放加农炮弹最有效率？

雷利是当时非常出名的冒险家，博学多才，帮英国开拓了不少美洲殖民地。作为一个船长，他当然关心加农炮弹怎么堆放的问题。在电影里，大家都应该看到过当时的加农炮弹，是一个个大铁球。在船上狭小的空间内，船员当然希望加农炮弹堆放的密度越大越好。用稍微数学化的语言表达就是：在一定的空间内，填充相同大小的球，怎样的填充方式可以使填充密度最大？

约翰内斯·开普勒

沃尔特·雷利

一听这个问题，你就会想：这还不容易吗？随便去找一个卖水果的摊位，看看老板怎么堆苹果或橘子不就行了？你不一定能在脑子里想清楚具体的堆法，但直觉告诉你水果店老板的堆法就是最优的。

水果店老板最在意“球体填充”问题

在这里，我推荐各位做个实验：如果家里有很多乒乓球或网球的话，赶紧找出来试试看，怎么堆放密度最大，相信你能很快还原水果店老板的堆法。稍微尝试一下，你会发现实际上有两种堆法，让我们按层从下向上来看。

第一层肯定是所有球挤在一起，每个球周围贴近6个球。上面一层每个球都放在底层球构成的“凹陷”当中。你会发现第二层所有球还是与6个球相贴，所以你会很满意这种堆法。第三层当然还是把球放在第二层球留下的凹陷当中，但你会发现有一种方法会使第三层的球与第一层完全对齐，这个堆放呈现“ABABAB”这种循环模式。第三层还有一种摆法是与第一层有所错位，但此时第四层又会与第一层对齐，此时会有“ABCABC”这种循环模式。

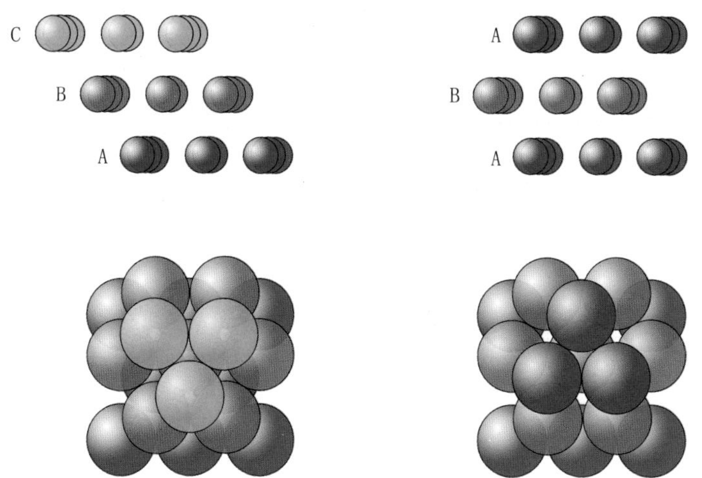

左图：面心立方填充；右图：六方最密填充

在数学里，第一种“ABAB”循环的摆法被称为“六方最密堆积”，而“ABCABC”这种模式被称为“面心立方堆积”。据说水果店老板经常用六方最密堆积法，而水兵堆炮弹时，经常使用面心立方堆积法。这两种堆法哪种密度更大？其实，你稍微计算，就会发现两者堆积密度是一样的，具体数字是$\pi/\sqrt{18}$，约等于0.74。

形象地说就是，给你一个够大的盒子和很多同样的球，无论怎么在盒子里填充球，你也只能填满盒子约74%的空间，所以这个问题也被称为“球体填充问题”。

普通人会觉得那两种填充法，怎么看都是最佳了，但数学家是一群“杠精”：没有证明就不能称为结论。所以，开普勒在1611年正式提出了这个问题，并且猜想“面心立方堆积”或“六方最密堆积”就是最佳填充。这个猜想史称“开普勒猜想”。

1611年，那可是很早的时间，42年后牛顿才出生。但经过笛卡儿、牛顿、莱布尼茨、伯努利家族、欧拉这些数学家的时代之后，直到1831年，高斯才对这个问题有了第一个突破。高斯证明“面心立方填充”是周期性、有规律填充的方法中，密度最大的。

你一听可能会说：难道不规则的填充密度更大？确实，人们在直觉里当然会认为一样的球有规律地堆放比不规则地堆放效率高，但怎么证明呢？而且，在有些例子中，不规则填充确实比规则填充好。比如，有这么道智力题：有一个10×10的正方形，这个正方形里最多可以放进去多少个直径为1的圆？

你的第一反应，答案当然是100个。但仔细想想，如果在第一排放10个圆后，将第二排的圆都塞进第一排的两个圆之间的空隙呢？虽然宽度会浪费，但高度能节省。如果这样摆，最后高度能省出多一排的空间，总体上有没有可能多放一些？这样一想，问题麻烦起来。你若有兴趣可以自己在纸上画画看，我可以告诉你正确答案是106。在这个问题中，不规则摆法确实比规则摆法更优，更麻烦的其实是如何证明106最大。

正因为有以上这种例子，所以高斯证明之后，谁也不敢说问题解决了。人们还需等待有人可以排除不规则填充的情况。后来，希尔伯特把这个问题列入著名的20世纪23个重大数学问题中的第18个。

1953年，匈牙利数学家费耶斯・托特提出了一个解决开普勒猜想的思路。这个思路是这样的，假设有一种不规则填充，可以使密度大于“面心立方填充”，那么不管这种不规则填充是什么样子，在填充完成的空间里，至少有一个局部区域，这个区域中的填充密度会大于面心立方填充。

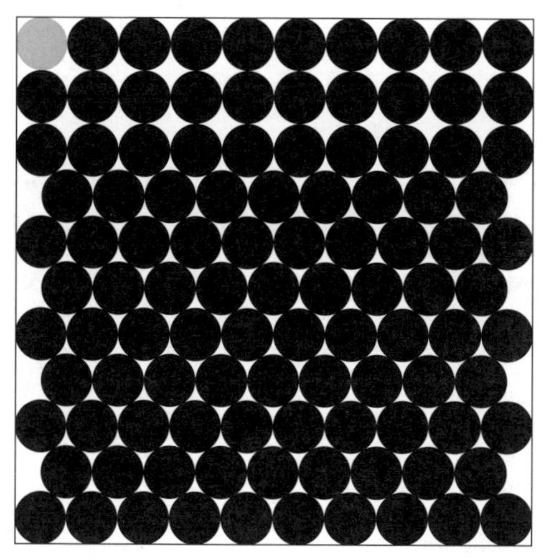

10×10的正方形内可以放入106个直径为1的圆

他设计了一种方法，只考察有限多种局部填充结构。如果能够完整考察这种有限多种局部填充结构，且验证填充密度都低于面心立方，那么开普勒猜想就被解决了。但是，他发现需要考察的局部结构数量太多了，1953年时显然没有哪种计算机可以处理得过来，人力更不可及。

费耶斯·托特

1992年，时年34岁，在密歇根大学任教的托马斯·黑尔斯认为时机已经成熟，决定循着托特的建议使用计算机证明开普勒猜想。他找到他的学生弗格森，做他的助手。黑尔斯先做了一些简化工作，尽量减少需要考虑的局部构型。但是，即便简化后，还是有超过5 000个局部构型需要考察，而对每个构型，都要进行一次“线性规划”运算。线性规划是一种对很多变量的线性方程考察极值的方法，这种方法的计算量很大。黑尔斯面临大约10万次的线性规划求解。

托马斯·黑尔斯在演示球体填充问题，拍摄于20世纪90年代

所以，即便使用计算机，他们也用了整整6年时间，才宣告计算完成，最终产生了3G的计算数据和200页的相关程序说明。黑尔斯的这个证明是继四色定理之后，又一个主要靠计算机完成的数学证明。

当时权威期刊《数学年刊》成立了一个12人的论文评议小组，组长是费耶斯·托特的儿子。当时费耶斯·托特还健在，时年84岁。评议小组一致同意在《数学年刊》上登载这篇论文。2003年，评议小组给出的最终结论是：他们有99%的把握，这个证明是正确的，剩下的1%就是他们没法百分之百地确定计算机程序没有错误、运行过程中也没有出现错误等。这也是数学家的“后怕”，因为之前“四色定理”被宣布证明后出现了一些争议，所以数学家对使用计算机证明显得格外谨慎。

黑尔斯为了弥补这最后的1%，想了一个新的办法，这个办法就是把他的证明形式化，这样就可以用一些现成的软件工具去验证这个形式化的证明，这种可以验证形式化证明的软件叫作“自动证明检查”软件。关于形式化的证明，在本书之前有关“图灵机”的一章中有所介绍。这里再补充一些说明。

有一种数学流派叫“形式主义”。形式主义流派认为，数学的命题可以完全脱离其实际指代的对象而存在，而那些证明仍然是成立的。

借用希尔伯特曾经打过的一个比喻：欧几里得几何里有五大公设，其中有“过两点有且仅有一条直线”“任意线段都能延伸成一直线”等。希尔伯特说，如果你把五大公设里的点、线、面等都替换成任何其他符号或者名词，欧几里得几何还是成立的。比如，你说：“过两个桌子有且仅有一张床”“任意筷子都能延伸成一把椅子”等。如此把五大公设重写一遍，不影响后面的推理，照样可以推出勾股定理，乃至整个欧氏几何。

不管你认不认可希尔伯特的说法，这种对数学的看法自成一派，称为“形式主义”。后来，形式主义的数学证明有了一个意外的好处：机器可以读懂这种证明。比如，你让计算机直接去读勾股定理的证明，计算机肯定看不懂；但如果你输入的是类似“因为a且b，所以c”之类的语句，机器就能“看懂”了，甚至可以检验你的推理过程是否正确！因为机器完全不用管a,b,c到底是啥，只要根据我们事先输入的规则，逐步检验推理过程是否符合规则即可。

2000年前后，已经有一系列自动证明检测软件发明出来，黑尔斯从2003年启动一个开源群体协作软件项目“Flyspeck”，其想法就是把他的证明重新改写成形式化的证明，交由自动证明检查软件检查。但是，把人能看懂的证明改写成机器能看懂的形式化证明，是一个极其冗长和枯燥的过程。形式化证明都是一些如同软件代码一样的东西，需要仔细输入和校对。黑尔斯在启动项目时就预估，这个项目大约需要20年才能完成。

```
classes type
default_sort type
setup {* Object_Logic.add_base_sort @{sort type} *}

arities
  "fun" :: (type, type) type
  itself :: (type) type

typedecl bool

judgment
  Trueprop      :: "bool => prop"                  ("(_)" 5)

axiomatization
  implies       :: "[bool, bool] => bool"          (infixr "-->" 25)  and
  eq            :: "['a, 'a] => bool"              (infixl "=" 50)  and
  The           :: "('a => bool) => 'a"

consts
  True          :: bool
  False         :: bool
  Not           :: "bool => bool"                  ("~ _" [40] 40)

  conj          :: "[bool, bool] => bool"          (infixr "&" 35)
  disj          :: "[bool, bool] => bool"          (infixr "|" 30)

  All           :: "('a => bool) => bool"          (binder "ALL " 10)
  Ex            :: "('a => bool) => bool"          (binder "EX " 10)
  Ex1           :: "('a => bool) => bool"          (binder "EX! " 10)
```

形式化证明代码，摘自“Flyspeck”软件项目

好在最近几年，在软件协作方面有了非常好的网站 Github。很多人志愿加入这个项目，Flyspeck项目最终于2014年8月10日正式宣告完成，用时约11年。2015年，黑尔斯和21个协作者提交了最终的对开普勒猜想的形式化证明论文。2017年5月，这个证

明最终被评议通过。至此，开普勒猜想，经过四百多年的时间，终于成为一个定理。而黑尔斯也从34岁到59岁，完成了他个人数学研究生涯中的一个重大使命。

三维空间的开普勒猜想解决了，数学家当然也考虑过其他维度的球体填充问题。一个有趣的问题是：维度越多，球体填充密度越大还是越小？人们的直觉是会越来越大，因为感觉维度越多，球体可以互相靠近的方向越多，所以可以塞得越满。但恰恰相反，维度越多，球体填充密度就会越来越低，而且趋向于0。

一维的球体填充是比较无聊的：

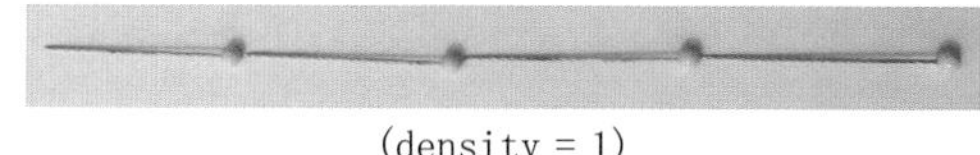

(density = 1)

二维的球体填充是美观的且比较有趣的：

(density ≈ 0.91)

三维的球体填充问题是非常困难的：

(density ≈ 0.74)

从一维到三维的填充密度比较，呈现逐步递减的状态

对于其中的原因，我们可以从两方面体会。一方面，你可以想象，平面上用圆填充是不是比在盒子里用球填充更密一点儿。

另一方面，有个有关高维度空间中的物体性质：维度越高，其中的物体的体积就越集中在物体的“外壳”或边界上。在这种情况下，球虽然挤在一起，看上去很多，但它们包裹住的体积占总体积比例是很小的。总之，高维空间是很奇怪的空间，四维空间里的水果店老板会很郁闷，看上去来了一大箱苹果，但里面真正的苹果所占的体积很小。

那高维空间的球体是否可以参考三维的对称性的填充方法，自然推广出去呢？结果是完全不行。目前对三维以上的球体填充问题，人们只得到一些填充密度的下限和上限，但有两个维度是例外：八维和二十四维。八维和二十四维空间的最佳填充方案已经找到了。

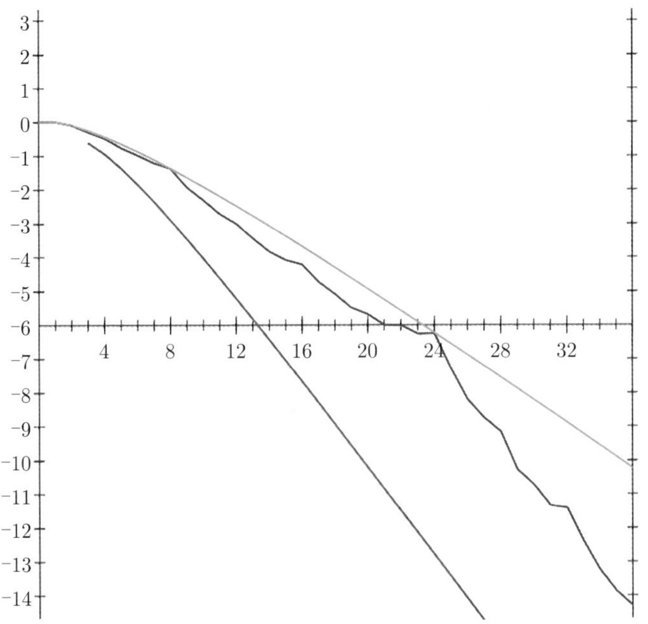

横轴——维度；纵轴——填充密度（以对数值表示）。红线——已知下限；绿线——已知上限；蓝线——已知最佳填充

这两个维度数字也出现在一个看似简单，但数学家还不能解决的问题中——亲吻数问题。亲吻数问题是问：一个球体，最多

可以与多少个同样大小的其他球体相切？一听这个问题，你就会发现它与球体填充问题相关，因为如果要使球体填充得足够紧密，应该尽可能地使一个球与其他球接触。

三维空间内一个球最多与12个同样的球相切，因此三维的亲吻数是12

关于亲吻数问题，目前对四维空间以上的情况，也只对八维和二十四维空间有了确切的结果。它们是由英国数学家约翰·利奇在20世纪60年代确定的，那种结构被称为“利奇晶格”。利用这两个结果，并将其推广到球体填充问题，则要到2016年，才由乌克兰女数学家玛丽娜·维亚佐夫斯卡解决。我大致算了下具体填充密度，如前所述，高维空间的最大填充密度是很低的，八维约3.6%，二十四维只有0.005%左右。高维空间确实怪异得深不可测！

差不多讲完了开普勒猜想的全部历史，可能有人会问一个问题：研究这个有用吗？我得承认，目前很多数学问题是“没用”的，但不妨碍我们去研究。而这个球体最密填充问题却是有用的。比如，在原子结构中就有很多原子之间呈现如同面心立方中的晶体结构，如金刚石中的碳原子结构。

最密填充问题的另一个应用领域是信息学中的纠错机制。如果一种信息由3个变量组成，那我们可以把这种信息看作三维空间中的一个个球。我们希望传送这种信息的时候，尽量密度大些，但又不能让信息之间靠得太近。如果信息之间互相有重叠，我们就可能无法区分信息。最密填充问题就能告诉我们信息传输的最大密度是多少，如果有误差，该如何纠错，等等。

看完开普勒猜想的历史，我最大的感慨是，一个看似理所当然的结论，数学家花了400多年才最终证明完成。在高维空间的情况下，也许有更多意外等待着人类去发现。

算法理论中的王冠

数学中有一个非常著名的“四色定理”：

任何一幅地图都只需用最多4种颜色，就可以对地图中所有区域着色，使其中任何两个相邻区域的颜色不同。

很显然，这个定理也意味着存在这样的一些地图，用3种颜色着色是不够的。

那么问题来了，给出一幅地图，判断这幅地图是否用3种颜色可以着色，你会如何判断？如果用计算机来判断，你会如何写这个程序？程序运行所需时间多少？

对这幅地图，有没有办法用3种颜色着色，使得相邻两个地区的颜色不同？

这就是本章要聊的算法复杂度问题。在这个领域中有一个目前最重要的王冠级问题："P与NP"（英语为：P vs NP）问题。

我需要说明几个概念。要讨论复杂度问题，先要考虑如何衡量一个算法的复杂度？你能想到的第一个指标应该就是时间。在同样的计算能力下，一个算法执行的时间越长，在直观感觉上就应该越复杂。这是对的，但是对不同的算法，直接比较运行时间似乎又是不合理的。比如，一个求一些数的最大公约数的算法和一个对10个数字排序的算法，仅比较时间的话，你很难说哪个算法更复杂，因为这就是两个不同的问题，没有直接可比性。

所以，计算机科学家使用另一个标准：考虑当一个算法随着计算量的变化，所需计算次数的变化程度。比如，排序问题本身有很多种不同的算法，这些算法之间应该是可以比较好坏的。人们发现，决定算法时间效率的根本因素在于，当一个问题规模扩大时，算法循环执行的次数。比如，一个算法处理100个对象时，需要1分钟，处理1 000个对象时到底需要10分钟、100分钟还是2分钟，此时就能看出算法的效率区别。

因此，人们开始分析，一个问题随处理对象增加时，算法消耗时间的增长速度。比如，在"冒泡排序"算法中，算法操作时间是按排序对象数量的平方增加的，称为n^2的时间复杂度。数学家发明了记号"O"。冒泡排序的算法复杂度就用符号$O(n^2)$表示。如果排序16个对象需要x秒，则排序32个对象大约需要$4x$秒。（因为排序数量变为2倍，则排序时间变为$2^2=4$倍。）

目前最快的排序算法"快速排序"的时间复杂度是$O(n\log_2 n)$，意思是，如果排序16个对象需要x秒，则排序32个对象大约需要$2\times\frac{5}{4}x=2.5x$秒。通过以上分析，我们就能看出快速排序比冒泡排序效率高，术语称"冒泡排序的时间复杂度大于快速排序"。

算法运行时间估算过程

假设计算冒泡排序每次运算需要 k 秒，则因冒泡排序是 $O(n^2)$ 时间复杂度，且对16个对象排序需要 x 秒，则（大致）有：

$$k \times 16^2 = x$$

则对32个对象排序所需时间是：

$$k \times 32^2 = k \times (2 \times 16)^2 = 4x$$

对快速排序，则有：

$k \times 16 \cdot \log_2 16 = x$，可以推出：

$$k \times 32 \times \log_2 32 = 2.5x$$

在那么多复杂度中，人们发现大多数算法可以分为两大类：在一类中，这种算法的复杂度在大 O 符号中，括号里是一个关于 n 的多项式。比如，之前提到的冒泡排序，n^2 就是一个 n 的多项式。人们称这种算法的复杂度为“多项式时间复杂度”。另一类中的 n 位于指数位置上，比如 $O(2^n)$ 的复杂度。在这种情况下，人们称这个算法具有“指数时间”复杂度。“指数时间”复杂度显然比“多项式时间”复杂度要复杂，因为 2^n 增长速度相比 n 的多项式，是非常快的。

另外，在之前提到的快速排序算法中，它的时间复杂度“$n \log_2 n$”也被归为多项式复杂度算法。因为 $\log_2 n$ 虽然不是典型的多项式，但它比大多数 n 的多项式表达式的增长速度都慢，所以也归类到多项式复杂度中。

虽然“多项式时间”“指数时间”这些术语都是衡量一个算法所需时间的增长速度，但为了表述简便，我们有时也说“这个程序需要多项式时间”或者“需要指数时间”运行等。你要知道，这其实是说这个程序随问题规模增加，其运行时间的增长程度大小。

以上简单介绍了一下时间复杂度，我们可以开始聊聊什么是“P与NP”问题。“P问题”是一类问题的总称，这类问题的定义是这样的：如果一个问题存在一个多项式时间算法求解，则这个问题就是一个“P问题”。

“P”是英语“多项式”一词“polynomial”的首字母。典型的P问题就是之前提到的排序问题。还有一个典型问题是质数判定问题，给定一个整数，请判断它是否为质数。2002年，印度研究者发现了一种质数判定算法，其算法复杂度为$O(\log^{12} n)$，因此正式确认了质数判定是一个P问题。

你可能推测，“NP问题”就是指所有不存在多项式算法时间的问题，或者就是“指数时间”问题，但这是一个误解。NP问题的确切定义是这样的：如果给你一个问题和这个问题的某个解答，存在一个多项式时间算法，验证这个解答的正确性，则这个问题就是一个NP问题。

以下举个例子，说明什么是“验证某个解答”：

给你一个整数和另一个比它小的整数，请你判断这个小的整数是否是之前那个整数的因子。你可以简单地去除一下，看看是否整除，其所需时间仅与这两个数字的大小有关。无论这两个整数如何扩大，算法所需时间只随着数字增大的幅度，呈现多项式时间的某种增加。在这种情况下，我们称“验证”这个问题的答案，只需要多项式时间算法。

在这里，你是否发现一个情况：一个问题如果是P问题，则必然也是NP问题。 比如，给你一系列整数，问你这些整数是否从小到大排序好了，就可以用快速排序法，对这些整数进行排序，看排序结果是否与你给定的顺序一致，而且肯定是在多项式时间内完成了结果“验证”，所以排序问题是“NP问题”，虽然用的判别方法很蠢。

在以上证明中用到了一个算法问题中的重要思想　　归约，

就是将一个问题转化成另一个问题的过程。如果我们设法将一个未知问题转化为一个具有已知解法的问题，这样未知问题就可以用已知方法解决。

让我们试着用归约思想证明这个命题——所有P问题都是NP问题：

对给定的一个P问题，用这个P问题的求解算法求解一次，然后与给定答案比较，则肯定能在多项式时间内判定这个答案是否正确，所以P问题就归约为NP问题，即所有P问题都是NP问题。

这意味着，如果问“这个算法求解问题是P问题还是NP问题”，这个问题本身是不太正确的，因为如果这个问题是P问题，那它也是NP问题。但我们为什么还会这么问？那是因为我们“默认”存在一些NP问题，它不存在多项式时间求解算法，不是P问题。

为什么要说“默认”？因为这是没有证明过的命题。如果你能确切地证明某个问题存在多项式时间内的验证算法，又不存在多项式时间内的求解算法，那么恭喜你，你解决了克雷数学研究所提出的千禧年七大数学难题之一，即“P与NP问题”，并可获得上百万美元的奖金。

克雷数学研究所悬赏的七大数学难题

1. 庞加莱猜想：拓扑学中的问题，已解决。
2. “P与NP”问题：本章讨论的问题。
3. 霍奇猜想：代数几何中的问题。
4. 黎曼猜想：解析数论中关于质数分布的重要猜想。
5. 杨-米尔斯存在性与质量间隙：量子规范场理论中的数学问题。

6. 纳维-斯托克斯存在性与光滑性：从流体力学中导出的微分方程问题。
7. 贝赫和斯维讷通-戴尔猜想：代数几何和解析数论中的问题。

当然，你可以反过来证明所有NP问题都是P问题，即NP与P互相可以“归约”，那你同样解决了这个问题，尽管这看上去非常不可能。

让我举些例子，看看我们默认哪些问题是NP问题，而不是P问题。

第一个例子就是本章开头提出的问题——三色着色问题。人们发现，找不到一个多项式时间算法，可以确切地找到一幅地图的三色着色方案，所以，它看上去不是P问题。

但是，如果给你一幅已经用3种颜色着色的地图，问你这是不是一种合理的着色方案，这个问题就太简单了，你可以简单检查所有相邻的区域，看是否存在相邻区域用同一种颜色。如果不存在，那么这就是一个合理的着色方案。这种检查，是可以在多项式时间里完成的。所以，“三色着色”问题是一个NP问题。

第二个例子叫“整数求定和问题”。给你一大堆整数，问是否可以从中找到若干整数，使它们相加之和是0，或其他任何一个给定的整数。你会发现，你不能找到一个多项式时间算法。

在以下整数中，存在若干数字之和为0的情况吗？

91,74,-2,-86,75,21,50,-88,-22,26,-27,-16,-5,-89,-30,-4,85,12,73,-29

第三个例子叫“小圈子问题”，这个问题是有关社交网络的。假设我给你一大群人的社交网络数据，比如这些人的微信账号，以及这些人之间的微信好友关系。现在的问题是：能否从中找出一些小圈子？比如，能否至少找出6个人，这6个人互相是好友，且这6个人与其他所有人都不是好友？如果有的话，那这6个人就构成了一个小圈子。但是，你稍微思考，就会发现，要找出这样的小圈子，多项式时间算法是没有用的。

在一个非常复杂的人际关系网中寻找“小圈子”，是一件很困难的事

另外，给你6个人或若干人，问这些人是否构成一个小圈子，那是瞬间就能判断完成的事。所以，这个小圈子问题也是一个NP问题。

类似的问题还有很多，比如“可满足性”问题，旅行推销员问题等，供各位读者自行了解。

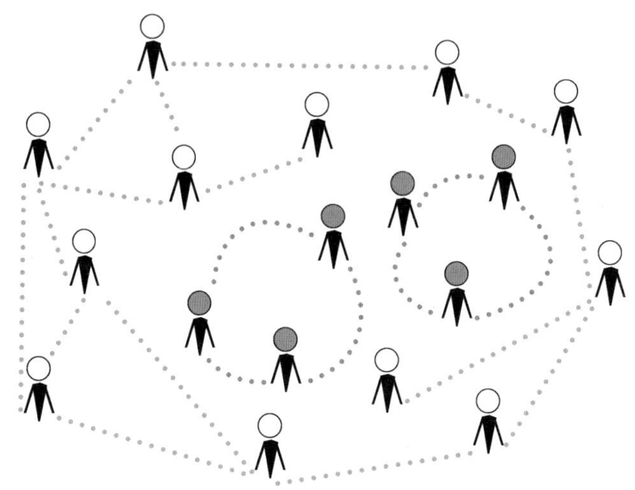

你一眼就能看出以上6个红色小人构成了两个3人组成的小圈子，这一判断毫无障碍

“NP问题”中的“NP”到底是什么含义？其实它的全称叫“Non-deterministic polynomial”，中文为“非确定性多项式时间”问题。这个名字起得有点晦涩，其实意思不难理解。在学术上，在判定一个问题的复杂度时，通常是一个是非题，这个是非题的最后一句永远是“这个程序或算法会停机吗”。“停机”的意思就是程序运行终止，并对所处理的问题输出一个“是”或“非”的结果。

当然，之前提到的所有NP问题，如果写成程序，都必然会停机，因为最差的做法也只需枚举所有情况，必然可以得到答案。所以，我们会问得更具体一些：这个程序会在多项式时间里停机吗？P问题显然都会在多项式时间内停机，NP问题就有意思了。

比如，三色地图问题，如果地图中存在3种颜色的着色方案，你运气比较好，不久就会找到一种合理的着色方案，那么程序可以很快停机。但如果这幅地图不存在3种颜色着色方案，那你必须等到程序枚举了所有方案，才能等到一个否定的答案。这样程序运行的时间就呈指数级增加了。所以，你能看出“非确定性多项式时间”的含义，即这个问题如果有解，那么你可能在多项式时间内停机，但这是“非确定性”的。

有人还提出一个更强有力的论据，就是搞一堆计算机，并行执行程序。比如，地图的着色方案可能有1万种，那就用1万台计算机分别检查这1万种不同的着色情况，那必然在多项式时间里就能给出结果了。所有的“NP问题”都有这样的特点，即可以靠“堆CPU”来大幅缩短计算时间，因为可以飞快地检查单个答案是否正确。

所以，人们就问：以上这种问题与多项式时间算法问题有本质的区别吗？是否存在某个问题，检查它的答案很快，但不可能有一个多项式时间的求解算法？

你可能会说：这些问题出来那么久，都没有人找到多项式时间算法，那不就说明它们不会有多项式算法了？但是，数学家都是“杠精”，没有证明就不能下结论。

“P问题是否等于NP问题”，这个问题本身也很重要。现在绝大多数人认为“P!=NP”（确切地说，是认为P⊂NP，现在已知P⊆NP），但如果最终证明“P问题等于NP问题”，那后果可能很严重。因为我们现在绝大多数加密算法都基于“P问题不等于NP问题”这个假设。如果P=NP，那就糟糕了，意味着很多加密算法可以有多项式时间破解算法，那这种加密算法就崩溃了。另外，有很多实用算法是NP的，如对一些药物分子形状的计算、导航仪路径规划，都与NP问题相关。这是P与NP问题的实用意义。

从理论意义上来讲，P与NP问题是在数理逻辑领域，有关问题复杂度分类中，两种最基础和最常见的问题形态，所以人们想搞清楚它们之间的关系。

“P与NP”问题为什么这么难呢？如果你要证明P=NP，就要证明一个问题有多项式时间检查算法，就肯定有多项式时间求解算法，这看来是不太可能的。

如果要证明P!=NP，那只要找到一个NP问题，它不存在多项式时间求解算法。在数学里，这种证明“不存在……”类型的问题，一般用反证法。但是，这个问题怎么从反证中导出矛盾还是一个很大的问题。

此外，还有人考虑，“P与NP问题”可能是如同“连续统假设”一样，属于无法证明的命题。

最后，你会发现以上提到的NP问题，在计算机课程中都被称为“指数时间复杂度”问题。为什么不把“NP问题”称为“指数时间问题”呢？这个问题其实说对了一半。确实，所有NP问题都是“指数时间”问题，但与“P与NP”问题类似，我们还没有找到任何一个“指数时间问题”，肯定不是“NP问题”的。也就是说，“NP问题是否等于指数时间问题”仍然是一个未确定的问题。

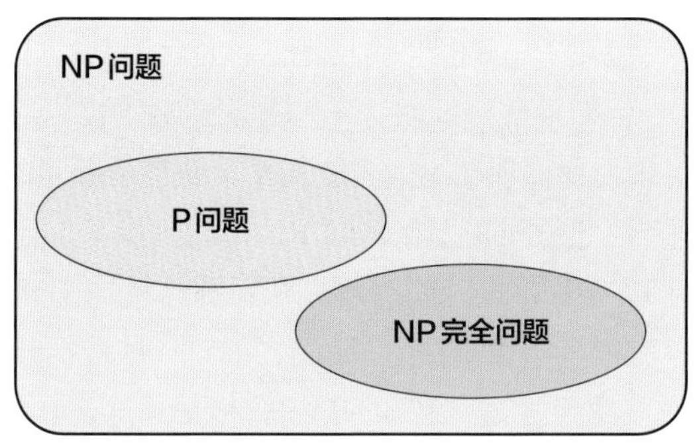

P问题，NP问题和NP完全问题集合关系示意图。“NP完全问题”可以认为是NP问题中“最难”的一类。目前已知“P问题”是“NP问题”的子集，但还没有证明“P问题”是“NP问题”的真子集

以上介绍了“P与NP问题”，这个问题在算法理论中非常重要，“NP问题”很常见，又有非常多的应用。而“P和NP问题”又是算法复杂度分类中，两种最基本的复杂度类型，所以人类需要搞清楚“P到底是否等于NP”。

思考题

正文中出现的那幅地图可以用3种颜色着色吗？

以下这些整数中，存在若干数字之和为0吗？

91,74,-2,-86,75,21,50,-88,-22,26,-27,-16,-5,-89,-30,-4,85,12,73,-29

请你列举一个在生活中“容易验证”答案，但“不容易找出答案”的情况。

“复杂度动物园”中的“俄罗斯套娃”

上一章聊了什么是“时间复杂度”和“P与NP”问题，结尾留下一个疑问：除“P与NP”问题外，还有其他关于复杂度的问题吗？答案是肯定的，而且非常多。计算机科学家对不同的可以用算法求解的问题进行了分类，多达数百种复杂度，有人称其为“复杂度动物园”。但是，动物园里的动物太多了，我们一般爱好者没有必要了解那么多。

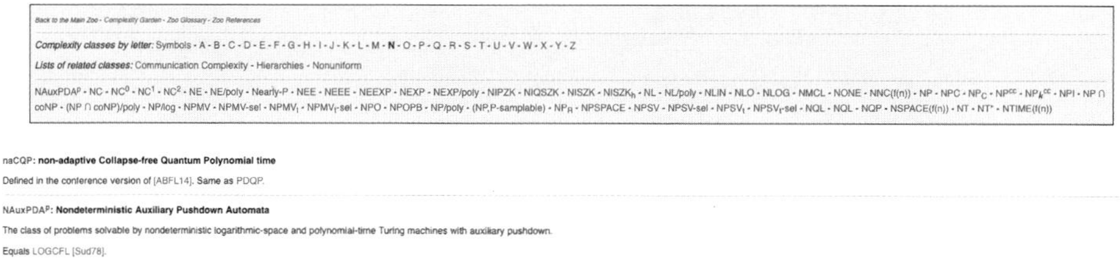

Back to the Main Zoo - *Complexity Garden* - *Zoo Glossary* - *Zoo References*

Complexity classes by letter: Symbols - A - B - C - D - E - F - G - H - I - J - K - L - M - **N** - O - P - Q - R - S - T - U - V - W - X - Y - Z

Lists of related classes: Communication Complexity - Hierarchies - Nonuniform

$NAuxPDA^p$ - NC - NC^0 - NC^1 - NC^2 - NE - NE/poly - Nearly-P - NEE - NEEE - NEEXP - NEXP - NEXP/poly - NIPZK - NIQSZK - NISZK - $NISZK_h$ - NL - NL/poly - NLIN - NLO - NLOG - NMCL - NONE - NNC(f(n)) - NP - NPC - NP_C - NP^{cc} - NP_k^{cc} - NPI - NP ∩ coNP - (NP ∩ coNP)/poly - NP/log - NPMV - NPMV-sel - $NPMV_t$ - $NPMV_t$-sel - NPO - NPOPB - NP/poly - (NP,P-samplable) - NP_R - NPSPACE - NPSV - NPSV-sel - $NPSV_t$ - $NPSV_t$-sel - NQL - NQL - NQP - NSPACE(f(n)) - NT - NT* - NTIME(f(n))

naCQP: **non-adaptive Collapse-free Quantum Polynomial time**

Defined in the conference version of [ABFL14]. Same as PDQP.

$NAuxPDA^p$: **Nondeterministic Auxiliary Pushdown Automata**

The class of problems solvable by nondeterministic logarithmic-space and polynomial-time Turing machines with auxiliary pushdown.

Equals LOGCFL [Sud78].

在“复杂度动物园”中，以字母N开头的“动物”就有数十种之多

我可以带大家了解其中最主要的一组复杂度，而且它们是沿着“P与NP”问题自然延伸的，所以比较容易记忆。

这组复杂度的特点都是：前一个复杂度都是后一个的子集。所以，它们像俄罗斯套娃一样套在一起，越靠后的复杂度越“复杂”，所以它会包含之前较简单的复杂度中的问题。

第一个要介绍的复杂度叫“PH”问题，中文可以叫作“多项式层级问题”。PH问题是NP问题的一般化，它的一种定义是：能以“二阶逻辑”表示语言的集合。对“二阶逻辑”，之前关于“图灵机”的部分有过介绍，这里再举一个例子。

复杂度分类的“俄罗斯套娃”，较小的复杂度都是较大的复杂度的子集

很多数学命题都以“存在”或者“对任意”这两个关键词开始。比如，上一章提到的小圈子问题：“存在一个6人小圈子”，使这6人与其他人都不是好友关系。这个命题就是以“存在”二字开始的。但如果一个命题同时有多个“存在”和“对任意”这两个关键词的话，命题的复杂度就会增加。比如，把“小圈子”命题增强一下，改为：

存在一个6人小圈子，使这6人与其他人都不是好友关系，且不存在一个7人小圈子，使这7人与其他人都不是好友关系。

你看，这个命题是不是要比之前的命题复杂许多？

当然，我们还可以继续增强之前的命题，改成：

对所有自然数n，存在一个n个人的小圈子，且不存在一个$n+1$个人的小圈子。

虽然这个命题肯定是假命题，但它的描述复杂度比之前的增加许多。总之，PH问题就是通过逻辑上的递归，使表述复杂度层叠递增的那些命题，它是NP问题的一般化。当然，所有NP问题都是PH问题。

而且，科学家发现，如果“P问题=NP问题”，则可以推出“P=PH”，这说明PH问题相比NP问题并没有出现复杂度在本质上的增加。所以，证明PH问题不等于P问题，也许是一个证明“P不等于NP”的思路。以上是有关PH问题的内容。

接下来介绍“多项式空间问题”，英语叫“P-SPACE”。这里“P”还是“多项式”的意思，“space”就是英语“空间”一词。之前，我们都是考虑时间复杂度，但一个算法运行时，不仅要消耗时间，还要消耗内存，这里的内存可以抽象为“空间”。我们问：一个算法的处理对象增加时，其消耗的内存增加程度如何？这就是“空间复杂度”。“多项式空间”复杂度就太容易理解了，就是程序随处理对象增加，其消耗的内存量是按多项式增加的。

科学家已经证明所有PH问题都是“多项式空间问题”，推论就是：所有NP问题都是“多项式空间问题”，这一点可以用归约思想简单得到证明：

当求解一个NP问题时，我们只需要保留我们已经枚举过的情况序号。还是以“小圈子问题”为例，当不考虑时间消耗时，我们可以用枚举法暴力求解，则需要对从n个人里取6个人的组合的情况一一枚举。这种枚举组合可以通过循环语句构造出来，而不需要事先在内存里保留所有组合。程序开始时，只需要枚举一种情况，检查是否为小圈子，如果不是，就丢弃这种组合，枚举下一种，这样算法的内存消耗几乎是常量。所以，“小圈子问题”是一个“多项式空间问题”。用类似方法可以证明全体NP问题都是多项式空间问题。

是否某个多项式空间问题不是NP问题？这是未解决的问题。目前找到的一些可能的问题是有关棋类游戏的问题，如围棋的官子问题。围棋是一种确定性的博弈问题，如果到了官子阶段，还剩十几个、二十个位置可以下，理论上可以画出一棵完整的博弈树，把双方从开始到结尾的每一步组合都写出来。

从这棵博弈树里找出最佳招数的算法被称作“极小-极大算法”，其实就是模拟人脑计算的一个过程：本方下一步的最佳招数，就是对方下一步采取最佳招数时，本方可以选择的最佳招数。 而对方下一步的最佳招数，就是在本方“下下一步”最佳招数的前提下，对方的最佳招数。以此类推，如此递归验算到最后一步，再反向回溯，就能找到双方的最佳招数。

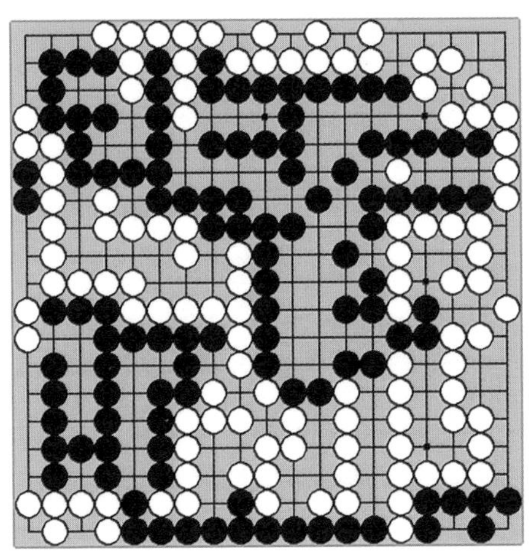

围棋接近终局的阶段称为“官子”阶段，此时盘面上可以选择的着点大大减少，理论上可以绘制出一棵完整的“博弈树”进行决策

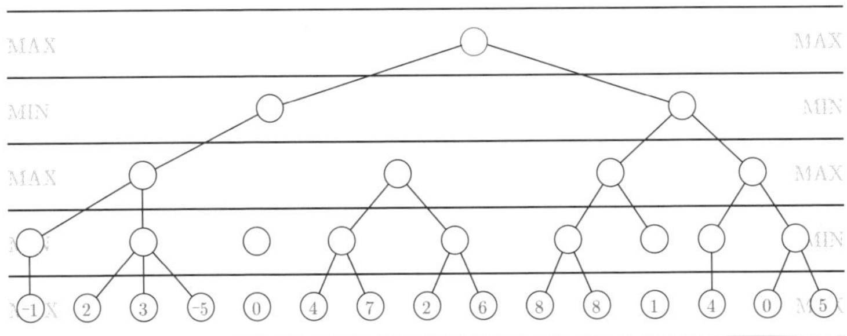

极小－极大算法示意图。两人博弈，当前局面是顶端红色圈的位置，我方需选择，使局面进入左侧或右侧的树。最下方的数字是4步之后，对方的收益数值。要使对方收益最小，我方应该选择左侧还是右侧的树呢

对以上算法考察空间复杂度的话，你会发现，当进行博弈树计算时，只需要存储博弈树某层的一个或几个招数。如果这一层是我落子，那就存储我的若干最佳招数，如果下一层是对方落子，那就存储对方的若干最佳招数。如此推算，则需要的存储空间应该是正比例于博弈树的深度，博弈树的深度一般就是可以落子的位置数，所以以上算法是“多项式空间”算法。这也是可以理解的，如果围棋的招数计算需要指数级的空间增长，大概谁都无法下好围棋了。

但是，官子问题看上去又不是一个NP问题。如果给你一个双方官子落子的顺序，你如何用算法判断出这是否是双方最佳官子顺序呢？如果用以上的极小-极大算法，其时间复杂度肯定是“指数时间”，你也不能说九段高手的判断就一定正确。所以，目前没有一个能在多项式时间内判定某个官子顺序是否最佳的算法，因此围棋官子问题是一个多项式空间问题，而看起来不是NP问题。

比多项式空间问题更复杂一级的就是大家熟悉的“指数时间问题”，意思就是算法执行时间随问题规模呈指数级增长。同样，所有多项式空间问题都是指数时间问题。如何把多项式空间问题归约为指数时间问题，留给读者思考。

如你所猜测，目前科学家还没有证明存在某个问题，它是指数时间问题，但不是多项式空间问题。也就是说，这个问题需要指数时间的计算，也肯定需要指数级的内存消耗。一个完整的国际象棋或者围棋博弈问题，可能是符合前述条件的例子，但目前无法证明。

以上，我们构建了一条复杂度链条，从简单到复杂的顺序是：NP，PH和P-SPACE。上一章我们还谈到了P是NP的子集。有意思的是，人们在研究量子计算机的过程中，还发现（或称“定义”）了两种介于P与NP之间的复杂度。

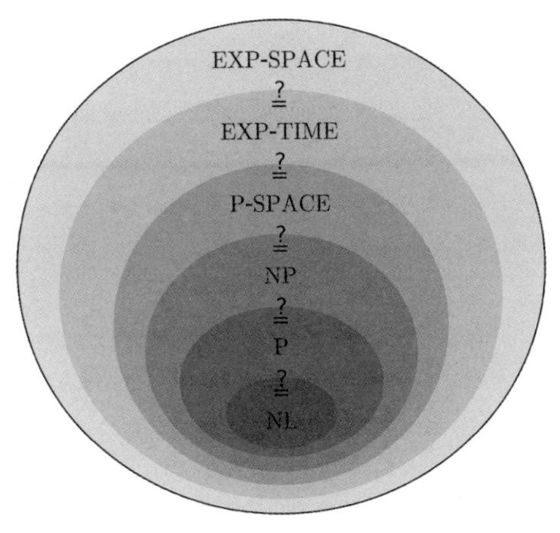

一组复杂度套娃，最外层的EXP-SPACE就是指数空间问题

第一种叫“BPP”问题，中文可以叫作“具有有界错误概率的多项式时间”。顾名思义，BPP问题首先具有一个多项式时间算法，但我们允许这种算法有一定的错误概率，即它的输出并不能保证正确，但错误概率必须足够小，有一个固定的上限。

根据定义，P问题显然都是BPP问题，因为对P问题来说，这个错误率上限就是0。但BPP问题的算法可能输出错误结果，那它有什么意义呢？当然有。比如，对NP问题，我们知道枚举所有情况所需时间太久了，在实际求解时，我们不会总是傻乎乎地逐个枚举所有情况。

我们可以用一些“启发式”手段，来尽量快地找到合理的解。比如，求解“三色地图着色问题”时，我可以先随便尝试对某个区域画一种颜色，然后从这个区域扩散出来，尽量使用较少的颜色对每个区域着色，这是每个人都能找到的思路。

也许中途发现没法继续着色，产生冲突了，这样就不得不退回到之前的某一步重来。但我们可以规定，以地图的每个区域为起始，分别尝试3种不同颜色的起始情况，遇到冲突则全部推倒重来。这样，如果图中有n个区域，则尝试最多$3n$次之后，仍然没有答案的话，就宣告“无解”。

用计算机程序完全可以模拟以上过程，这个算法能够在多项式时间内结束。如果有解，那就最好；如果“无解”，那这个“无解”是有一定错误概率的，因为没有枚举所有的情况。但是，我可以说，我已经尝试了很多次，这个错误率应该是很低的，并且我能证明错误率在5%以下。

这种算法在实践中是很有用的，在很多情况下，我们希望在一定时间内得出一个结果，哪怕它有一定的错误概率，这总比等不到结果好，并且不断重复求解过程，就可能越来越接近正确答案。以上就是BPP问题的含义。

第二种叫“BQP”问题，中文叫“具有有界错误概率的量子多项式时间”，其实就比BPP问题多了“量子”二字。这种问题的一个简单定义就是：可以用量子计算机快速（在多项式时间内）处理的问题。

量子计算机与传统计算机的关键区别在哪里呢？

上一章提到过NP问题可以依靠“堆CPU”来快速求解，只要让不同的计算机分别验证不同的情况。而量子计算机利用了量子的“叠加态”，可以用不多的量子比特来模拟非常多的CPU进行并行运算，并且通过量子最后“坍缩”后的结果，得到我们需要的答案。这样很多NP问题就成为多项式时间问题了，这也是研发量子计算机的一个最主要动力。

但是，量子的行为是不受控的，都是“概率性”的行为，“计算”结果总是会有误差的。按“平行宇宙”理论，每次“测量”量子计算机的计算结果后，我们在有些宇宙中得到了正确的结果，有些只能得到错误的结果。好在错误概率是可以计算的，大不了就多算几次。多做几次，总可以让错误率降低到可以接受的程度。

不管怎样，量子计算机总有误差，所以它可以快速处理的问题被叫作“具有有界错误概率的量子多项式时间”问题，简称BQP问题。目前典型的BQP问题是质因数分解问题。之前，我说过，判断一个数是否为质数，是一个P问题，但判断出一个数不是质数，并不表示我们能对这个数进行质因数分解。目前传统计算机上最快的质因数分解算法是一个接近于指数时间（$O(e^{1.9(\log N)^{1/3}(\log\log N)^{2/3}})$）的算法。

1994年，数学家彼得·威利斯顿·肖尔提出了一个质因数分解的量子算法，其复杂度只有$O(\log^3 N)$，所以是一个标准的多项式时间问题，因此质因数分解就是一个BQP问题。所以我们说，一旦量子计算机突破到某个“量子霸权”的时刻，一些加密算法就会失效，因为一些加密算法依赖一个前提，即传统计算机无法快速进行质因数分解。

是不是所有的NP问题都是量子计算机能快速求解的？目前科学家还不能证明，但倾向于认为NP问题与BQP问题是互不包容的，即存在一些NP问题，是量子计算机不能快速求解的，也存在一些BQP问题，比NP问题更复杂，即无法在多项式时间内检查答案。不过，这都是有待证明的领域。

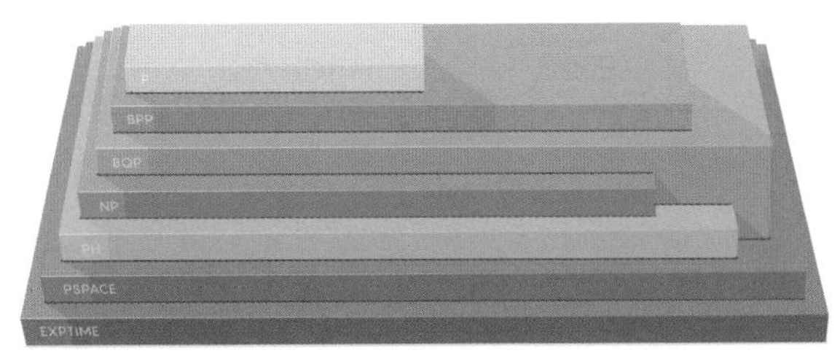

不同复杂度的关系示意图

所有复杂度问题，从定义上来看并不复杂，难点在于搞清它们之间的关系。很多复杂度之间有子集关系，应该是真子集关系，但很难证明。另外，复杂度“动物园”里的“动物”有许多，但其中哪些与哪些是“近亲”，仍然是模糊的。希望有一天，我们能如同生物学中的分类一样，对算法“复杂度”进行简单分类。

思考题

根据书中的极小-极大示意图，应该选左侧还是右侧的树？

如何把多项式空间问题归约为指数时间问题？

第六章

数学也是一门生意

区块链有故事

很久很久以前，大山深处有座村庄，村民们过着安静祥和的生活。某天，有人在山后发现了一座金矿，村庄里的人开始躁动起来。村里的年轻人纷纷去采掘金子，卖到外村去。村里的老人不开心了，村主任召集了一次全村大会，宣布金矿是全村人的资源，每个家庭必须记录采掘的金子数量，每月上报，按比例上缴部分收入，作为全村的共有财产。

如此运作一段时间后，大家发现很多人家都在少报采掘金子的数量，那些如实上报的人非常不满意。于是，村主任修改了记账方案：所有人在采掘金子后，立即到他的住处上报采掘数量。村主任会保留一个账本，记录每户的采掘数量，每月结算一次应缴的份子钱。账本是公开的，每个人随时可以查看。

如此运作一段时间后，村里仍然出现了不满的声音。有人怀疑某些住户贿赂了村主任，让村主任少记采掘量，以此少交份子钱。

村主任又难办了，于是召集全村村民开会，问："大家各自记账，或者我单独记账，你们都信不过，这个账该怎么记？"

村里的一个年轻人说："我有个办法：每家每户都有一个账本，账本上记录每家的采掘数量。每家在采掘金子后，除在自己的账本上记下数值之外，还需要通知其他至少一个住户，请他在账本下进行相应的更新。与此同时，双方的账本也可以互相核对一下，看看有哪些记录没有更新。如果有，就顺便一起更新，总之，要确保账本总是同步的。"

这个方案被提出后，村民们陷入了一阵思索中。几分钟后，有人问："如果有人故意少报会怎么样？"

年轻人答道："我知道会有这种情况。我的原则是，某个记账内容只有得到一半以上的村民认可才行。如果你怀疑某人的记录作假，那就不要把他的记录记入你的账本中。如果某人长期作假，他迟早会被一半的人识破，那他就无法继续下去了。"

那人又问："如此一来，如果账本内容出现不一致该怎么办？比如，我自己账本上写着某人某天开采的金子数量，但别人来我这里同步时，他的账本上却记录着不同的数量，我该怎么同步？"

年轻人答道："这个问题我也想过了，可以用'少数服从多数'的原则来解决。一条记录的真实性，只有得到一半以上的村民认可才有效。所以，当你发现有冲突的记录时，可以自行判断是否修改自己的记录，或者让对方修改。之后，随着时间推移，在不断与其他账本同步的过程中，你可以统计有多少账本与你的记录不同。当你发现你的记录与一半以上的村民冲突时，你应该认识到是你的记录有问题了。此时，你就只能修改你自己的记录，与其他人的保持一致。"

那人又问："如果一个人欺骗了一半以上的人，那不就无法识破了吗？"

年轻人答道："是这样，但欺骗一半以上的人是很难的。在记账过程中，如果一个人能让一半以上的人信任，我们就认可他是有诚信的。正如我们在之前的记账实验中看到的，如果我们只靠村主任一人来确保账本的可靠性，结果就是对村主任的不信任感日渐加剧，让这个过程无法持续下去。那么，我们就把这个责任分配给每个人，如果一半以上的人是有诚信的，我们就能让这个系统维持下去，而我相信我们村多数人是有诚信的。"

村主任这时说道："对，有道理！之前我一个人管账，压力太大了，费力不讨好。那么现在就改成大家一起管账，所有账本

小村里发现了金矿，平静的生活被打破了

金矿
小村

内容全部透明，这下大家应该没话说了吧？”

果然，再也没有人提出异议。这个管账系统运行了一段时间后，大家相安无事。又过了好久之后，有人把这种记账系统称为“区块链”。

区块链的诞生，就是为了在互联网上实现“去中心化的分布式账本”。

我们通常的账本是被某个中心化的机构管理的，如你的银行账户。银行账户的金钱往来信息的可靠性，都由银行来管理。其可靠性都来自我们对银行的信任。

在互联网上，我们也有各种各样的账户信息，如游戏账号、社交媒体账号。这些账户信息也多是由互联网服务提供者来管理的。由此带来的一个风险就是，如果这个服务的提供者出现经营状况或者诚信问题，由对方管理的个人账号就可能丢失或者被永久关闭。

于是，有人考虑这样一个问题：如果我们希望在互联网上存储一些信息，并且这个信息不由任何中心化的组织来管理，该如何实现这样一个结果？如果这些信息是个人资产和财务的记录，怎么做到绝对安全？区块链就是为达到这个目的而生的。它的基本运行机制有两个：

1. 分布式。所有信息在每个人的计算机上都有一个副本，每个人都可以任意复制和拷贝这个副本。副本之间的信息靠网络同步。
2. 共识机制。一旦副本之间有内容冲突，需要一种机制来解决这种冲突，使每个人的副本能够继续同步，这种解决冲突的机制就称为“共识机制”。去中心化的区块链通常依靠的是“少数服从多数”的机制，即认可网络中一半以上的副本存储的信息，而丢弃另一半。

区块链在本质上是一个分布式记账系统，难点在于让各处的账本无争议地同步起来，解决的方法就是某种“共识”机制。“少数服从多数”就是一种共识机制

区块链在实现以上机制时，主要使用了计算机领域中的哈希算法和非对称加密技术（关于这两个技术的实现，在《老师没教的数学》一书中有详细讲解）。网络中的所有信息以链条的形式存储，后续的信息不断加入当前链条的尾部。链条中的每一环称为一个“区块”，这就是“区块链”这个名称的来历。

如何使用区块链技术，实现“村庄分布式账本”。

村子中的每个居民都需要生成自己的账号，一个账号就是一对非对称的密钥，即产生一个公钥和私钥，公钥可以对他人公开，私钥需要严格保密。非对称密钥的特点是，既可以用于加密和解密，也可以用作“签名”。

加密和解密时，让别人用公钥加密，自己用私钥解密。“签名”时，用自己的私钥加密，让别人用公钥解密。这样他人就可以确信这个信息是私钥持有人生成的。而“签名”功能是区块链经常使用的功能。

然后，可以由村主任产生一个“创世区块”，作为区块链的第一环，并通过网络，供全体村民下载。环中加入一个信息：“热烈庆祝本村区块链开通”，并由村主任签名。此时，所有村民都可以用村主任的公钥验证，这个信息是否是村主任生成的。

有了区块链的第一区块后，后续的记账信息就由新的区块来完成。比如，张三想在区块链中加入“我今天开采了x克黄金”的信息。张三就可以用自己的私钥对这条信息签名，将其添加在自己本地存储的区块链中，并通过网络广播给其他村民。

其他村民接收到这条信息后，用张三的公钥检查，这段信息是否由张三的私钥签名。如果检查通过，则加入自己的区块链，并且同时广播，通知其他人。

当信息产生冲突时，每个村民可以选择接受或者不接受新的区块，这样区块链暂时产生了分支。但随着时间的推移，总有某条分支得到一半以上用户的认可，则少数派的分支被丢弃，强制所有人的区块同步起来。

此外，为防止有人加入虚假信息，可以对添加新区块的操作增加一定成本，如交一定的“保证金”后，才能添加区块；也可以设置奖励机制，奖励诚信和积极的用户，具体保证金和奖励的内容，则取决于区块链所服务的内容。

由上可见，区块链非常适合那种在没有中心管理机构的情况下，安全共享信息的需求。现在也有带中心管理机构的区块链，称为“私有链”。在私有链中，中心管理机构具有对区块链中的内容的最终裁定权和修改权，也就等于中心管理机构用自己的信用为这条区块链背书。

数字藏品有价值吗

私有和公有区块链各有利弊，有不同的适用场合，“数字藏品”就是区块链技术的一个衍生产品。

数字藏品的理念是古董收藏爱好的延伸。比如，邮票是很多

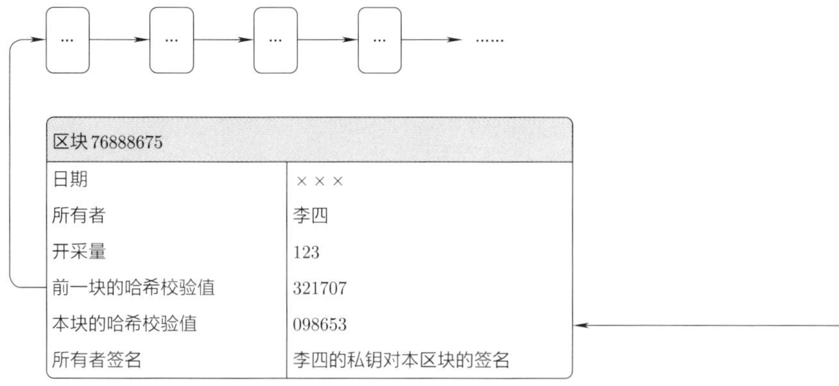

区块链结构示意图。每个区块都包含上一个区块的Hash，构成链条结构，并且通过签名机制保证当前区块的唯一性和真实性

人的收藏品。但是，如果一张邮票变成计算机上的一张图片，它似乎就没有任何收藏价值了。绘画作品也是非常好的收藏品，但也不会有人去收藏一张计算机上的数字绘画作品。原因在于，复制数字文件太容易了。在互联网时代，有没有办法让数字文件产生一定的收藏价值呢？有人想出了下面的办法：

一种东西的收藏价值，在很大程度上取决于独一无二性。在计算机上，无法防止一个文件被复制，那么就可以考虑把这样东西的拥有者的名字嵌入数字藏品内，从而产生唯一性。比如，某

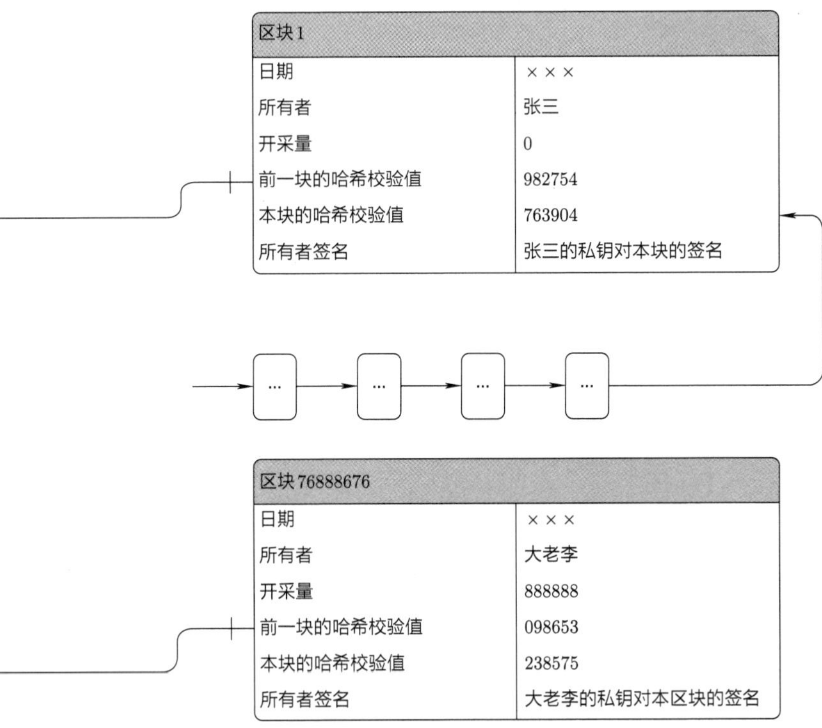

个画家用计算机画了一幅画，其宣布："谁购买我这幅画，我就在画的某个角落写上他的名字。"

有人问："如果有人复制了这幅画，并且把那个名字替换成自己的名字，那第一个购买者花的钱似乎也没有意义啊？"

画家说："这样，我不在这幅画里写他的名字。我就在网上宣布，这幅画的拥有者是某某某。而且我会公布两个信息：首先，我会公布这幅画的哈希（Hash）校验值。只有某个符合这个校验值的图片文件才是我的原版文件。任何人更改图片中的一个像素，都会导致这个校验值发生变化，那就不是我的原版图片了。其次，我会对整个信息签名。这个信息的内容是某幅图片，其哈希值是×××，拥有者是×××，拥有者的公钥是×××。对整个信息签名后，所有人都可以用我的公钥验证这个信息是否是我生成的。"

有人问："拥有者怎么证明自己确实是那幅图片的拥有者呢？"

画家答道："你看到那个信息中包含拥有者的公钥。那么任何人只要用这个公钥加密任何一段信息，拥有者用自己的私钥解密，并且展示解密结果，那么拥有者就足够证明这幅画确实是他所有的。"

有人又问："如何转让这幅画的所有权呢？每次都找你重新生成签名吗？那太麻烦了。而且很难证明这幅画的最新拥有者是谁。如果画不能转让，也没有多少人想买吧？"

画家思索了一会儿，说："没事，可以用区块链来解决这个问题。这幅画的拥有者信息永远以区块链中的信息为准。比如，我第一次卖出这幅画时，我们把之前的信息签名后发布到某个区块链中。之后，这幅画被转卖时，就由卖家签名发布这条信息到区块链中：'本人卖出某图片，其哈希值是×××，新拥有者是×××，拥有者的公钥是×××'。这样，只要大家相信区块链安全可靠，这个图片的拥有者信息会永远公开有效。”

以上所讲就是数字藏品的基本工作机制。数字藏品的更技术化的名称是“非同质化代币”（non-fungible token，简称NFT），它的意思就是一种电子凭证。我们通常使用的电子门票、数字身份证等，其实都是一种电子凭证。很早以前，就有人发现某些电子凭证具有一定的收藏性，比如“QQ靓号”、好记的手机号等。但是，这些收藏品随着服务的寿命到期，往往会失去收藏的价值。

区块链诞生后，有人把电子门票的理念与数字形式的艺术品结合，从而产生了数字藏品的概念。区块链具有去中心化和长期有效性的特征，使收藏者不用担心数字藏品有“过期”的一天。

目前，国内外有很多数字艺术家以数字藏品的形式，出售自己的绘画、摄影或音乐作品，也有越来越多的人接受这种数字形式的收藏品，相信未来很多人会拥有这种数字资产。

这张猴子图片的数字藏品版本被一家名为“Bored Ape Yacht Club”的NFT管理机构，以等值于3 000美元的虚拟货币售出，你觉得它值这个价吗

浅说数字人民币

说到资产类型的凭证，纸币现金当然是一种凭证，那么纸币能数字化吗？能，而且很多人已经用上了“数字人民币”（E-CNY）。我来介绍一下数字人民币。

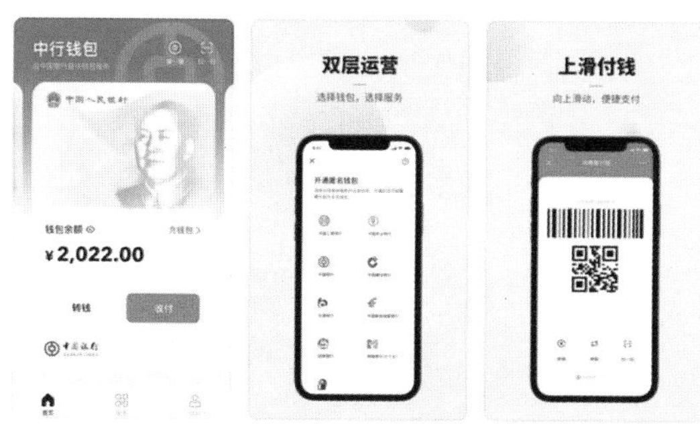

试点中的数字人民币钱包小程序

对多数人来说，关于数字人民币的第一个问题就是：我们已经有支付宝和微信支付等手机支付手段，为什么还需要数字人民币呢？所以，我就重点讲讲数字人民币与手机支付的区别。

简单来说，支付宝和微信支付是把银行卡装进手机里，数字人民币是把现金装进手机里，所以，数字人民币与常见的手机支付的区别主要就是现金和银行卡的区别——匿名性和离线支付。

在通常的手机支付手段中，使用者需要通过某种实名认证，经常需要绑定银行卡，以便充值和取现。支付时，系统需要对支付者进行认证（比如输入密码），再通过服务器端的数据变更，完成转账的过程。整个过程是实名制的，可追踪。

而持有数字人民币，在理论上无须实名认证，你持有的实际上是一种“非同质化代币”。当你认为它有收藏价值时，数字人民币当然也是一种数字藏品。你对某个数字人民币的拥有权的凭证，完全来自存储在手机中的某个凭证。当你用数字人民币转账时，实际发生的就是类似数字藏品的拥有者的变更过程，可以想象成你手机里的若干纸币被“转移”到收款人的手机里。

个人手机中的数字人民币，不与特定的个人信息绑定。如果你手机里有若干“张”面值1元的数字人民币，你无法具体说出你手机里的“这张1元钱”确切来自哪个人，它们是无法区分的。所有这些都与纸币很像。

因为数字人民币具有匿名性，任何人捡到你的手机，并解锁后，都可以无障碍地花掉你手机中的数字人民币，你也无法通知某个机构冻结你的数字人民币。因此，不建议在手机中存储大量的数字人民币。

纸币的另一个特性是无须网络，就可以完成支付。数字人民币同样拥有这个特性，称为“双离线支付”。在两部手机都没有网络的情况下，同样可以完成转账。此时，需要两部手机互相靠近，用蓝牙通信的手段，在手机上完成转账操作。出于安全性考虑，在离线情况下收到的钱并不能马上花出去，而是需要等到手机再次上线，等到中央服务器验证后，才被认为转账有效，这也是对收款方的一种保护。

基于以上所讲的数字人民币的特性，你可以看出数字人民币的主要使用场景在于希望匿名支付和离线支付的场合。比如，AA制聚餐时，使用数字人民币互相转账可能比其他方式方便些。外国游客来中国旅游时，持有数字人民币比开通传统手机支

有了数字人民币，在没有网络的飞机上，也可以用手机互相转账

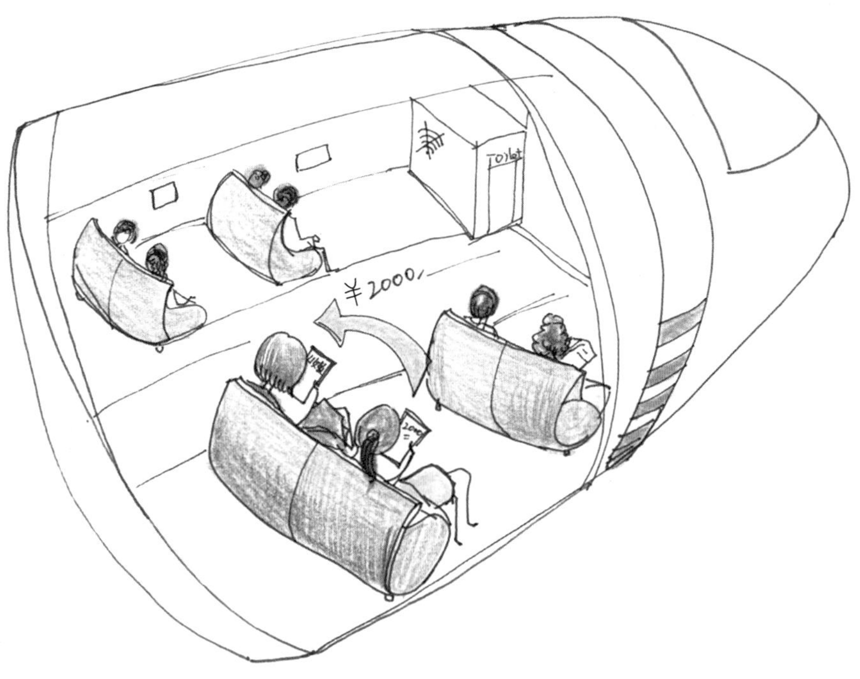

付账户方便许多，可以同时享受实际支付带来的便利。另外，在某些网络不可达或质量不佳的地方，比如地下车库、偏远地区、飞行中的飞机等场合，数字人民币的离线支付功能也可以发挥功用。

货币无纸化是一个大趋势。也许有一天，我们再也不会发行纸币，此时数字人民币就是唯一的现金形式。

我相信你对区块链、数字藏品和数字人民币都有了一定的了解。我期待这些技术可以给我们带来更多的生活便利。

第七章

修炼你的数学思维

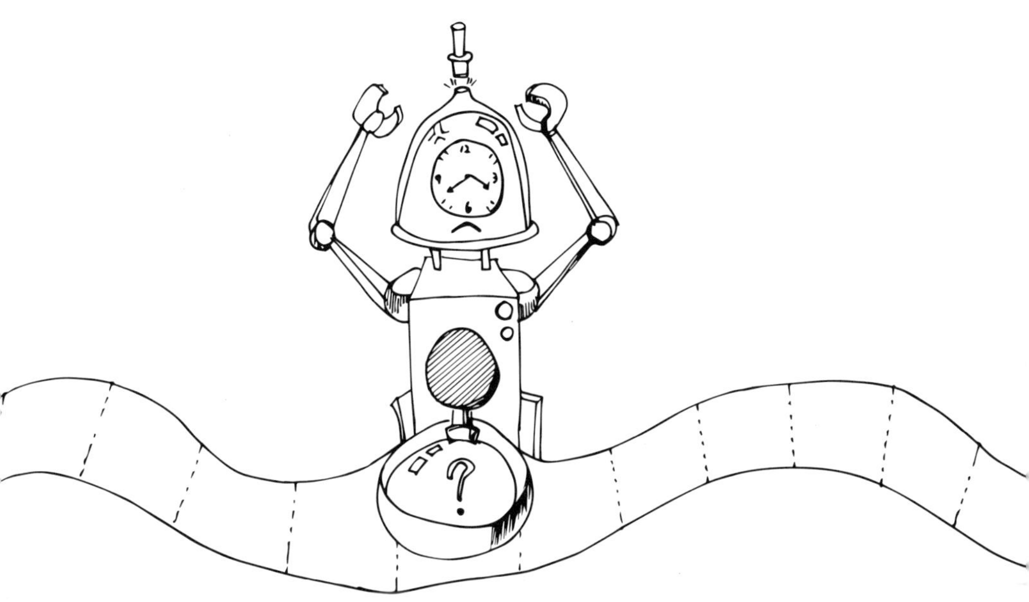

一个半世纪的征程

数学中证明最长的定理是什么？答案毋庸置疑，它是有限单群分类定理，它是整个数学中最为宏大的一个定理。

有限单群分类定理

每个有限简单群都是下列类型的群的其中一种：

- 素数阶循环群
- 至少5阶的交替群
- 16种李型单群：
  - 典型群
  - 例外或缠绕李型单群
- 26种散在单群之一

它在时间上是宏大的，因为从问题的提出到解决大约经历了一个半多世纪的时间。1983年，曾经有人宣布它被完全证明了，但后来发现还有些遗漏的地方。全部漏洞被完整填补又花了25年，到2008年前后人们才普遍认为它真的被证明了。

它在空间上也是宏大的，因为这个定理的证明包含100多位数学家的500多篇论文，总页数多达1.5万页。这个数量已经多到任何一个人穷尽一生都难以完整阅读的地步。后来有数学家决定用最新的数学工具和语言重新写一遍这个定理的证明，最终产生的证明还是多达5 000页。如果排除那些用计算机辅助证明的命题，只考虑真正写出来供人阅读的数学证明，那么这个定理的证明总长度绝对是最长的。

那么，什么是有限单群分类定理？顾名思义，就是对有限的“单群”进行分类。好吧，这是废话。看过《老师没教的数学》的读者应该对“群”的概念多少有些了解，我曾提到过素数阶的循环群都是单群，因为它们没有一个子集可以构成群。

“群”就是一个集合，集合中的元素存在某种二元运算关系。这种运算需要满足封闭性和结合律。群中存在单位元，每个元素存在“逆元”。

一个群的例子：

全体整数与加法运算构成一个“群”：整数相加仍然是整数，所以有封闭性。加法满足结合律。任何整数加上“0”后，等于自身，所以“0”是单位元，且任何整数n存在逆元$-n$。

请自行验证集合$\{1,3,4,5,9\}$与“模11乘法”也构成一个群。“模11乘法”的意思是，相乘后将结果除以11，取余数。

确切地说，并不是没有子群的群就是单群，而是没有“正规子群”的群才叫单群。正规子群的具体定义有点抽象，我可以说下为什么要有正规子群。

数学家发现在一个群里找子群很像对一个整数做因子分解，但人们还希望找出来的子群能够像因子一样去“除”原来的群，得到另一个群。而只有正规子群可以让人们方便地定义一个群与某个子群之间的除法，而这个除出来的群确实被命名为“商群”。但是，一个群除以非正规的子群是得不到群结构的。总之，你只要了解“正规子群”很像一个群的因子就可以了。

为什么数学家对单群特别关注？你想，单群没有正规子群，也就是没有因子，那单群是不是很像素数？有几个数学家能抵抗素数的诱惑？所以，单群对数学家来说，就好比整数中的质数，也好比物理学中的基本粒子和化学中的化学元素，都是一个基本单位。既然是基本单位，当然想查清它的“户口”，搞清楚它到底有几种。

有人反对把“单群”比作“素数”，认为应该把单群比作对称的基本形态。因为对称性就是从自身到自身的一种映射，是一种置换，所以一种对称性就能找到一种有限群的表示。就像《老师没教的数学》一书中提到的“五行群”，我感觉到“五行”学说中隐含对称性，所以才想到用群来表现“五行”之间的关系。总之，任何群都体现了一种对称性。

你也可以把正规子群想象成一个群的“对称轴”，就是它可以把群里的元素映射成两份一样的东西。而如果一个群含有正规子群，就表示在它的整体对称性中包含更小的对称性。如果没有正规子群，那这种群就代表一种最基本的对称。我们可以把有限单群的分类，看作对宇宙中所有对称性的分类。所以有人认为单群可以被称作对称性的原子。

对正规子群的定义

群G的子群N是正规子群，它在“共轭变换”下不变，就是说对于每个N中元素n和每个G中的元素g，元素gng^{-1}仍在N中。我们写为：

$$N \lhd G \;\Leftrightarrow\; \forall n \in N, \forall g \in G\ , gng^{-1} \in N$$

例如：$\{1,3,4,9,10,12\}$与模13乘法构成的群G。我们可以验证$\{1,3,9\}$是G的正规子群，且3和9互为逆元。由此可以验证，对N中的元素，比如3和4，有：

$$3 \times 3 \times 9 = 3 \pmod{13}$$

$$3 \times 4 \times 9 = 4 \pmod{13}$$

运算结果仍在 N 中（对本例来说，运算结果都是所选 N 中元素自身，所以正规子群“共轭变换”下不变）。

你可能知道这两个命题：“所有素数阶的循环群都是单群”，“所有有限群都与某个置换群同构”。将这两个命题结合起来，你可能会想：是否所有有限单群都是素数阶的循环群？

很可惜，答案并不是。虽然素数阶的循环群都是单群，但确实有些单群不是素数阶的循环群，否则这个定理就太简单了。但你也别小看“所有素数阶的循环群都是单群”这个命题，这个命题是群论中“拉格朗日定理”的一个推论，用它证明数论中著名的“费马小定理”，就太简单了。群论经过十分繁复的定义和铺垫之后，对原先比较难的数学命题，可以提供简单的证明，这侧面反映出群论作为一个新的工具是十分强大的。

拉格朗日定理的内容：

设 H 是有限群 G 的子群，则 H 的阶整除 G 的阶。群的阶就是群的元素个数。

根据费马小定理，

如果 p 是质数，则：

$$a^p \equiv a \pmod{p}$$

我们显然只需考虑 a 与 p 互质的情形。此时模 p 所有非零的余数，在同余意义下对乘法构成一个群，这个群的阶是 $p-1$。考虑群中的任何元素 b，根据拉格朗日定理，b 必整除群的阶。

虽然并不是所有单群都是素数阶的循环群，但对这个命题稍微修改，加上“可交换”3个字，就能成立：所有有限可交换单群都是素数阶循环群。

“可交换”就是符合交换律。大多数我们熟悉的循环群都是可交换的，但确实有些置换群是不可交换的。其中有一大类，要追溯到伽罗瓦刚发明群概念时发现的一类有限群，叫“交错群”。

要理解交错群的概念，可以先考虑这样一道智力题：有3个人排队，先按某种顺序排好，如“1-2-3”这样的顺序。3个人之间互相任意交换位置，变成另一种排队方式。一共有几种不同的交换位置的方法？

3个人在排队，如果他们互相交换位置，变为另一种排队方式，一共有几种变换方法

我们可以这样考虑这道题，虽然问的是不同的交换位置的方法，但交换后，3个人还是按某种顺序排好队了。我们很容易知道，3个人的不同排队方式有3! = 6种。不管怎么换位，总是从当前排队方式换到另一种方式，所以自然就有3! = 6种换位方式，其中包括一种“恒等变换”，就是自己跟自己“交换”，最终

排队位置不变的变换。

我们现在就把$3! = 6$种变换组成一个集合。很显然，这些置换能构成一个群，这种群被叫作“对称群”。因为它是三个元素的所有置换构成的群，所以又被称为“三次对称群”。现在问题又来了，在这种三次对称群里有没有正规子群呢？

提示：把6种置换去掉一半，留下3种置换，还是能构成一个群，而且确实是正规子群。这3种置换是：

1. 自己跟自己交换的“恒等置换”。
2. 1换到2位置，2换到3位置，3换到1位置。
3. 1换到3位置，3换到2位置，2换到1位置。

请你自行确认这3种置换无论哪两种连续变换，都可以直接用其中某种置换来表示。好了，你现在发现的这个3种置换构成的群，就被称为三次交错群。每个交错群的元素个数都是同次对称群的一半，即n次交错群有$n!/2$个元素。

三次交错群（同构于三次循环群）运算表

C_3	1	*A*	*B*
1	1	A	B
A	A	B	1
B	B	1	A

现在的问题是，三次交错群是单群吗？是！但可惜三次交错群其实与三阶循环群是同构的，所以这算不上什么新发现。别灰心，我们可以继续研究四次交错群，就是4个人排队换位。四次交错群有$4!/2 = 12$个元素，请自行构造一下这12个元素构成的

群的运算表。它是单群吗？很可惜，还不是。因为它还有正规子群。

四次交错群已经有些特别的性质了，它不是可交换群，即其中有些置换不符合交换律，这已经是很特别的发现了，而我们之前了解的所有置换群都是符合交换律的。四次交错群很重要，它的正规子群叫“克莱因四元群”，是元素最少的非交换群。伽罗瓦在证明四次方程有根式解的过程中，用到了四次交错群有正规子群的性质。

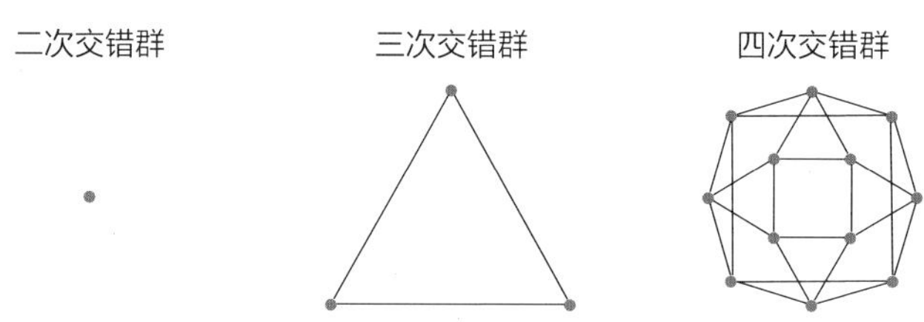

从二次交错群到四次交错群的一种图示法

我们再次不能灰心，应该考察五次交错群，五次交错群有 $5!/2=60$ 个元素。它是单群吗？我们会很高兴地发现，它是单群。它没有正规子群，而且是不可交换群。继续下去，人们发现五次及以上的交错群就都是单群了。

当年伽罗瓦在证明一般的五次及以上次数的方程没有根式解时，用到了这个重要条件。之前，人们发现，求解二次、三次、四次方程的根式解的过程，都是将方程化为较低次数的方程。伽罗瓦发现这一过程可以抽象为给一个群找某种形式的正规子群的过程。既然五次及以上交错群没有正规子群，五次及以上方程就没有根式解。

他的这个思路还可以用来判定一个方程有没有根式解。虽然一般的五次方程无根式解，但有些特殊形式的高次方程仍然会有根式解。你有没有一种感觉，解方程时对方程的变换其实就是一种置换操作？而使用群论，只考察某种形式的方程，其对应的置换群是否属于“可解群”，就可以判定这个方程是否有根式解。

现在，我们已经知道素数阶置换群和五次及以上交错群都是单群。事情完了吗？还没有，还有一大类群也是单群，这就是“李型单群”中的“典型群”和“例外李型单群”。这个李型单群是用19世纪挪威数学家索菲斯·李的名字命名的。

“李型单群”的概念实在太难了，远超笔者可以简单解释的程度，所以只能略过。有意思的是，“李型单群”这个名词不是索菲斯·李本人命名的，而是在他去世多年后，后人继承他的工作，为纪念他，而把这一大族群命名为“李型单群”。把李型单群中的单群分类问题弄清楚，直到20世纪50年代才完成。原因在于，在李型单群中虽然有一大组比较友好的“典型群”，但还有些例外，叫“例外李型单群”，这说明了它的复杂性。

李型单群在量子物理中十分重要。目前，物理学有一个最重大的目标，就是寻找大统一理论：用一个理论去解释万事万物。但当代物理中的标准模型理论实在是太繁复了，物理学家不喜欢复杂的理论，他们中的多数人认为，宇宙的基础运行机制应该是简单和美观的。

要找到“简单”和“美观”，就需要找到“对称”。要找到“对称”，人们就会想到“群”。人们发现好几种李型单群蕴含的对称性，可以用来解释一些基本粒子的性质。所以，你在一些物理书里可以看到“酉群”“辛群”等名词，它们都是李型单群家族的，因此李型单群是非常强大的工具。

索菲斯·李

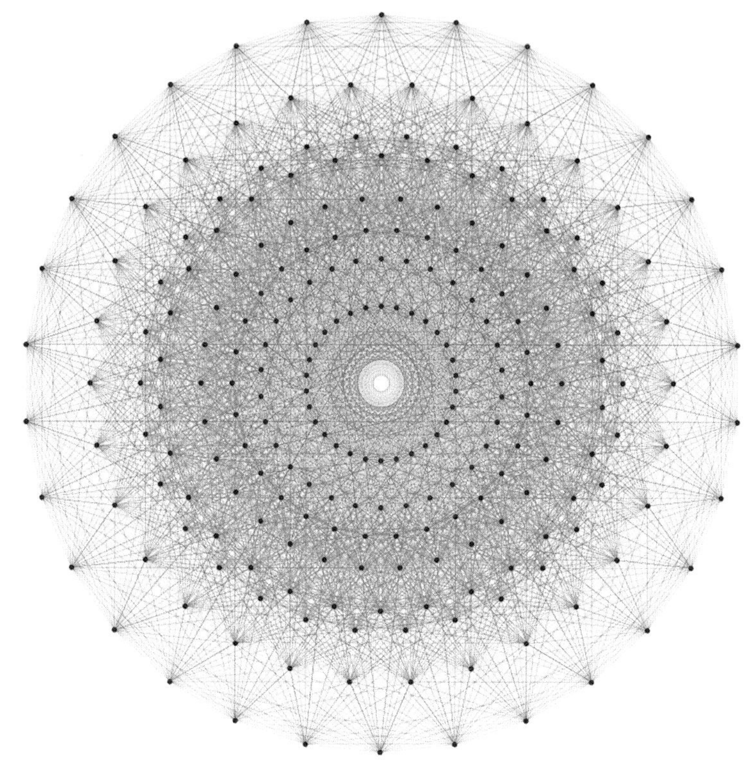

李型单群“E8”的一个图形表示

好了，我们前面说了4种单群——素数阶循环群、五次及以上交错群、典型群和一些“例外李型单群”。事情完了吗？还没有。如果说前面这几种单群还是常人所能理解的单群的话，数学家还发现了26个独立于前面这些群的“散在单群”，意思就是“闲散游荡”的群。这26个群略带神秘，它们的阶数（元素个数）少则几千，多则达到10^{53}，以至于被命名为“怪兽群”。而它们之间或多或少有些关系，但有几个与其他的完全没有关系。这也解释了为什么有限单群分类定理工程如此浩大，因为有这26个散在单群存在。

宇宙中为什么存在这26个散在单群？为什么是“26”这个数字？外星人找到这些散在单群了吗？这些群为什么看上去这么特别？我们确定没有更多的散在单群了吗？在下一章，让我们继续聊聊这些散在单群。

二十四维晶体中特有的对称

前面我们说到了有限单群中的三大类：素数阶循环群、五次及以上交错群和“李型单群”。但是，宇宙中还存在26个“散在单群”。“散在”就是散在外面，特立独行的意思，值得好好说说。

26个群很奇怪，数学家根据它们之间或强或弱的联系，将其分成了4类。最早发现的一类叫“马蒂厄群”，它是19世纪60年代至70年代，由法国数学家马蒂厄发现的，甚至比李型单群的发现还早。要理解马蒂厄群，我们还是先做一道智力题：

请你在纸上随便画7个点，然后给这些点连线。要求：每条线恰好经过3个点，不一定是直线，任意曲线都行。任意两个点属于且仅属于一条线，即不能有任何两个点之间没有连线或者有多于一条的连线。

稍微花点时间的话，相信你能画出这样一幅连线图，它应该是由7条曲线构成的。

在数学中，这种连线图被叫作“施泰纳系统”，这是19世纪瑞士数学家雅各布·施泰纳提出的一套组合数学理论。我们知道，数学家喜欢把一个问题一般化，所以我们先一般化施泰纳系统。我们可以取3个参数，问这样一个问题：

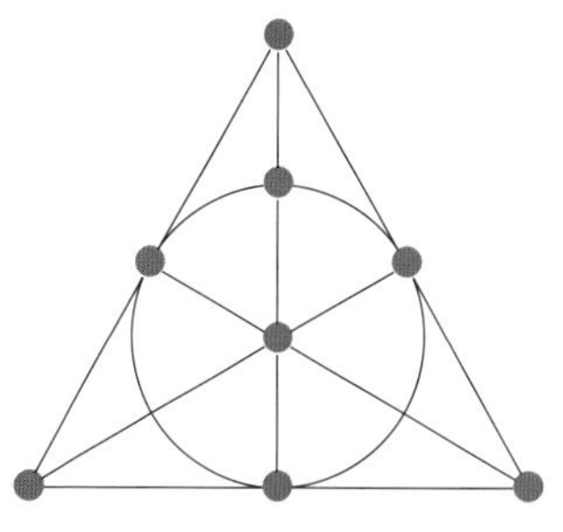

一个7个顶点的施泰纳系统，其中每两个顶点属于一条边，每条边包含3个顶点

假设有n个点，请你把每t个点连一条线，使每k个点恰好属于一条线。所以，有n，t，k 3个参数，一般记作$S(k, t, n)$，则之前的

问题提高的就是$S(2,3,7)$。显然，不是任意的n，t，k组合都能形成一个施泰纳系统。

看上去这是一个简单的排列组合题，但里面蕴含的问题是很难的。直到2014年，人们才证明有无穷多个$t=4$和$t=5$的施泰纳系统。而$t\geqslant 6$的（非平凡）施泰纳系统是否存在，目前还不知道。

施泰纳系统跟群有什么关系呢？看得出来，施泰纳系统里蕴含十分高度的对称性。所以，一旦一个施泰纳系统被构造出来，人们总能用某个群来描述它。1861年，马蒂厄在研究“积性传递群”时，发现了一个后来被命名为M_{12}的群。

顺便指出，不知道是不是受化学元素周期表的启发，所有散在单群的命名都是用其发现者的姓氏首字母命名的。所以，“马蒂厄群”的名字都是字母“*M*”后加一个数字。以上群名称中的数字“12”的含义后面会提到。马蒂厄在那篇文章里简单预言了M_{24}这个群的存在。

1931年，有数学家发现，虽然马蒂厄并不是依靠分析施泰纳系统得到的这个群，但M_{12}群其实是蕴含在一个12个点的施泰纳系统里的。这个施泰纳系统是$S(5,6,12)$，就是平面上12个点，每6个点连一条线，使任何5个点恰好在一条线上。

我看到这个结论时马上想看看这个施泰纳系统到底长什么样，但令人吃惊的是，我在网上没有发现任何一个人真正能够画出12个点施泰纳系统，我所能找到的都是用代数方法描述的构造过程。对此，我唯一能想到的原因就是，这个图可能太复杂了，因为它有132条线。估计画出来也很难看清细节，但我还是希望有人能把它画出来。

因为这个马蒂厄群对应的施泰纳系统的总点数是12个，所有被命名为M_{12}。1871年，马蒂厄发现了另外4个马蒂厄群。后来人们发现这几个马蒂厄群都蕴含在特定的施泰纳系统中。无论是用“积性传递”还是“施泰纳系统”，都能导出无穷无尽的群。神奇的一点在于，在那么多群之中，偏巧有5个马蒂厄群是有限单群，且不同构于其他有限单群。其他从施泰纳系统导出的群，要么不是单群，要么同构于其他有限单群。这5个特殊的群，实在很神奇。

在这5个马蒂厄群中最小的是M_{11}，但也有7 920个元素，最大的是M_{24}，有多达244 823 040个元素。在此后很长一段时间里，人们再也没有发现其他的散在单群。再一次发现散在单群是在100年后。但为了逻辑通顺，我并不按照时间顺序介绍散在单群，而是先说被数学家称为“第二代散在单群”的“利奇晶格群”，将马蒂厄群称为“第一代散在单群”。

在关于“开普勒猜想”的部分，我曾简单提到过利奇晶格和亲吻数问题。在这里，我再对亲吻数问题做一些具体介绍。

我们可以先做一道智力题：平面上的一个圆，最多可以与多少互不重叠的同样大小的圆相切？你大概不用拿出很多硬币，只要在脑子里想一下，就能得到答案为6个，即平面上的圆最多与6个互不重叠的同样大小的圆相切。

关于三维空间的情况，答案是12个，此时外围12个球之间会留下一些缝隙。

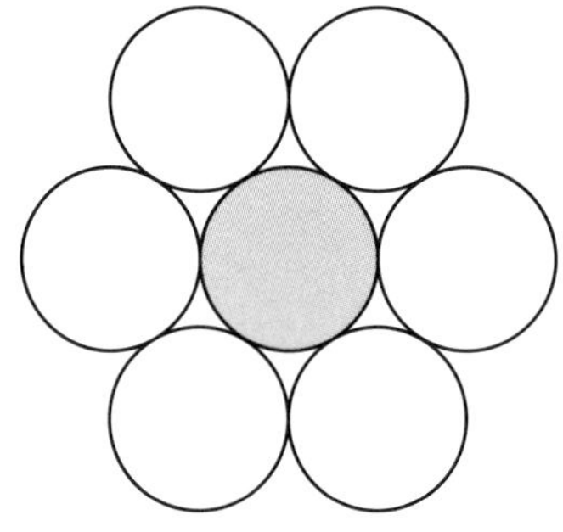

平面上的一个圆，最多与6个与自身相同大小的圆相切

部分马蒂厄群性质表

群名称	阶（群元素个数）	阶的质因数分解	传递性 (transitive)	是否单群	是否散在群
M_{24}	244 823 040	$2^{10}\times3^3\times5\times7\times11\times23$	5-transitive	是	散在群
M_{23}	10 200 960	$2^7\times3^2\times5\times7\times11\times23$	4-transitive	是	散在群
M_{22}	443 520	$2^7\times3^2\times5\times7\times11$	3-transitive	是	散在群
M_{21}	20 160	$2^6\times3^2\times5\times7$	2-transitive	是	$\approx \mathrm{PSL}_3(4)$
M_{20}	960	$2^6\times3\times5$	1-transitive	否	$\approx 2^4 : A_5$
M_{12}	95 040	$2^6\times3^3\times5\times11$	sharply 5-transitive	是	散在群
M_{11}	7 920	$2^4\times3^2\times5\times11$	sharply 4-transitive	是	散在群
M_{10}	720	$2^4\times3^2\times5$	sharply 3-transitive	几乎	$M_{10}{}' \approx \mathrm{Alt}_6$
M_9	72	$2^3\times3^2$	sharply 2-transitive	否	$\approx \mathrm{PSU}_3(2)$
M_8	8	2^3	sharply 1-transitive	否	$\approx Q$

以上这类问题，称为“亲吻数问题”，因为这好比外面的球在亲吻里面的球。另外，在斯诺克台球运动中，当两个静止的球碰在一起时，被称为“kissing”，这就是这个名称的来历。

数学家非常喜欢“一般化”，所以数学家问：在四维或更高维度下，亲吻数是几呢？二维、三维的情况看上去挺简单，直接做个实验就可以。你可能认为四维的情况也不难，但四维的亲吻数问题直到2003年才被确定，其答案是24。

二维、三维、四维的亲吻数分别是6，12，24，看上去，是不是每增加一维，这个数字就加倍呢？错了！对五维的亲吻数，数学家还不知道其确切数字，但知道它的上限是44，所以不可能是48。更意外的是，五维及以上的亲吻数，数学家再也没有找出确切数值的了，只知道它们的一些上限和下限。

再一次，又有意外发生了。在五维以上，有且仅有两个维度，数学家得到了确切的亲吻数，这就是八维和二十四维。二十四维的亲吻数是196 560，也就是在二十四维空间中，一个单位球可以同时与最多196 560个球“亲吻”。之所以能较早确定八维和二十四维的亲吻数，就是因为在这两个维度下，空间具有高度对称性。1940年，德国数学家埃兰特·威特（Erant Witt）可能发现了二十四维亲吻数，但没有发表这个结论。1967年，英国数学家约翰·利奇正式证明二十四维的亲吻数数值。

不管怎样，在二十四维空间中，一个球同时与196 560个球相接触的形状，可以一般化为一个晶体形状，被命名为“利奇晶格”。因为这个晶格具有高度对称性，所以人们很自然地想道：其中是否蕴含群结构呢？

二十四维的物体是不可能画出来的，下面是一个四维准晶体，又称120元胞体（120-cell），大家可以感受一下其中眼花缭乱的对称性

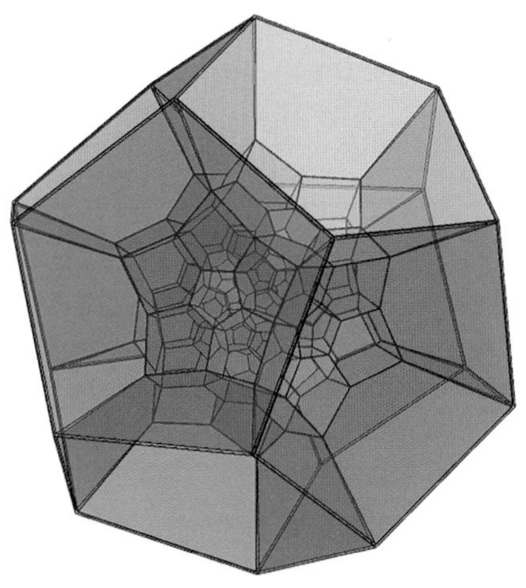

若一定要在二维平面中感受利奇晶格，只能得到这样一幅图：

这里要提到一位大家已经耳熟能详的数学家——约翰·康威。本书曾多次提到过康威，他最著名的成就是发明了“生命游戏”。约翰·康威是20世纪最具大众知名度的，同时非常热心于数学科普的数学家。

1967年，当利奇发现利奇晶格后，想知道其中是否有单群结构，所以求助其他数学家来一起研究。康威很感兴趣，接下了这个任务。那时康威才30岁，还不出名，但已经有了三个孩子。所以，他也有所有已婚已育男性的烦恼，就是如何在工作和家庭中分配时间。经过与妻子协商，他被允许每周三从晚上6点工作到12点，每周六从中午12点工作到晚上12点。

当时没有个人计算机，连计算器都未发明，所有运算都得靠手算。但是，康威觉察到一个重大发现就在眼前，这种感觉是很令人兴奋的。在第一个周六的下午，他用掉几大沓纸，经过6小时的运算，感觉几乎要发现一个新的有限单群了。

抑制不住兴奋心情的康威给同在剑桥大学工作的同事和好友约翰·汤普森打了个电话。康威说：“我觉得我找到一个新的散在单群了，但不确定它的阶数是利奇晶格的同构群本身的阶数，还是它的一半。”汤普森说：“好啊，我帮你一起计算一下。”20分钟后，汤普森打电话过来，说：“应该是那个数字的一半。”康威问：“你确定吗？”汤普森说：“不能完全确定，我还必须找到一种未知的对称。”

康威太兴奋了，他按照汤普森的思路继续计算。到晚上10点的时候，他觉得几乎可以确定找到一个新的对称了，于是打电话给汤普森说：“我应该搞定了！但我太累了，想睡觉了。”

但是，挂完电话的康威根本睡不着，继续埋头计算，过了午夜12点还跟汤普森通了一次电话，交流了一下情况。之后几天，两人继续合作，直到把这个后来命名为“康威1群”的相关计算和证明完成。总之，康威1群的发现，基本就是在几天之内完成的。数学家对一个潜在发现的渴望程度，绝不亚于一个挖金矿的人。

康威1群现在被记作Co_1，其元素个数是利奇晶格的自同构群元素个数的一半，达到了$4 \cdot 10^{33}$的数量级。康威顺带还从利奇晶格里找到另外两个较小的单群——“康威2群”和“康威3群”，分别记作Co_2，Co_3。它们听上去都像聊天群，看上去像化学分子式，但其实都是散在单群。

此后不久，人们又从利奇晶格和康威群中观察到另外四个单群：西格曼-西蒙斯群，记作“*Hs*”；杨科群，记作“*J2*”；麦克劳林群，记作“*McL*”；铃木群，记作“*Suz*”。这四个群加上三个康威群，被称为“第二代散在单群”。

我们从这里能看出利奇晶格的高度对称性，因为它蕴含了7个散在单群。另外，物理学里流行的“弦理论”也跟利奇晶格有关。在弦理论中，有种说法认为空间是“十维”或“二十六维”的。这两个维度数字都与利奇晶格有关，也与八维和二十四维空间中蕴含的高度对称性有关（这也是我们能知道八维和二十四维空间的亲吻数的原因）。

以上有关马蒂厄群和康威群的话题说得够多了，我觉得最神奇的是，这些群看上去都来自非常简单的组合数学问题，即施泰纳系统和亲吻数问题。然而，这些群还不是所有的散在单群，另外还有几个散在单群，它们不但“大”，而且还意外地把数学中看似很遥远的两个分支连接了起来。这些都留在下一章跟大家聊。

意外发现的两个领域的关联

前一章已经聊了一大半的散在单群，我们聊聊余下的那些。在这些剩下的单群中，有一个是在所有散在单群里元素最多的。它有一个很吸引人的名字——“怪兽群”，也有人翻译为“大魔群”，英文为“Monster group”。

这里先要提到德国数学家费舍尔。他在20世纪50年代后期，20多岁时就开始对研究群非常感兴趣。1971年，35岁的他发表了一篇文章，论述通过一种使用对换构造有限群的方法，成功构造出三个新的散在单群。这些散在单群与之前提到过的马蒂厄群M_{22}，M_{23}，M_{24}相关，同样还是用发现者首字母对它们命名的。因为费舍尔姓氏的前两个字母是“Fi”，所以称它们为Fi_{22}，Fi_{23}，Fi_{24}：

群	阶	阶数的质因数分解
Fi_{22}	64 561 751 654 400	$2^{17}\times3^{9}\times5^{2}\times7\times11\times13$
Fi_{23}	4 089 470 473 293 004 800	$2^{18}\times3^{13}\times5^{2}\times7\times11\times13\times17\times23$
Fi_{24}	1 255 205 709 190 661 721 292 800	$2^{21}\times3^{16}\times5^{2}\times7^{3}\times11\times13\times17\times23\times29$

这三个群已经比马蒂厄群大许多了，其中Fi_{24}是当时最大的散在单群。费舍尔直觉认为，Fi_{22}应该包含在另一个更大的单群中。1973年，他和妻子依靠手算，终于算出了这个更大的群，这个群的阶数达到了大约4×10^{33}（后来被命名为“小魔群”）。

既然Fi_{22}包含在一个更大的群中，那Fi_{23}，Fi_{24}应该包含在更大的群中。此时，康威发挥了幽默的本色，把这三个潜在的群（后两个是预言存在的，当时还未找到）命名为“小魔群”“中魔群”和“大魔群”。

在数学中总是充满意外，中魔群很快被证明不存在，那就需要主攻大魔群了。寻找大魔群的最大困难在于，它实在太大了，它的阶数依靠常规手算方式是完不成的。

幸运的是，康威的同事约翰·汤普森发明了一个计算群阶数的算法，利用这个算法，可以确定一个群的阶数的上限。当时惠普上市了一种计算器，型号是HP-65（就是费根鲍姆使用过的计算器）。

约翰·汤普森

康威搞来这么一台计算器，结合汤普森的公式，算出了大魔群阶数的可能最小值。这个最小值后来被证明就是最终值，但已经大得惊人了，稍后我们会看到这个数字。

但是，仅有一个可能的阶数是远不能证明大魔群存在的，数学家希望计算出大魔群的“特征表”。如同矩阵的特征值，群的特征表能刻画群的大部分基本性质，它就像群的身份证信息。

但是，这张特征表规模巨大，用当时的计算器是无法完整算出来的。多年以后，这张表在康威的一本书里整整占用了8页纸的篇幅。在这里需要指出一个事件，当时剑桥大学的年轻数学家诺顿计算出这张特征表的第二行可能以数字“196 883”开始。你要记住这个数字，因为后面还会多次提到它。

后来，完整的特征表是由费舍尔和一位程序设计员借助伯明翰大学的一台计算机计算出来的。为完成这次计算，这台计算机每天平均计算16小时，持续了一年。

问题还没有解决，虽然有了大魔群可能的阶数和特征表，但并没有真的构造出这个群，所以还不能说它存在。之前，我们说过，所有有限群都是置换群。数学家发现，要把大魔群用置换群的方式刻画出来，就要在有10^{20}个元素的集合上定义置换，这是完全不可能计算或写出来的。所以必须考虑新的方法来证明这个群的存在，而这个新的方法被密歇根大学的罗伯特·格莱斯找到了。

这个方法用到了前面诺顿算出的196 883这个数字。因为诺顿证明，如果大魔群存在，则它会在196 884维空间中保持某种代数结构。如果构造出这种代数结构，则等价于构造出了这个群。格莱斯利用这个思路，构造出了大魔群。

1980年，格莱斯通过信件方式，宣告他完成了大魔群的构造。他说：“我非常高兴地宣布，我最近构造出个有限单群G。无疑，它与我和费舍尔在1973年预言的大魔群F_1同构。其构造简洁、清晰，完全靠手工实现，我相当满意。”

后来，格莱斯在1982发表的关于大魔群的正式论文中，将论文的标题定为“友好的巨人”，含义是：大魔群虽然大，但很友好，允许我们用手算把它计算出来。但这个名称最终没有流行起来。

大魔群虽然大，但性质很友好，因此格莱斯称其为“友好的巨人”

那么，大魔群究竟有多大？它的阶数约为8×10^{53}。而且正如之前所说，你需要在196 883维的线性空间中才能表示这个群的结构。大魔群被发现之后，人们观察到大魔群里蕴含着其他很多散在的单群结构。人们把这些与大魔群相关的散在单群统称为“快乐家族”。但是，还有6个不在其中的散在单群，它们被称为“流浪儿”。至此，所有26个散在单群都被发现了。

大魔群的确切阶数是：

$$2^{46}\times3^{20}\times5^{9}\times7^{6}\times11^{2}\times13^{3}\times17\times19\times23\times29\times31\times41\times47\times59\times71$$
$$=808\ 017\ 424\ 794\ 512\ 875\ 886\ 459\ 904\ 961\ 710\ 757\ 005\ 754\ 368\ 000\ 000\ 000$$
$$\approx8\times10^{53}$$

大魔群的意义远比数学家开始时想象的大，它被证明是具有深刻意义的一个群。回到1978年，这时大魔群还没有被构造出来，英国数学家约翰·马凯读到一篇数论论文，作者是英国数学家O. 阿特金斯和P. 斯文尔顿戴尔，这篇论文是关于模型式和椭圆函数的。如果读者读过有关安德鲁·怀尔斯如何证明费马大定理（叫“费马-怀尔斯定理”更合适）的科普文章的话，会知道在怀尔斯的证明中，基本工具是“模型式”和“椭圆函数”，所以它们是与数论相关的两个名词。

马凯看到的那篇论文正好提到了在模型式理论中很重要的“克莱因J函数”的级数展开式：

$$j(\tau)=\frac{1}{q}+744+196\ 884q+21\ 493\ 760q^2+864\ 299\ 970q^3+20\ 245\ 856\ 256q^4+\cdots$$

这个展开式有无穷多项。马凯发现这个展开式的第二项的系数是196 884，这个数字不就是那个大魔群所能存在的最小空间维数——196 883再加1吗？但是，模型式理论似乎与群论毫不相关，这个情况仅仅是巧合吗？

马凯把这个发现告诉了汤普森，汤普森觉得这件事不简单，又把这件事告诉了康威。康威和诺顿计算后，确认绝不是巧合，而是大魔群和模型式之间必然的联系。这次康威又表现了顽童本色，他把这种联系称为“诡异的月光”。网上很多人把这个词翻译成“魔群月光”，但其实这个名词的第一个词“monstrous”是一个形容词，意思是“怪异的、荒谬的”。而这个词的词根来自“monster”（恶魔、怪兽），所以，这里有点双关语的意思。关于这里的“moonshine”一词，据说源自康威刚被告知这个关于“196 883”和“196 884”之间的巧合时的反应。“月光”有点太美好，以至于不可能为真，康威当时就是这个感觉。月光来自非常遥远的地方，而魔群与模型式的这种联系也是把两种非常遥远的数学领域连接起来的关系。

月光总是给人一种如此美好、亦真亦幻的感觉

所以，康威就发明了“monstrous moonshine”这个词，直译就是“诡异的月光”。如果我们希望保留双关语含义，可以将其译作“魔性月光”。不管怎样，后来数学家发展出整套“魔性月光”理论，证明魔群与数学和物理中的方方面面都有联系。以下就说几个简单的魔群与其他对象的联系。

第一，魔群与素数的联系。如果你把魔群的那个巨大的阶数做因子分解，会发现它有如下几个素因子：31和31之前的所有素数，以及41，47，59和71。这15个素数现在被称为“超奇异素数”。超奇异素数在椭圆曲线理论中具有很特别的性质。而且，它与用我国数学家陈景润命名的“陈氏素数”有关，有兴趣的读者可以自行研究。

所有的超奇异素数是这15个：

$$2, 3, 5, 7, 11, 13, 17, 19, 23, 29, 31, 41, 47, 59, 71$$

第二，体现魔群性质的“共轭类”表。这张表包含172个级数，数学家发现在这172个级数里还包含若干线性相关组，粗看不到10个线性相关，这意味着可以对这些级数的数量进行简化。既然有线性相关的关系，那就表示知道其中一些级数，就能通过线性组合算出另外一些级数。

172个级数减去不到10个线性相关的级数，就应该剩下160多个级数。康威在回忆他与其他人一起进行这部分计算时的情景时说：“当时我说了一句：‘让我们猜一下，到底剩下一百六十几呢？’”

不知道读者会猜哪个数字。如果你看过本书之前关于黑格纳数的内容，你会想到在从160到169这些数中，有一个数字确实很特殊。它就是163——最大的黑格纳数。最后的计算结果验证了这个结果，那172个级数可以简化为163个级数。这说明魔群中蕴含的信息很丰富，与其他领域的一些数学内容在不经意间就串联了起来。

有关魔群最令人惊奇的一点是，它与弦理论和量子物理也存在联系。2012年，有人发表了一篇论文，题为“暗影月光猜想”。这篇论文认为，除“魔性月光”之外，还有23种“月光”，这每种“月光理论”都代表了一个高维度中的群与之前提到过的J函数的系数之间的联系。而这每种月光似乎又与弦理论中的一种高维曲面——K3曲面——纠结在一起。

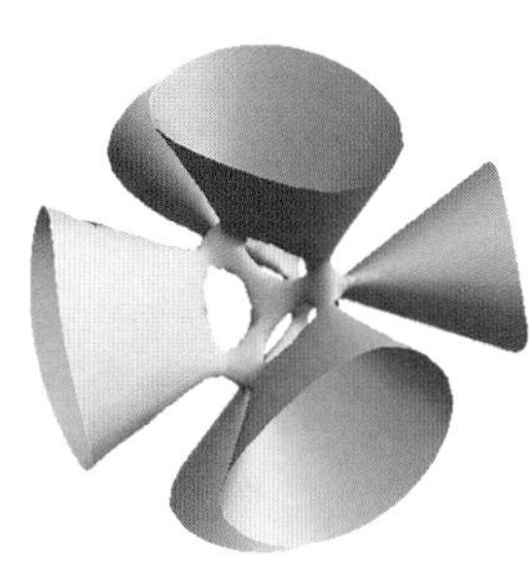
四维的K3曲面

这不奇怪，我们知道物理学追求大统一理论。大统一理论的一个目标是简洁。要简洁，就要寻求对称性；要寻求对称性，就要找到群。

关于“暗影月光猜想”，我没有能力去解释细节了。最新消息是，2015年已经有人证明了这个猜想，所以它是被确定正确的数学理论。而且，其中的一种“月光”——“马蒂厄月光”，最早还是由物理学家发现的。

总之，如果你想成为理论物理学家，群理论是必不可少的一门知识。康威在2014年的一次访谈中说道：“我的有生之年最想知道的一个数学问题是：宇宙中为什么会有大魔群这个东西？它与宇宙的本源是否有联系？”

康威有一种感觉，所有的散在单群内部都隐藏着一些宇宙基本性质的来源，他很想知道其中的奥妙。散在单群中可能隐藏着宇宙深处的秘密，不禁让人无限遐想。

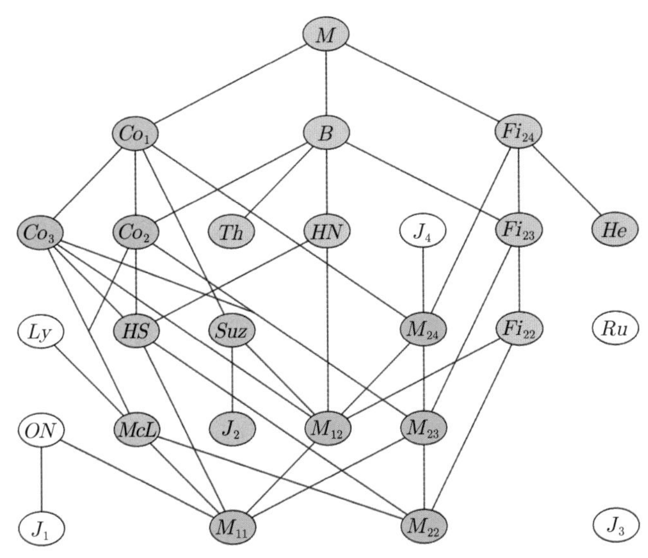

26个散在单群的关系示意图

既然数学家已经完成了所有有限单群的分类工作，那就应该可以像查字典一样去查询所有的有限单群。一位数学研究者按照化学元素周期表的格式，制作了一张“有限单群周期表”的表格。

这张表格的有趣之处在于，它高度模仿化学元素周期表的格式，把有限群的“阶”模拟成原子量，按照阶的大小进行排序，再把同一类性质的群都放在了一列，这也跟化学元素周期表挺像。最妙的是，26个散在单群被分成两排单独列在表的外面，极像元素周期表单独列出的“镧系”和“锕系”。我得到原作者授权后，把表格汉化后，附在本书最后，供读者品鉴。

关于有限单群的话题就聊到这里了，不知道你是否感受到有限单群分类定理的宏大。26个散在单群的发现和其背后的故事也是数学史上的一段佳话。

怎么学数学不累

常有人说学数学太累，我却不以为然。我分享一些我学数学的心得，说说我是怎么学数学的，怎么学才不累。以下心得，主要是提供给中小学生的，但很多也适合对大学数学的学习。

第一，学数学不要“背”，而要“记忆”。我们都写过“记一件难忘的小事”之类的作文。有些事情你无须背，却可以记下来。我们要让学习数学时也能出现“难忘的公式”一类的东西。比如，一元二次方程的求根公式：

$$x=\frac{-b\pm\sqrt{b^2-4ac}}{2a}$$

你不应该背这个公式，你应该记忆它的推导过程，即“配方法”：

解关于 x 的方程 $ax^2+bx=-c$

在方程的两边同时乘以二次项未知数的系数的4倍，即 $4a$，得：

$$4a^2x^2+4abx=-4ac$$

在方程的两边同时加上一次项未知数的系数的平方，即 b^2，得：

$$4a^2x^2+4abx+b^2=-4ac+b^2$$

然后在方程的两边同时开二次方根，得：

$$2ax+b=\sqrt{-4ac+b^2}$$

然后，如同解一元一次方程，可以得到一元二次方程的求根公式。

通过记忆以上“配方法”推导求根公式的过程，你自然等于背出了一元二次方程的求根公式。更重要的是，“配方法”本身是一种非常有用的数学解题思路，掌握配方法比背出求根公式更有用。人的大脑存储空间有限，所以，你需要把记忆空间留给最有用的内容。

顺带提一句，数学考试应该总是以开卷考的形式进行的。或者，每次考试时，出题者总把需要用到的公式等单独印刷在试卷开头，供学生参考。这是为了告诉学生，数学是不需要“背”的。

你可能会说，“配方法”的过程那么长，记住它比记住求根公式累多了。我要说的是，其实你不需要记忆配方法的过程，你需要记忆的是以上“配方法”的目的，或“宗旨”。在这里，为什么要用配方法？为什么叫它“配方”法？这是需要思考的问题。

在以上一元二次求根公式的推导过程中，用“配方法”的目的就是，把一般一元二次方程转换成已知解法的一元二次方程形式：$x^2=a$。如果可以把所有一元二次方程都转化为这种形式，那么我们自然可以解出所有的一元二次方程。其实这也是一种数学中的重要思路：把未知解法的问题转化为已知解法的问题。

以上提到的“配方法”的过程，就是通过方程的变形，在方程左边凑出一个$a^2+2ab+b^2=(a+b)^2$形式的多项式的过程。方程变形过程，如同在一个天平两边添加合适的化学配方，使左边的托盘产生某种“化学反应”过程，所以称为“配方法”。

如果你能理解以上内容，那么记忆配方法根本不是难事，并且你确实记住了真正有用的数学知识。

所以，当你发现你需要“背”某个数学知识点时，不妨思考一下：这个知识点是如何来的？为什么要有这个知识点？如果是开卷考，我还需要记忆这个公式吗？如果你回答了以上问题，就会发现数学中没有需要“背”的内容。

第二，与第一有关，就是多问“为什么”，特别是每次开始学习新的数学概念时，都要思考一下为什么要有这个东西。比如，为什么要有负数？为什么要有方程？为什么要有坐标系？为什么要有复数？

在数学中，没有无缘无故引入的概念和工具，理解引入这些概念和工具的原因，能帮助你更轻松地学习这些概念和工具。就像阅读一篇语文课文，最终阅读的目的是理解“中心思想”，而不是背诵出这篇课文（虽然在语文课中总有背课文的作业）。在数学中也有“中心思想”，在不理解中心思想的情况下去学习数学，当然如同不懂英语的人看英语书，自然学得很累。

中学之前的数学概念，对其中心思想的归纳总结并不困难，我简单整理了一下：

知道“为什么”要有这些数学概念后，再学习这些数学概念，就会感觉容易多了。

另一个极好的关于“为什么”的例子，是有关三角形的全等判定定理。

在学习初中平面几何时，我们知道有4个三角形的全等判定定理——“边边边”（SSS）、“边角边”（SAS）、角边角（ASA）和角角边（AAS）。那么，同样是边角的组合，为什么没有“角角角”判定定理呢？

而“角角边”判定定理，与另外3个原理略有不同：

有两角及其一角的对边对应相等的两个三角形全等。

如果去掉其中“及其一角的对边”这几个字，改成“有两角和一条边相等的三角形全等”，可不可以？

前一个问题的答案是：“角角角”相等的两个三角形只能确定相似，并不能确定全等。那么，因为所有矩形的4个内角都是直角，可不可以说所有的矩形都相似呢？

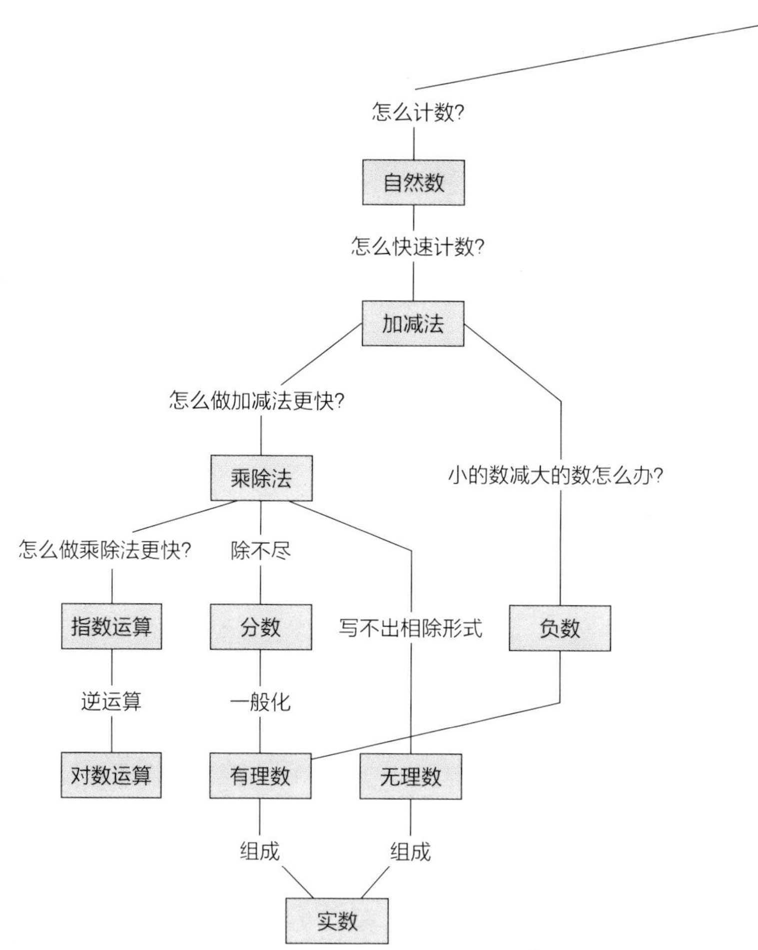

怎么计数?
自然数
怎么快速计数?
加减法
怎么做加减法更快?
乘除法
小的数减大的数怎么办?
怎么做乘除法更快?
除不尽
指数运算
分数
写不出相除形式
负数
逆运算
一般化
对数运算
有理数
无理数
组成
组成
实数

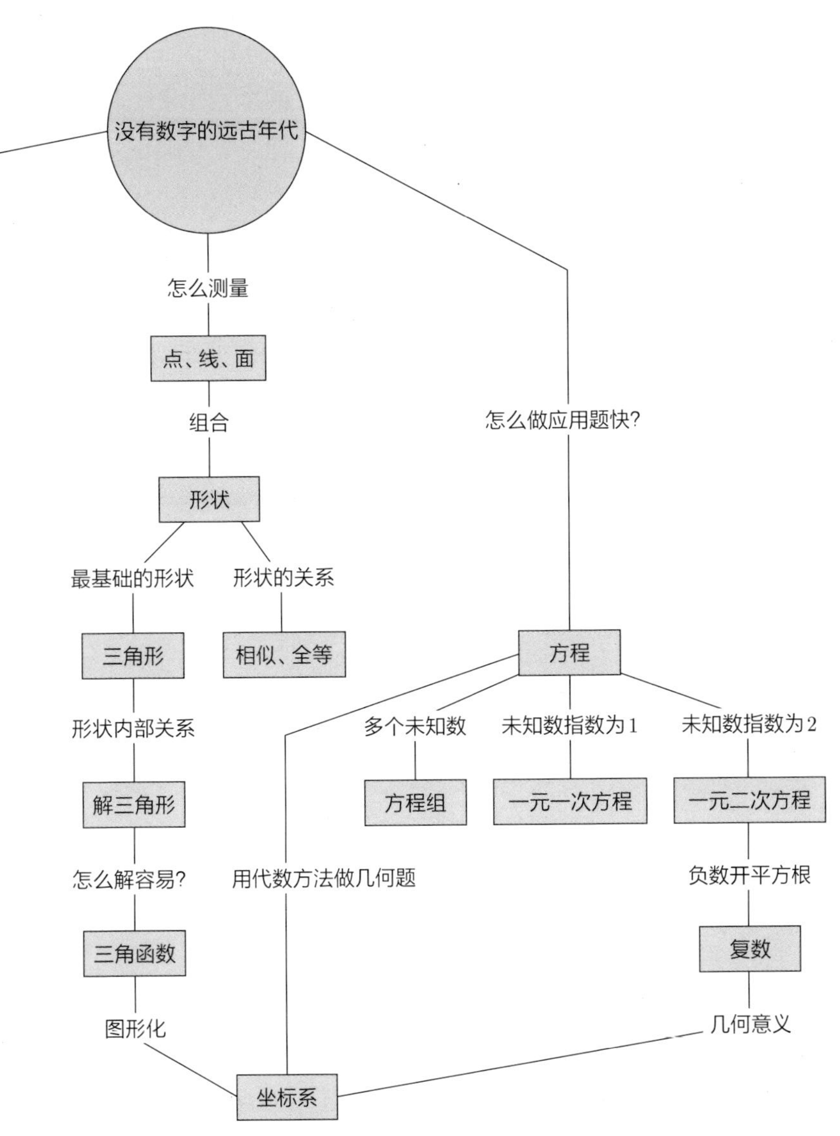
没有数字的远古年代
怎么测量
点、线、面
组合
形状
最基础的形状
形状的关系
三角形
相似、全等
形状内部关系
解三角形
怎么解容易?
三角函数
图形化
怎么做应用题快?
方程
多个未知数
未知数指数为1
未知数指数为2
方程组
一元一次方程
一元二次方程
负数开平方根
复数
几何意义
用代数方法做几何题
坐标系

后一个问题的答案是：不行。重要的是，你需要尝试在纸上画出两个不全等的三角形，它们有两个角和一条边相等。进一步的问题是：两个不全等的三角形，在三个角和三条边中，最多可以由几个元素相等呢？（答案是5个，请一定在纸上画出这种情况。）

对于以上问题，解答并不重要，重要的是，需要自己想到去问“为什么”。如果你能问出“为什么”，再去看三角形的判定定理，就会觉得顺理成章，是自然不过的一些结论了。

第三，我要分享的最后一个小的心得是：

不要刷题，重要的是理解题的意义。

我一直反对用做大量习题的方法来掌握数学知识的方法。那样会使人对数学产生倦怠和厌恶感，对数学的学习极为不利。

好的做题方法是，每做完一道题，思考一下：这道题的“中心思想”是什么？它想考我什么？有哪些方法可以解决这道题？将来如何识别出具有同样“中心思想”的题？

对中学数学来说，老师出题必须按照“中心思想”，即教学大纲。所以，识别“中心思想”，或者说看出某个题背后的意图，是解题又快又好的关键。要积累这个能力，必须做一些题，但并非重在数量，而在于每次做题后，识别能力的积累。

如果拿到某道题，你对它的“中心思想”一眼就能识别，那说明你对这类题的掌握程度已经足够了，无须再做更多同类型的题了。

总之，做题数量不重要，做题的质量很重要。衡量质量的标准就是做完题后，对题的“中心思想”的认知程度。

以上分享了一些我个人学习数学的心得，这些心得使我在学习数学的过程中不觉得累。

最后，我想说的是，如果能够享受数学带来的快乐，那就是最完美的。小时候，我读了很多关于数学方面的科普书籍，也看过很多“趣味数学题”（不要把它与奥数题混为一谈）。这些书籍和趣题大大增加了我学习数学的乐趣。希望你看过本书后，同样能增加学习数学的乐趣，让你学数学学到上瘾。

Li(x)
π(x)

书中一些思考题的解题思路和解答

注：以下粗略列出本书中曾提到过的一些思考题的解题思路和答案。有些题是开放题，目前还没有确切答案，所以只能提供一些想法供大家参考。

■ 中文是最有效率的语言吗

问： 如果用压缩软件压缩不同语言的音频，压缩比之间的大小结果会如何？

答： 这是一道开放题，不过确实有人对语言的语音信息的信息熵进行了比较。初步结论是，不同语言在语音上的输出效率是接近的，有些语言听上去啰唆，但语速能够加快（如日语）。有些语言听上去简洁，但语速不得不慢（如普通话）。这是一个很有意思的问题，希望能有有心人给出更多的结论。

■“三人成虎”能用数学解释吗

问： 当一次检测假阳性概率为91.7%时，3次检测结果均为阳性时，假阳性的概率是多少？

答： 3次都为假阳性的概率为$91.7^3 \approx 77\%$。此时假阳性的概率还是很高，但幸好实际检测试剂的准确率没那么差。

问： 当实际病毒感染率达到80%，某次检测为阳性时，确实感染病毒的概率是多少？

答： $\dfrac{0.9\times0.8}{0.8\times0.9+0.2\times0.1} \approx 97.2\%$，即假阳性概率为2.8%。

■ 在“确定”中产生“不确定”

问： 如果你有一枚均匀的硬币，如何用这枚硬币，让3个人玩猜硬币游戏？

答： 可以约定连掷两次，结果为两个正面时，甲赢；结果为两个反面时，乙赢；第一次正面、第二次反面时，丙赢。若发生第一次反面、第二次正面的情况，则游戏重新开始。

问： 如果你有一枚不均匀的硬币，如何用这枚硬币公平地玩二人猜硬币游戏？

答：这是冯·诺依曼曾经出过的一道有意思的谜题。答案也很简单，可以约定连掷两次，如果结果是“正反”，则甲赢；如果结果是“反正”，则乙赢。如果出现“正正”或“反反”的结果，则游戏重新开始。

第二章　隐秘而伟大的数字

■ 有意思的163

问：既然$D=-3$时，$h(-3)=1$，所以$\mathbf{Q}\sqrt{-3}$中，有唯一因子分解定理。但：

$$4=2\times 2=(1+\sqrt{-3})(1-\sqrt{-3})$$

问题出在哪里？

答：因为2在$\mathbf{Q}\sqrt{-3}$不是质数，仍可以分解。

$-3\equiv 1 \pmod 4$，所以$\mathbf{Q}\sqrt{-3}$中的整数形式为$a+b\left(\dfrac{1+\sqrt{-3}}{2}\right)$。因此，2可以继续分解为：

$$2=\frac{1+\sqrt{-3}}{2}(1-\sqrt{-3})$$

而4的最终分解形式（各种等价方式之一）是：

$$4=\left(\frac{1+\sqrt{-3}}{2}\right)^2(1-\sqrt{-3})^2$$

■ 为什么数轴是连续的

问：如何用左集的概念定义实数的减法？

答：减法是这样定义的：

$$A-B=\{a-b:a\in A\wedge b\in(\mathbf{Q}\backslash B)\}$$

其中符号“\”是“补集”的意思，$\mathbf{Q}\backslash B$表示全体不属于B的有理数集。

而如果需要定义乘法和除法，则相当麻烦。思路是先定义“相反数”：

$$-B=\{a-b:a<0\wedge b\in(\mathbf{Q}\backslash B)\}$$

则乘法的定义是这样的：

当A和B都大于等于0时：

$$A \times B = \{a \times b : a \geqslant 0 \wedge a \in A \wedge b \geqslant 0 \wedge b \in B\} \cup \{x \in \mathbf{Q} : x < 0\}$$

当A或B有负数时，则改成乘以它们的相反数，最后结果再取相反数，即：

$$A \times B = -(A \times -B) = -(-A \times B) = (-A \times -B)$$

除法的定义更复杂，留给各位读者继续思考了。

■ 整数与整数都差不多

问：高斯整数里有没有参数化生成毕达哥拉斯三元组的公式？

答：有的。比如，a,b都是高斯整数，则如下三个高斯整数构成一组毕达哥拉斯三元组：

$$(a^2+b^2)/2,(a^2-b^2)/2\mathrm{i},ab$$

比如，取$a=1+2\mathrm{i},b=1-2\mathrm{i}$,以上公式能生成(3,4,5)；取$a=3+2\mathrm{i}$, $b=3-2\mathrm{i}$,以上公式能生成(5,12,13)；取$a=2+\mathrm{i},b=3-2\mathrm{i}$,以上公式能生成（4-4i,8+i,8-i）。

第三章　你也能攀登数学界的“珠穆朗玛峰”

■ 费马也会犯错吗

问：找出一个底数a，使$a^{F_5}-a$不能整除F_5，或者a^{F_5-1}除以F_5余数不为1，其中$F_5=2^{2^5}+1=2^{32}+1$。

答：编程可以验证，$a=3$就可以判定出F_5不是质数。编程时，应该注意，你无须计算出F_5的确切值，而有更高效的方法计算$3^{F_5-1} \bmod F_5$［提示：可以搜索一下Python语言中“pow()”函数的实现］。但我们没有资格嘲笑费马，即使有高效方法，手算仍是非常费功夫的。

问：证明费马素数都是全循环节质数。

思路：先证明如下命题：

一个质数p是全循环节质数，当且仅当$10^k \equiv 1(\mathrm{mod}p)$，其中$k=p-1$，并且对每一个$k<p-1$，以上同余式不成立。

■ 如何鉴定一个数为质数

问：根据质数定理，我们知道质数的密度。2 048位的一个随机二进制数为质数的概率约是，$1/\ln 2^{2\,048} \approx 0.07\%$。请问：随机取多少个2 048位的二进制奇数，可以使结果中有99%的概率至少存在一个质数？

答：因为已经排除了偶数，则某个2 048位的二进制奇数是质数的概率约为$0.07 \times 2 = 0.14\%$，不是质数的概率是$1 - 0.14\% = 0.998\,6$。则n个质数全部不是质数的概率是$0.998\,6^n$。根据题意，要使$1 - 0.998\,6^n \geqslant 0.99$，可以算得，$n$约大于3 287.1。

■ 质数的邻居住多远

问：有人用如下论据推翻笔者有关“存在任意长度的孪生素数等差数列”的猜想：

无穷长的等差数列的倒数和发散，而全体孪生素数倒数和收敛，所以不存在任意长的孪生素数等差数列。

以上这个论据不足以推翻笔者的猜想，请思考一下为什么。

答：这是“任意长”和“无穷长”的区别。不存在“无穷长”的等差数列不代表不存在“任意长”的等差数列。考虑如下一个构造得很“夸张”的数列：

对全体自然数n，将符合以下形式的自然数加入数列中：

$$n^n,\ n^n + 1,\ n^n + 2,\ \cdots,\ n^n + (n - 1)$$

即以n^n为首项，公差为1，且长度为n的等差数列。这样，数列中有无穷多项，且数列中存在任意长度的等差子数列。但是，以上数列的密度远小于2^n，所以其倒数和不发散。

第四章　绕不过的对称问题

■ 大自然的恩赐

问：对n个点的图，当n和每个点的度数k满足什么性质时，可以构成正则图？

答：当且仅当$n \geqslant k+1$，且n为偶数或者k是偶数时，可以构成正则图。

必要性：一个正则图中的边的总数是$nk/2$，这个数必须是整数，所以nk必须是偶数。

充分性：可以通过n个点构成的“环形图”来考虑，具体细节留给读者思考。

问：是否存在$(99, x, 1, 2)$的正则图？请你算一下x等于几。

答：根据文中公式$k(k-1-\lambda)=\mu(v-1-k)$，可知$x$需要满足：

$$x(x-1-1)=2(99-1-x)$$

可以解得x有唯一正整数解14。然而，数学家至今没有证明$(99, 14, 1, 2)$-强正则图是否存在。

■ 三人行，必有排列组合题

问：有21个女生，分别按3个人、7个人分组出行，仅从数值上分析，能否找出BIBD设计问题？进一步，是否存在柯克曼散步设计？

答：存在BIBD设计问题的必要条件是总人数除以6的余数是1或3。21除以6的余数是3，符合这个条件。

对柯克曼散步设计，如果3个人一组，每人每天可以与2个人同组，理论上10天后可以“认识”所有人，因此存在一个(70,21,10,3,1)散步设计，具体方案留给读者自己寻找。

如果7个人一组，每天“认识”6个人，无法在若干天后“恰好”认识20个人。所以不存在7个人一组的柯克曼散步设计。

问：在n为质数的情况下，有简单的方法构造$(n^2,n,1)$设计。请你尝试构造一个$(5^2,5,1)$设计。

答：这个设计的一种结果如下：

[1,2,3,4,5],[6,7,8,9,10],[11,12,13,14,15],[16,17,18,19,20],[21,22,23,24,25]

[1,6,11,16,21],[2,7,12,17,22],[3,8,13,18,23],[4,9,14,19,24],[5,10,15,20,25]

[1,7,13,19,25],[2,8,14,20,21],[3,9,15,16,22],[4,10,11,17,23],[5,6,12,18,24]

[1,8,15,17,24],[2,9,11,18,25],[3,10,12,19,21],[4,6,13,20,22],[5,7,14,16,23]

[1,9,12,20,23],[2,10,13,16,24],[3,6,14,17,25],[4,7,15,18,21],[5,8,11,19,22]

[1,10,14,18,22],[2,6,15,19,23],[3,7,11,20,24],[4,8,12,16,25],[5,9,13,17,21]

关于这个问题，还有一个趣闻。我的播客“大老李聊数学”播出了有关“柯克曼女生散步”问题的节目之后，我收到一封署名“陈嘉熙”同学的来信，他当时还是上海某中学的初一学生。他给出了一种当n为质数时，构造$(n^2,n,1)$设计的算法，以上结果就是我用他的算法编程后给出的。

这个算法并不难，所以还是留给读者思考。

■ 打结也能用数学研究吗

问： 计算老奶奶结或平结的亚历山大多项式。

答： 按照书中步骤，可以计算出这两个结的亚历山大多项式，它们都是：

$$(t-1+t^{-1})^2$$

这说明亚历山大多项式无法区分老奶奶结和平结，这也是其局限性的一个例子，但琼斯多项式可以区分它们。

第五章　人工智能怎么丢骰子

■ 数学家的纸上计算机

问：

$$3x+4y=100$$

$$x^2+y^2=125$$

考虑一下，以上方程有正整数解吗？

答： 存在。对一个方程（你联想到勾股定理了吗？）：

$$3\times12+4\times16=100$$

对第二个方程：

$$11^2+2^2=10^2+5^2=125$$

■ 计算机怎么丢骰子

问：如果用FLDR对(2/9,7/9)概率分布采样，其时间和空间效率如何？

答：根据FLDR算法，概率分母向2的幂次对齐，则实际进行采样的概率分布是如下的3项分布：

$$(2/16,7/16,7/16)=(1/8,7/16,7/16)$$

对这个概率分布，空间上需要一个4层的DDG树：

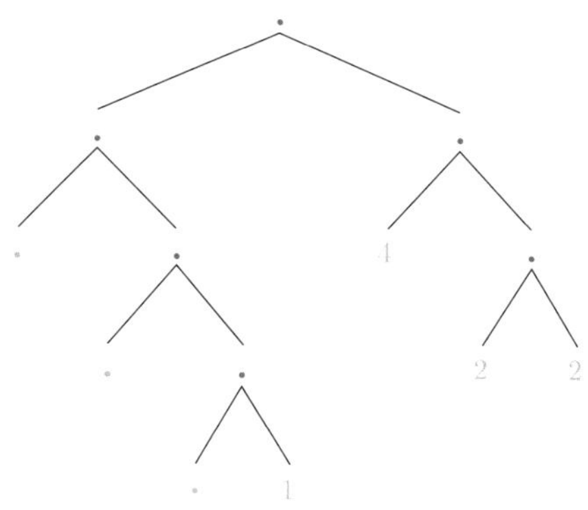

在时间上，有7/16的机会，达到图中“•”位置的叶子节点，采样结果会被拒绝，需要重新开始。

■ 算法理论中的王冠

问：正文中出现的那幅地图可以用3种颜色着色吗？

答：用1,2,3表示3种不同的颜色，对右边中间区域标注为1，右下标注为2。那么可以发现，图中其他有数字的区域，其中的数字是唯一确定的，无法调整。那么，会发现无法对“？”区域进行着色，写入1、2或3，都会产生冲突。从这个问题可以看出，要确定一幅地图是否可以用3种颜色着色是比较困难的事情。

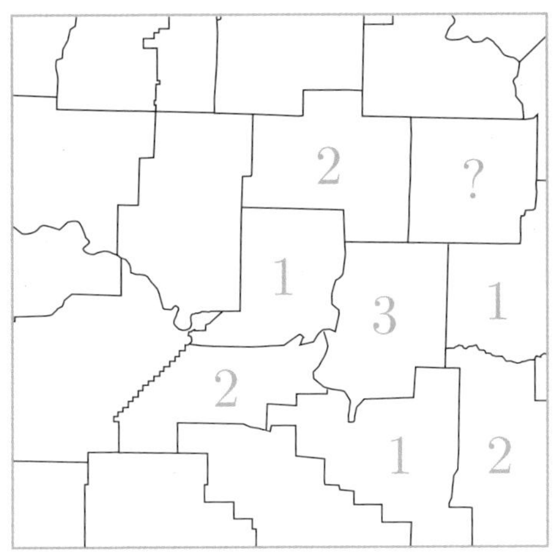

问： 在以下整数中，存在若干数字之和为0的情况吗？

91,74,-2,-86,75,21,50,-88,-22,26,-27,-16,-5,-89,-30,-4,85,12,73,-29

答： 有。比如，91+74+(-88)+(-89)+12=0。但这是不是唯一的解呢？如果你编程序的话，会发现这个程序的算法挺复杂的。

问： 请你列举一个在生活中“容易验证”答案，但“不容易找出答案”的情况。

答： 这是开放题，例子非常多，比如某部手机的解锁密码。我们可以非常容易地验证某个密码是否正确，但试出正确密码就非常难了。

■“复杂度动物园”中的“俄罗斯套娃”

问： 根据书中的极小-极大示意图，应该选左侧还是右侧的树？

答： 应选右侧这棵树，此后如果双方正确行动，应该进入底部，从右向左数的第三个“④”的那个圈的状态。

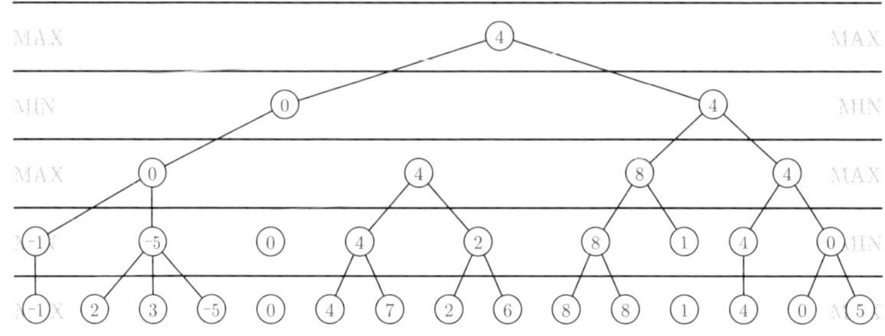

问：如何把多项式空间问题归约为指数时间问题？

答：如果一个问题是多项式空间问题，意味着存在一个程序，可以把问题所有可能的答案写在磁盘上，且所需空间随问题规模以多项式规模增加，通过扫描所有可能的答案求解问题。如果空间需求的增长程度是$O(p(n))$，其中$p(n)$是关于n的某个多项式，则磁盘上的状态组合增长程度最多为$2^{O(p(n))}$，因此完整扫描它们的时间最多是指数时间。

纪念“数学大玩家”约翰·康威

从2020年初开始的新冠病毒感染疫情，不可避免地影响着全世界人民的生活，数学界也无法幸免。2020年4月11日，英国数学家约翰·霍顿·康威（Conway）因为感染新冠病毒，在位于美国新泽西州普林斯顿大学附近的家中去世，享年82岁。

常听我节目或看过我的书的读者，肯定已经无数次听到我提到过康威的名字。自做数学音频节目以来，我阅读了很多数学文章。在我阅读的文章中，出现最多的20世纪之后的数学家，第一名是埃尔德什，第二名就是康威。而且这两位远远领先于第三名。

所以，我想在本书的末尾纪念一下康威。康威是大数学家，肯定没错，但对我来说，更值得称道的是，康威还是一位空前绝后的数学科普达人。他极善于把各种高深的数学理论包装成为好玩的数学游戏或小品，使普通数学爱好者也能从中略知一二。他命名的数学名词极具幽默感，从“大魔群”“15-定理”这些名称上，你就能看出这种风格。

20世纪70年代，康威与美国的著名科普作家马丁·加德纳合作，在《科学美国人》杂志上发表了诸多数学科普小游戏，比如“豆芽游戏”“清除树枝游戏”“天使与魔鬼游戏”等。这些游戏通过加德纳的专栏变得家喻户晓，许多人投入其中，乐此不疲。可以说，康威是20世纪数学家中的网红明星。

康威有很多关于数学的奇思妙想。我在这里介绍一个康威发明的，心算历史上某天是星期几的算法，称为“康威裁决日算法”。从这个算法中，你可以看出康威的巧思和幽默感。

“康威裁决日算法”基本原理：当我们知道某月某天是星期几时，再推算当月其他某天是星期几会非常容易。比如，已知2021年5月21日是星期五，则可知21±7天的日子都是星期五，比如5月28日、5月14日。要计算其他日子，只要“就近”推算即可。

比如，计算5月31日是星期几。因为5月28日是星期五，则31日是28日后面3天，所以31日是星期（5+3）=星期“八”=星期一。

再比如，计算5月1日是星期几。因为知道5月21日是星期五，21-7-7-7=0。所以5月“0”日是星期五，则5月1日是星期六。

知道以上基本原理后，我们知道：如果能快速知道一年中每个月的其中某天是星期几，就可以快速推算出当年任何一天是星期几，因此需要找出这样12个日期。

在一年12个月中，2月最特殊，且长度可变，康威把2月的最后一天作为2月的特殊日子，称其为“Doomsday”。Doomsday原意是“末日”，我翻译为“裁决日”，因为这一天确实起到了裁决作用。

接下来，我们希望在其他月份中也找一个“裁决日”。我们希望它与2月的最后一天的星期数相同，并且容易记忆。康威帮我们找出了这样一些日期：

偶数月：4月4日，6月6日，8月8日，10月10日，12月12日。这一组日期十分容易记忆。

奇数月：1月的最后一天（1月31日，闰年为“1月32日”），3月7日，5月9日，9月5日，7月11日，11月7日。对这一组日期，我用这个口诀记忆：“每年1月2月的最后一天和妇女节的前一天，我会朝九晚五，在7-11便利店打工”。（请自行体会这句口诀与上述日期的关系）

以上这组日期（包含2月最后一天）被称为“裁决日”，它们的特点是：星期数总是相同的，无论是哪一年（请查看手机日历确认）。2023年的裁决日是星期二。

那么，推算2023年某天是星期几就非常容易了，比如推算教师节9月10日是星期几。

根据口诀中的“朝九晚五”，可知9月5日是裁决日，则为星期日。9月10日是5日后面的第5天，所以是“星期（2+5）”=星期七=星期日。

以上完成了对2022年所有日子的心算星期数的方法介绍。要计算20世纪和21世纪的其他年份，需要进行额外的计算。基本思路与之前类似，先背出某个基础年份的裁决日星期数，再计算目标年份与基础年份的“偏移量”，由此得出目标年份的裁决日的星期数。基础年份取每个世纪的第一年，因此先把1900年和2000年的裁决日的星期数背出来：

1900年的裁决日是星期三。2000年的裁决日是星期二。

然后，计算目标年份的“偏移量”。在这里，我介绍两个算法：

康威的原版算法：

1. 取年份后两位（比如2022年，取“22”）。

2. 除以12，求商和余数（22 ÷ 12=1余10）。
3. 余数除以4求商（余数忽略，10 ÷ 4商是3）。
4. 以上3个相加，即“偏移量”（1+9+3=13）。
5. 偏移量＋基准年，模7，即结果[星期（13+2）=“星期十五”，15 ÷ 7的余数是1，所以2022年裁决日是星期一]。

2010年，有人提出一个改进的“奇＋11算法”，心算更为便利。该算法如下：

1. 取年份后两位（比如2023年，取“23”）。
2. 判断该数字是否为奇数，若奇数则加11，若偶数则不操作（23+11=34）。
3. 将数字除以2（34 ÷ 2=17）。
4. 判断该数字是否为奇数，若奇数则加11，若偶数则不操作（17+11=28）。
5. 将数字除以7，求余数（28除以7余0）。
6. 用7减去这个数字，即为偏移量（7-0=7）。
7. 偏移量＋基准年，模7，即结果[星期（7+2）=星期九=星期二，所以2023年裁决日是星期二]。

最后举两个例子：

例1：北京奥运会开幕是在2008年8月8日，这一天是星期几？

用康威算法：8 ÷ 12=0余8，8除以4，商2。0+8+2=10，为偏移量。2000年裁决日是周二，所以2008年裁决日是：星期（2+10）=星期十二=星期五。8月8日恰为裁决日，所以2008年8月8日是星期五。

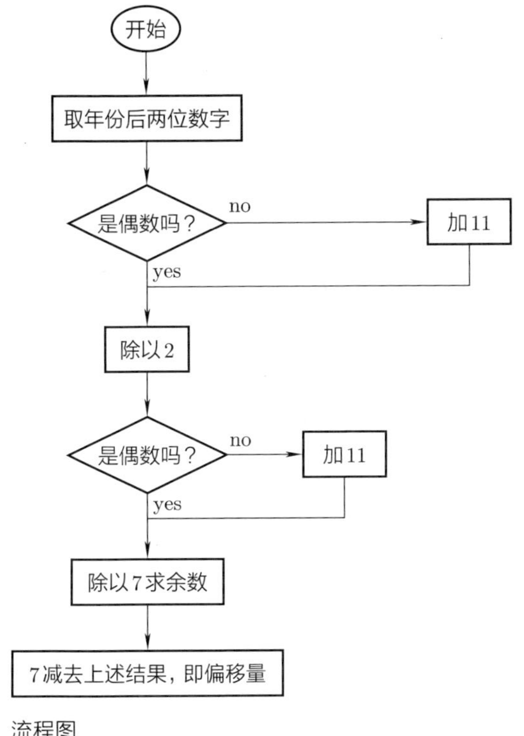

流程图

例2：2024年1月1日星期几?

用“奇+11算法”：24是偶数，24÷2=12，12除以7余5。7-5=2，即偏移量。所以2024年裁决日是星期（2+2）=星期四。

2024年是闰年，所以1月裁决日为1月32日，可得：1月（32-28）日=1月4日，是星期四。1月1日是1月4日前面3天，所以1月1日是星期（4-3）=星期一。

希望你喜欢这个算法，下次当我遇见你，我会问你，那一年你的生日是星期几，希望你能很快心算出来，也希望你能从这个算法中，看出数学家康威的巧思。